祝酒词

诗情话意

李佳东 编著

U0302394

当代世界出版社

图书在版编目（CIP）数据

诗情话意祝酒词 / 李佳东编著. —北京：当代世界
出版社，2012.5

ISBN 978-7-5090-0830-0

Ⅰ.①诗…　Ⅱ.①李…　Ⅲ.①酒－文化－中国
Ⅳ.①TS971

中国版本图书馆 CIP 数据核字（2012）第 065844 号

书　　名：	诗情话意祝酒词
出版发行：	当代世界出版社
地　　址：	北京市复兴路 4 号（100860）
网　　址：	http://www.worldpress.com.cn
编务电话：	（010）83907332
发行电话：	（010）83908410（传真）
	（010）83908409
经　　销：	全国新华书店
印　　刷：	北京军迪印刷有限责任公司
开　　本：	710 毫米 × 1000 毫米　　1/16
印　　张：	20.75
字　　数：	220 千字
版　　次：	2012 年 6 月第 1 版
印　　次：	2012 年 6 月第 1 次
印　　数：	1~ 8000 册
书　　号：	ISBN 978-7-5090-0830-0
定　　价：	35.00 元

前　言

　　中国的酒文化源远流长，从古至今，酒在人们的生活中都扮演了重要的角色。无论是阳春白雪，还是下里巴人，以酒为媒，交朋结友，别有一番乐趣。

　　祝酒辞，顾名思义，也就是饮酒之时的祝辞。酒以辞为魂，辞以酒为体。酒的产生和发展为祝酒辞的形成提供了条件，相反祝酒辞为饮酒这一行为提供了理论支持和文化内涵，二者相辅相成，就形成了具有中华民族特色的酒文化。

　　人生有四喜——久旱逢甘露，自然少不了一番淋漓畅快的痛饮，一解胸中多日的烦闷；他乡遇故知，老友相逢，宴席之间怎能少得了美酒助兴。喝到情至深处，免不了唏嘘感叹；洞房花烛夜，才子"小登科"，灯下看美人，红罗帐里柔情蜜意，门外宾客祝福声声，哪怕再不能喝的人也会举起酒杯，一饮而尽；金榜题名时，学业有成，不辜负父母亲人的期望，事业腾飞，备受人的尊重推崇，庆功宴上端起酒杯，意气风发，推杯换盏之间，尽显人生的自信与豪迈！

　　人生有四美：风——千里莺啼绿映红，水村山郭酒旗风。春风和煦，莺飞草长的季节，三五好友聚于山野，真可谓"把酒临风，其喜洋洋也"；花——花间一壶酒，独酌无相亲。人生并非总是热闹非凡，偶尔也有小小的寂寞，一个人的时候小酌一番，回味一下自己的人生际遇，酸甜苦辣咸，五味在心头；雪——绿蚁新醅酒，红泥小火炉，晚来天欲雪，能饮一杯无？风雪寒舍里主人盛情的邀请，恐怕还求之不得呢！窗外千里雪，屋内酒香浓，频频举杯中，友谊又增进不少；月——明月几时有？把酒问青

天。其实何必问天呢？低头看酒杯之中，不是一轮金黄的圆月吗？举杯痛饮，开怀畅谈，慨叹古今，对月长歌！

可以说，酒与人们的生活是形影不离、有着千丝万缕的联系。相遇时，自然是"酒逢知己千杯少"；分别时，要"劝君更尽一杯酒"，因为再无故人相陪；高兴时，"人生得意须尽欢"；失意时，"醉里挑灯看剑"。

时至今日，日常生活中的外交洽谈、商贸合作、喜宴寿宴、朋友聚会，人们无一不是在"酒"中喝出了氛围、喝出了交情、谈成了美事、增进了友谊，觥筹交错、推杯换盏之间祝酒是不可或缺的调味剂。

酒，丰富了我们的生活，更孕育了灿烂的酒文化。酒和诗这对孪生兄弟，不知陶醉了多少文人逸士，倾倒了多少风流才子。好酒激豪情，美酒助诗兴。唐代大诗人李白被称为"诗仙"，更被称为"酒仙"，流传下来"李白斗酒诗百篇"的千古佳话。余光中在《寻李白》的诗句中这样描述：酒入豪肠，七分酿成了月光，剩下的三分啸成剑气，绣口一吐，就半个盛唐！

酒在我们的现实生活中起到的作用很直观，比如，有些工作上很难解决的问题，在酒桌上却能迎刃而解。有人说喝酒的过程其实就是交际；所谓酒品如人品，酒桌上能不能喝往往成为判断一个人的标准。"醉翁之意不在酒"，这是酒局的真谛所在。觥筹交错、你来我往之间，人际关系就拉近不少，需要的资源也源源不断，可以肯定的是这种信息来源比任何时候都要真实。所谓"酒后吐真言"嘛！

非正式聚会往往成为促进感情发展、协调矛盾冲突的绝佳场合。若是有领导在席，则喝酒往往变成表决心的方式。在酒席宴前陪着领导，端起杯子一饮而尽，以表示尊重，总能给领导留下深刻的印象。

好了，我们列举了这么多关于酒的"光荣故事"，就能发现喝酒其实就是在表达一种心情，传达一种情意。酒桌下干的好不好，要看酒桌上说的好不好。这样说虽有些牵强，但却不为过。

同样一杯酒，一句话不说喝下去就显得索然无味，如果加上一段精彩的演说，哪怕是普通的酒水喝起来如同瑶台琼浆，让人心里美滋滋的。喝酒必定就要敬酒、祝酒，由祝酒说的话逐渐就演变成了祝酒辞。

在现代社交中，可以说无酒不成席，"饮酒"成了社交的一道风景。

在宴会上酒喝得不酣畅，宴会就失去了魅力与光彩。而祝酒辞，更是酒宴中使用的一种传统性，礼仪性、交际性、应酬性兼备的应用文体。酒桌上恰到好处的祝酒辞，对于交流感情，融洽关系，增进友谊，活跃气氛，促进和谐，有着积极的现实意义。手边常备本书，定能让您在酒桌上轻松应对各种麻烦，轻松摆脱喝酒祝辞的烦恼。

　　本书精心为您编排了一些与我们现实生活密切相关的各种宴会上的祝酒辞，并载入了祝酒的礼仪，饮酒文化以及饮酒的的禁忌。让您在开怀畅饮的同时，没有后顾之忧。是您应付"酒场"的好帮手，是你理想的餐桌助理。

　　　　　　　　　　　　　　　　　　　　　　　　编者

前言

目　录

第二部分　祝酒词实例

目　录

3

第三部分　扩展篇

第一部分

祝酒词理论

第一章　酒中乾坤大——漫话祝酒词

第一节　借问酒家何处有——祝酒词从何而来？

祝酒词，有酒才有词。

在中华民族悠久的历史长河中，有很多事物值得我们引以为自豪，其中酒的酿制和酒文化的发展尤其值得我们骄傲。和世界上其他国家不同，我国自古以来的酿酒原料都是以谷物粮食为主，这和当时中国领先世界的生产力有关；相比之下，果酒所占的比例很小。边塞诗人王翰的诗句中有："葡萄美酒夜光杯，欲饮琵琶马上催"的描写。《五代史》上记载，丝绸之路上的一些小国家也拿桑葚酿酒招待贵宾。但这些地区都远离中原繁华地带，果酒最终也没能被主流文化接受。所以我们讨论酒文化时，应该以谷物酿酒的起源为主。

《史记·殷本纪》中记载：纣王"以酒为池，悬肉为林"，从这一点上可以看出早在殷商时期，中国的造酒技术和生产能力已经相当高，酒作为贵族专用的高级饮品已经被普遍接受。《诗经·郑风·叔于田》中记载："叔于狩，巷无饮酒。岂无饮酒？不如叔也"，可见早在五千年前，人们已经把能不能喝酒，作为衡量一个人是否是英雄的标志。

到了近代，考古学家们不断的考证，证明在新石器时代已经有了专用的酒器，说明在原始社会我们的祖先已经开始尝试酿酒。经过夏商周三代的发展，饮酒的器皿也越来越多，尤其是青铜器，最有名的如四羊方尊。古代统治者认为："国之大事，在祀在戎"，国家的生死存亡只在于祭祀和战争，而酒在祭祀过程中是必不可少的，由此可见酒与国家大事的关系；汉魏以后，出现了国子祭酒、博士祭酒的职位，能当此头衔的皆是饱学之士，由此可见，酒与维护封建秩序的"礼"相互交融。当时的"祝酒词"应该是皇族贵胄们的专利。

关于造酒的传说，目前学术界比较流行的有四个版本：

1. 上天造酒说

从唯物主义角度出发，尤其是科学技术发达的今天，这种说法的可信度很低；从另一个角度来看，只能说明当时中国的天文学研究比较发达。

诗仙李白曾在《月下独酌·其二》一诗中有"天若不爱酒，酒星不在天"的诗句；东汉末年的孔融在《与曹操论酒禁书》中有"天垂酒星之耀，地列酒泉之郡"之说；诗人李贺在《秦王饮酒》一诗中也有"龙头泻酒邀酒星"的诗句。此外如"吾爱李太白，身是酒星魂，酒泉不照九泉下，仰酒旗之景曜，拟酒旗于元象，囚酒星于天岳"等等，都经常有酒星或酒旗这样的词句。窦苹所撰《酒谱》中，也有酒酒星之作也的话，意思是自古以来，我国祖先就有酒是天上酒星所造的说法。

《晋书》中也有关于酒旗星座的记载："轩辕右角南三星曰酒旗，酒官之旗也，主宴飨饮食。"轩辕，我国古星名，共十七颗星，其中十二颗属狮子星座。酒旗三星，即狮子座的 ψ、ζ 和 ω 三星。这三颗星，呈 1 形排列，南边紧傍二十八宿的柳宿蜍颗星。柳宿八颗星，即长蛇座 δ、σ、η、ρ、ε、ζ、ω、θ 八星。明朗的夜晚，对照星图仔细在天空中搜寻，狮子座中的轩辕十四和长蛇座的二十八宿中的星宿一，很明亮，很容易找到，酒旗三星，因亮度太小或太遥远，则肉眼很难辨认。

酒旗星的发现，最早见《周礼》一书中，距今已有近三千年的历史。二十八宿的说法，始于殷代而确立于周代，是我国古代天文学的伟大创造之一。在当时科学仪器极其简陋的情况下，我们的祖先能在浩淼的星汉中观察到这几颗并不怎样明亮的酒旗星，并留下关于酒旗星的种种记载，这不能不说是一种奇迹。至于因何而命名为酒旗星，为什么说它主宴飨饮食，就没有实实在在的根据，唯一的解释是我们的祖先有丰富的想象力，而且也证明酒在当时的社会活动与日常生活中，确实占有相当重要的位置。

所以，上天造酒的说法，既无立论之理，又无科学论据，唯一的痕迹就是文人笔下的夸张渲染。姑且录之，仅供鉴赏。

2. 猿猴造酒说

唐人李肇所撰《国史补》一书,对人类如何捕捉聪明伶俐的猿猴,有一段极精彩之记载。猿猴是十分机敏的动物,它们居于深山野林中,在巉岩林木间跳跃攀缘,出没无常,很难活捉到它们。经过细致的观察,人们发现并掌握了猿猴的一个致命弱点,那就是嗜酒。于是,人们在猿猴出没的地方,摆几缸香甜浓郁的美酒。猿猴闻香而至,先是在酒缸前踌躇不前,接着便小心翼翼地用指蘸酒吮尝,时间一久,没有发现什么可疑之处,终于经受不住香甜美酒的诱惑,开怀畅饮起来,直到酩酊大醉,乖乖地被人捉住。这种捕捉猿猴的方法并非我国独有,东南亚一带的群众和非洲的土著民族捕捉猿猴或大猩猩,也都采用类似的方法。这说明猿猴是经常和酒联系在一起的。

猿猴不仅嗜酒,而且还会造酒,这在我国的许多典籍中都有记载。清代文人李调元在他的著作中记叙道:"琼州(今海南岛)多猿……。尝于石岩深处得猿酒,盖猿以稻米杂百花所造,一石六辄有五六升许,味最辣,然极难得。"清代的另一种笔记小说中也说:"粤西平乐(今广西壮族自治区东部,西江支流桂江中游)等府,山中多猿,善采百花酿酒。樵子入山,得其巢穴者,其酒多至娄石。饮之,香美异常,名曰猿酒。"看来人们在广东和广西都曾发现过猿猴造的酒。无独有偶,早在明朝时期,这类的猿猴造酒的传说就有过记载。明代文人李日华在他的著述中写道:"黄山多猿猱,春夏采杂花果于石洼中,酝酿成酒,香气溢发,闻娄百步。野樵深入者或得偷饮之,不可多,多即减酒痕,觉之,众猱伺得人,必嬲死之"。

这些记载出自于文人的笔记、游记,可信度也并不高。我们可以探讨一下"猿酒"的产生过程:猿猴固然聪明,但不可能有计划、有意识的去酿制酒类。可以肯定,"猿酒"的获取是在无意识的情况下发生的,因为存储食物是动物生存的本能,堆积的食物由于后天的发酵产生酒浆,只能说是"偶得",并非"制造"。恐怕猿猴意识到自己存储的新鲜果实变成一摊酒水,未必就高兴得起来。而且猿猴得到的酒应属于果酒系列,和后世以谷物酿酒为主的事实大相径庭。

至于猿猴是否爱喝酒,这个问题留给生物学家去验证,本书不做过多阐述。

3. 仪狄造酒说

仪狄造酒说始载于《世本》。《世本》是秦汉年间辑录古代帝王公卿谱系的书，书中讲："仪狄始作酒醪，变五味。"认为仪狄是酒的始作人，后来又衍生出西汉人刘向编订的《战国策》记载："昔者，帝女令仪狄作酒而美，进之禹，禹饮而甘之，遂疏仪绝旨酒"。东汉人许慎在撰《说文解字》"酒"条中，也记载了"古者仪狄作酒醪，禹尝之而美，遂疏仪狄"。到三国时，蜀汉学者谯周著《古史考》也说"古有醴酪，禹时仪狄作酒"，将仪狄奉为酒的发明人。

史籍中有多处提到仪狄作酒而美、始作酒醪的记载，这是否事实，有待于进一步考证。一种说法叫仪狄作酒醪，杜康作秫酒。这里并无时代先后之分，似乎是讲他们作的是不同的酒。醪，是一种糯米经过发酵工而成的醪糟儿，性温软，其味甜，多产于江浙一带。现在的不少家庭中，仍自制醪糟儿。醪糟儿洁白细腻，稠状的糟糊可当主食，上面的清亮汁液颇近于酒；秫，高粱的别称。杜康作秫酒，指的是杜康造酒所使用的原料是高粱。如果硬要将仪狄或杜康确定为酒的创始人的话，只能说仪狄是黄酒的创始人，而杜康则是高粱酒创始人。

还有一种说法叫酒之所兴，肇自上皇，成于仪狄。意思是说，自上古三皇五帝的时候，就有各种各样的造酒的方法流行于民间，是仪狄将这些造酒的方法归纳总结出来，始之流传于后世的。能进行这种总结推广工作的，当然不是一般平民，所以有的书中认定仪狄是司掌造酒的官员，这恐怕也不是没有道理的。有书载仪狄作酒之后，禹（就是治水三过家门而不入的大禹）曾经绝旨酒而疏仪狄，这从侧面证明仪狄是很接近禹的官员。

仪狄是什么时代的人呢？比起杜康来，古籍中关于他的记载比较一致，例如《世本》、《吕氏春秋》、《战国策》中都认为他是夏禹时代的人。他到底是从事什么职务人呢？是司酒造业的工匠，还是夏禹手下的臣属？他生于何地、葬于何处？这些都没有确凿的史料可考。那么，他是怎样发明酿酒的呢？《战国策》中说：昔者，帝女令仪狄作酒而美，进之禹，禹饮而甘之，遂疏仪狄，绝旨酒，曰：'后世必有以酒亡其国者'。这一段记载，较之其他古籍中关于杜康造酒的记载，就算详细的了。根据这段记载，情况大体是这样的：夏禹的女人，令仪狄去监造酿酒，仪狄经过一番努力，做出来的酒味道很好，于是奉献给夏禹品尝。夏禹喝了之后,觉得的确很美好。可是这位被后世人奉为圣明之君的夏禹,不仅没有奖励造酒有功的仪狄,反而从此疏远了他,对他不仅不再信任和重用了,反而自己从此和美酒绝了缘。还说什么:后世一定会有因为饮酒无度而误国的君王。这段记载流传于世的后果是,一些人对夏禹倍加尊崇,推他为廉洁开明的君主;因为禹恶旨酒,竟使仪狄的形象成了专事谄媚进奉的小人。

那么,仪狄是不是酒的始作者呢? 有的古籍中还有与《世本》相矛盾的说法。例如,孔子八世孙孔鲋,说帝尧、帝舜都是饮酒量很大的君王。黄帝、尧、舜都早于夏禹,他们饮的是谁人制造的酒呢? 可见说夏禹的臣属仪狄始作酒醪是不大确切的。事实上用粮食酿酒是件程序、工艺都很复杂的事,单凭个人力量是难以完成的。仪狄再有能耐,首先发明造酒,似不大可能。如果说他是位善酿美酒的匠人、大师,或是监督酿酒的官员,他总结了前人的经验,完善了酿造方法,终于酿出了质地优良的酒醪,这还是可能的。所以,郭沫若说,相传禹臣仪狄开始造酒,这是指比原始社会时代的酒更甘美浓烈的旨酒。这种说法比较科学。

4. 杜康造酒说

据史书记载,杜康是春秋时期用粮食造酒的鼻祖。

杜康"有饭不尽,委之空桑,郁结成味,久蓄气芳,本出于代,不由奇方"。是说杜康将没有吃完的剩饭,放置在桑园的树洞里,剩饭在洞中发酵后,有芳香的气味传出。这就是酒的酿造方法,杜康因此成了酿酒的鼻祖。

魏武帝乐府曰:何以解忧,惟有杜康。自此之后,认为酒就是杜康所创的说法似乎更多了。窦苹诠释、考据了杜姓的起源及沿革,认为杜氏本出于刘累,在商为豕韦氏,武王封之于杜,传至杜伯,为宣王所诛,子孙奔晋,遂有杜氏者,士会和言其后也。杜姓到杜康的时候,已经是禹之后很久的事情了,而在上古时期,就已经有了尧酒千钟之说。如果说酒是杜康所创,那么尧喝的是什么人创造的酒呢?

历史上杜康确有其人。古籍中如《世本》、《吕氏春秋》、《战国策》、《说文解字》等书,对杜康都有过记载自不必说。清乾隆十九年重修的《白水县志》中,对杜康也有过较详的记载。白水县位于陕北高原南缘与关中平原交接处，因流经的一条河水底多白色石头而得名。白水县，系古雍州之城，周末为彭戏，春秋为彭衙，汉景帝建粟邑衙县，唐建白水县于今治，可谓历史悠久了。白水因有所谓四大贤人遗址而名蜚中外：一是相传为黄帝的史官、创造文字的仓颉，出生于本县阳武村；二是死后被封为彭衙土神的雷祥，生前善制瓷器；三是我国四大发明之一的造纸发明者东汉人蔡伦，不知缘何因由也在此地留有坟墓；四就是相传为酿酒的鼻祖杜康的遗址了。一个黄土高原上的小小县城，一下子拥有仓颉、雷祥、蔡伦、杜康这四大贤人的遗址，可真是一块宝地啊！

杜康，字仲宁，相传为白水县康家卫人，善造酒。康家卫是一个至今还存在的小村庄，西距白水县城七八公里。村边有一道大沟，长约十公里，最宽处一百多米，最深处也近百米，人们叫它杜康沟；沟的起源处有一眼泉，四周绿树环绕，草木丛生，名杜康泉。县志上说杜康取此水造酒，乡民谓此水至今有酒味。有酒味故然不确，但此泉水质清冽甘爽却是事实。清流从泉眼中汩汩涌出，沿着沟底流淌，最后汇入白水河，人们称它为杜康河。杜康泉旁边的土坡上，有个直径五六米的大土包，以砖墙围护着，传说是杜康埋骸之所。唐代大诗人杜甫于安史之乱时，曾至此投靠其舅崔少府，并写下了《白水舅宅喜雨》等诗多首，诗句中有"今日醉弦歌"、"开桑落酒等饮酒"的记载。酿酒专家们对杜康泉水也作过化验，认为水质适于造酒。

无独有偶，清道光十八年重修的《伊阳县志》和道光二十年修的《汝州全志》中，也都有过关于杜康遗址的记载。《伊阳县志》中《水》条里，有杜水河一语，释曰俗传杜康造酒于此。《汝州全志》中说：杜康叭，在城北五十里处的地方。今天，这里倒是有一个叫杜康仙庄的小村，人们说这里就是杜康叭。叭，本义是指石头的破裂声，而杜康仙庄一带的土壤又正是山石风化而成的。从地隙中涌出许多股清冽的泉水，汇入旁村流过的一小河中，人们说这段河就是杜水河。在距杜康仙庄北约十多公里的伊川县境内，有一眼名叫上皇古泉的泉眼，相传也是杜康取过水的泉眼。如今在伊川县和汝阳县，已分别建立了颇具规模的杜康酒厂，产品都叫杜康酒。

史籍中还有少康造酒的记载。少康即杜康，不过是年代不同的称谓罢了。那么，酒之源究竟在哪里呢？窦苹认为"谓智者作之，天下后世循之而莫能废"这是很有道理的。先祖们在经年累月的劳动实践中，积累下了制造酒的方法，经过有知识、有远见的智者归纳总结，后代人按照先祖传下来的办法一代一代地相袭相循，流传至今。这个说法是比较接近实际，也是合乎唯物主义的认识论的。

以上的几个酒起源的说法是否可信，还需要进一步的考证，但这并不影响中国酒文化的发展。应该说酒的制造并非是一个人的功劳，追根溯源，我们的祖先在数千年前发现了谷物粮食经过发酵产生最原始的酒浆，在经过后世智者不断的钻研、改良、攻关，才有了今天引以为自豪的酿酒技术。

古时候人们把酒看做是上天恩赐的礼物，极为珍惜，拿它作为供奉上天的祭品，免不了一番祈祷。祈祷的内容包括风调雨顺、食物充足、人丁兴旺等美好愿望。因此可以认为，这时人们对上天的祈祷与祭祀时的话语就是最早的祝酒词。虽然形式与现在相比有很大差异，但是其目的和内容却十分相似。所以，祝酒词的起源早于人工酿酒，并在那时成为了一种习俗，广为流传。

第二节　更上一层楼——祝酒词的发展

严格意义上说，祝酒词不同于散文、小说等文学作品，它属于应用文一类，虽然在写作时能够旁征博引，抒发文采，但还是以要遵循一定的格式。同时，了解一些祝酒词的起源和发展也是必要的，这对读者在实际应用中能起到抛砖引玉的作用。

祝酒词的发展离不开两个方面。

首先，生产力水平的发展。这一点不难解释，古时候生产力相对低下，从原始人茹毛饮血到刀耕火种的农耕时代，多数人都是为了生存而去劳动。收获的粮食首先要解决温饱问题，一直到粮食有剩余的时候才有可能去造酒。所以当时的酒产量并不大，只有皇族、贵族才有资格享用，而且多用于神灵、祖先的祭祀。使用频率低必然没有市场，有限的饮用范围限制了祝酒词的形式、内容，当时的祝酒词相对狭窄。

其次，祝酒词的发展和文化、艺术形式有很大关系。人类在最初发明文字的时候是为了记录事情，没有固定的形式，不能苛求古人在造字之始就制定唐诗宋词的韵律、结构。随着文明程度的进步,文化水平的提高,诗词歌赋等文体才不断的被发明出来。所以最早期的祝酒词是无法和"文必秦汉,诗必汉唐"这样文化艺术达到顶峰的时代相比的。或许是一句话,或许是一个字,或许是一个口号,从简单到复杂,从粗陋到精美,祝酒词随着不断发展的文化形式而发展。

祝酒词的发展大致可以划分以下几个阶段:

1. 三代到春秋时期

殷商时期是中国奴隶制度社会发展的高峰,从出土的商代青铜文物中可以发现,大部分青铜器属于酒器。由此可知在当时人工酿酒已经开始,酒已经成为宫廷御宴的必备品。随着生产力的发展和酒工艺的改良,制酒业不断扩大,酒也从皇室进入寻常百姓人家,不单单为祭祀服务,也不再是皇宫贵族的专利饮品。祝酒词在这一时期初具雏形,根据不同的身份地位、不同的时间场合,祝酒词有了不同的风格。发展到春秋时期,大致可以分为两种:一种是统治阶级士大夫们以"礼"为主导的祝酒形式;一种是寻常百姓人家以喜庆为主的祝酒形式。

这种划分方式有很多佐证,其中最主要的根据是《诗经》。《诗经》收录从西周初年到春秋中叶的诗歌 305 首,是中国文化遗产中的奇葩。《诗经》分为风雅颂三部分,其中的雅大部分是贵族的宫廷正乐,颂部分则是祭祀使用的乐歌;与二者对应的风部分包括很多民谣,数量也超过了雅、颂的总和,可见当时民间文化已经发展到相当的高度。

寻常百姓人家的祝酒词表达直接,直抒胸臆。无论是婚丧嫁娶还是送别饯行,酒已经必不可少。在宴会中举杯庆祝,互诉衷肠,无意之间一些连珠妙语就形成了寄托人们美好希望的祝酒词,并被反复引用,广为流传。经过文人墨客的加工整理,一些流传至今的祝酒词还被人们反复使用。如:"福如东海长流水,寿比南山不老松",用来给年长之人贺寿,自然备受欢迎;而"年年有今日,岁岁有今朝"亦有异曲同工之妙;又如开业酒宴上恭祝"生意兴隆通四海,财源茂盛达三江",婚宴上"郎才女貌,佳偶天成"等等。这些来自于民间的通俗祝词,在酒席宴间反复使用,流传千古,不是没有道理的。

第一部分 祝酒词理论

2. 春秋到南北朝时期

春秋后期到战国时期,这一时期的中国处于分裂阶段,诸侯国林立,各国战争不断。出现了历史上著名的"春秋五霸"、"战国七雄",酒宴在这一时期也不再是单纯的聚会庆典,变成了无数阴谋家、野心家、政治家和军事家斗智斗勇的舞台。翻开历史不难寻找一些惊心动魄的故事,比如晏子使楚,蔺相如在渑池宴上逼秦王击缶,鸿门宴等等。酒席宴前的博弈,祝酒词自然不能乱说,它除了表达尊敬、祝福、感谢之外,还关系到个人的生死、国家的兴亡。一直到隋末唐初,中华民族逐渐统一并初步繁荣,各民族的艺术形式、风俗习惯逐渐融合,相互促进。祝酒词也是如此,在这一时期逐步形成了固定模式并繁荣发展。

秦汉时期形成的古文在中国历史上占据很高的地位,这个时期的祝酒词也继承了相应的文风。有专门的机构和官员负责宫中的饮宴,根据汉代经师贾逵所著的《酒令》一书,表明当时宴会中酒令已经十分盛行,饮宴程序也形成了固定的模式。

三国两晋南北朝时期,出现一大批酒文化名人,如:曹氏父子,竹林七贤,孔融,陶渊明等,可见当时饮酒之风的盛行。和今天一样,名人效应在当时同样具有模范作用,吟诗必有酒,逸情必饮酒,以酒解忧,以酒避世的名人不在少数。

竹林七贤之一的刘伶就是其中的代表人物,因为仕途不得志,而选择以酒避世,以酒浇愁。因为终日饮酒,沉迷此道,他的妻子担心自己的丈夫伤害身体,就把他所有喝酒的工具毁掉,苦劝他不要饮酒过度,否则命不长久。刘伶一边答应,一边让妻子准备酒具祭品,要向神灵发誓祈愿从此戒酒。妻子听从他的话准备好了贡品酒食,刘伶跪倒在地说道:"天生刘伶,以酒为名。一饮一斛,五斗解酲。妇人之言,慎不可听。"说完不顾妻子和自己刚发过的誓言,拿起祭品上的酒肉,很快又喝醉了。他本人还写过一首《酒德颂》,"先生于是方捧罂承槽,衔杯漱醪。奋髯箕踞,枕麹借糟,无思无虑,其乐陶陶。兀然而醉,豁尔而醒。静听不闻雷霆之声,熟视不睹泰山之形,不觉寒暑之切肌,利欲之感情。俯观万物,扰扰焉如江汉三载浮萍;二豪侍侧焉,如蜾蠃之与螟蛉"。大意是:先生在这时候正捧着酒瓮,抱着酒槽,衔着酒杯,喝着浊酒。拨弄着胡须,伸腿箕踞而坐。枕着酒曲,垫着酒糟。无思无虑,其乐陶陶。昏昏沉沉地喝醉,又猛然清醒过来。安静地听,听不到雷霆之声。仔细地看,看不见泰山的形体。感觉不到寒暑近身,利欲动心。俯瞰万物,犹如萍之浮于长江、汉水,随波逐流,不值一提。痴酒到这种地步,实在让人感叹!

刘伶之所以发出这样的感叹,和当时的社会环境有很大的关系。晋代时期社会动荡不安,长期处于分裂状态,统治者对一些文人的政治迫害,使文人不得不借酒浇愁,以酒后狂言发泄对时政的不满。

借酒消愁的不单单是不得志的文人,就连曹操这样雄才大略的人也难免借酒抒怀:对酒当歌,人生几何? 譬如朝露,去日苦多。慨当以慷,忧思难忘。何以解忧? 唯有杜康!

田园诗人陶渊明亦善饮酒,著名的《饮酒十二首》就是他在辞官归隐后的作品。每每醉酒后,兴致盎然,作诗吟咏,一气呵成。更是留下了"采菊东篱下,悠然见南山"的千古佳句。陶渊明的贡献在于真正做到了诗酒联姻、酒助诗兴、诗含酒气、酒见真情,对后世祝酒词诗体化产生了重要影响。

历史名人的尚酒之风对当时的饮酒习俗和祝酒方式产生了重要的影响。诗词歌赋被引入当庭宴会中,当庭作诗,限时作诗,以诗祝酒成为当时流行的祝酒方式;以诗歌为媒体的劝酒、酒令、酒歌、乐曲等娱乐方式也在宴会上出现,而诗酒联姻的祝酒方式的出现和盛唐时期的诗酒风流可谓是一脉相承。

3. 唐宋元明清时期

唐宋元明清五个朝代是中国封建历史上最具代表性的,特点是社会经济繁荣,科学文化发展,国家统一稳定。在这样的大背景下,祝酒词无论从形式还是内容上都有了较大的发展,每个朝代都有其显著的特点。

唐朝是中国封建社会文化发展的一个顶峰,唐诗的盛行为祝酒词提供了理论依据和创作素材。这个时期的祝酒词特点主要是诗体化,无论是文人雅士,还是普通百姓,饮酒时必定会即兴吟咏、联句成诗。饮宴上人们根据指定的事物,按照唐诗限韵限字的规则,在有限的时间内作出诗句来,并以此祝酒,做不出来自然要被罚酒。这并非是读书人的专利,荒村野店,市

第一部分 祝酒词理论

11

井酒肆里,也常常能听到,可见"诗必盛唐"这四个字所言非虚。唐朝诗人中不能不提的就是李白,他的诗句可谓家喻户晓、妇孺皆知。而最具有代表性的祝酒诗就是为唐玄宗和杨贵妃写的《清平调》三则:其一,云想衣裳花想容,春风拂槛露华浓。若非群玉山头见,会向瑶台月下逢;其二,一枝红艳露凝香,云雨巫山枉断肠。借问汉宫谁得似,可怜飞燕倚新妆;其三,名花倾国两相欢,长得君王带笑看。解释春风无限恨,沉香亭北倚栏杆。醉眼朦胧的李太白一挥而就,堪称是以诗祝酒的典范。

唐朝后期政治黑暗,战乱不断,太平调很少有人吟唱,取而代之的是诗人忧国忧民的情怀,偶尔提起酒来也是借酒消愁,祝酒词也多是激昂慷慨表明志向。

宋代和酒的缘分很深,这都源于宋太祖赵匡胤"杯酒释兵权"的典故。酒是皇帝笼络大臣、沟通感情的政治工具。文人以酒助兴作诗答对,士庶百姓婚嫁寿庆,也离不开酒。所以在北宋统一后,首都汴京是南北饮食技术的交流中心。南宋时北方人大量南迁,汴京的饮食业也涌入杭州等地。据《东京梦华录》、《梦粱录》、《武林旧事》诸书记载,宋代食品名目繁多。高档的大型酒楼,如汴京的仁和店、会仙楼,杭州的武林园、熙春楼,饭、菜、酒一应俱全,店内长廊排阁,分有楼座及楼下散座,并有歌女舞女演唱作陪。与之相对应的酒文化发展也很迅速。当时全国各地名酒很多,据宋人张能臣编撰的《酒名记》一书记载,北宋时期数得着的名酒就有 100 多种,另一本书《武林旧事》中记载南宋的名酒有 50 多种。

据《东京梦华录》中《宰执亲王宗室百官入内上寿》里记载,宾客们"每分列环饼、油饼、枣塔为看盘,次列果子。惟大辽加之猪羊鸡鹅兔连骨熟肉为看盘,皆以小绳束之。又生葱韭蒜醋各一碟。三五人共列浆水一桶,立勺数枚"。由此可见宋朝人并不在乎食物是否精致珍贵,但酒席中一定要有歌舞、音乐、杂耍来助兴,爱玩爱唱是当时的特点。在这种宽松的环境下,祝酒词就变得十分随性自然。在音乐不缺的宋代,词成为一种时尚的祝酒方式。词,原是诗歌的一种,始于唐,而兴于宋。最具有代表的人物是"奉旨填词"的柳三变,这位白衣卿相也是因为仕途不顺,辗转在市井繁华的民间,出没在烟花柳巷之处,传于后世的经典祝酒词就是那首《蝶恋花》:"伫倚危楼风细细,望极春愁,黯黯生天际。草色烟光残照里,无言谁会凭阑意。拟把疏狂图一醉,对酒当歌,强乐还无味。衣带渐宽终不悔,为伊消得人憔悴"。

到了元代,祝酒的方式更为简洁而且带有一定的博弈性。这大约和当时的统治者是少数民族有关:对汉文化不甚了解,高雅的祝酒词显得曲高和寡,倒是赤膊上阵来的痛快。元朝出现了"猜拳"的祝酒方式,并流传至今。"猜拳"也叫"猜枚"、"同数"、"划拳"、"豁拳"、"拇战",形式不同,道理一致。具体过程是:两人猜拳,各自口中报出数字,同时伸出若干手指,如果一方口中的数字是双方手指相加得到的总数,则赢,反之为输。猜拳的口令从最初的数字,逐渐演变成具有地方特色的术语,比方说数字一,又叫做"一心敬"、一条龙、一条心"代替;二字叫做"哥俩好、再好好、两家好";三字叫做"三星照、三结义、三阳开泰";四字叫做"四季发、四喜财、四两金";五字叫做"五魁首、五谷丰、五太岁";六字叫做"六六顺、六六六、大顺心";七字叫做"七个巧、七仙女、七龙珠"、八字又叫"八匹马、八大发、八大仙";九字又叫"九连环、九重天、佛跳墙"、十字又叫"满园春、全家福、全来了"。

明清两代祝酒词的发展走向多元化,可谓雅俗共赏。特别是明中期心学的盛行和晚期资本主义萌芽,社会上各种思潮涌动,明清小说里有很多描写祝酒的场面。以《红楼梦》为例,同样是贵族阶层,却又截然不同的两种喝酒场面:一是第四十回《史太君两宴大观园金鸳鸯三宣牙牌令》里,描写了众人吃酒行令的情形,选出鸳鸯为令官,由她出诗句,或出对子,其他人则按照首令之意来续令,所续之令必须在内容和形式上相符,不然就要被罚酒。虽然席间出现了刘姥姥的绝句:大火烧了毛毛虫!却是名副其实的雅令,多为文人雅士们聚集时玩耍;而在第二十八回《蒋玉菡情赠茜香罗薛宝钗羞笼红麝串》中,描写了贾宝玉、薛蟠等人一起喝酒的场面,其中呆霸王的几句酒词可谓语不惊人死不休:女儿悲,嫁了个男人是乌龟;女儿愁,绣房撺出个大马猴!这种毫无文采的祝酒词属于"通令"。

明清时代普遍形成了"无酒不成宴席"的观念,前朝的祝酒词无一不盛行。而酒令作为祝酒词的一种,起源于周代,兴盛于唐代,其发展和普及程度大有后来居上的气势。宋代《蔡宽夫诗话》里记载,"唐人饮酒,必为令以佐欢,其变不一。"时至今日,酒令仍然是酒桌上祝酒言欢的必备节目。

4. 五四运动以后

清末到民国期间很多酒桌上的习俗都延续了以前的风格和形式,"五四"以后,随着反帝反封建的思潮涌起,文言和格律诗受到冲击,不再是人人必备的素质,以诗词歌赋祝酒的形式基本消失不见,取而代之的白话文、自由诗占主导地位。但世代流传下来的猜拳、行令等祝酒娱乐方式仍旧存在。

现在我们接触到的祝酒词无论从形式上,还是内容上,都属于新文化运动的产物,被赋予了这个时代的特点和节奏。随着社会生产力的发展和文化生活的进步,现代祝酒词融合了新世纪的知识性、娱乐性和趣味性;随着精神文明的建设和社会整体素质的提高,人们不断的从我国古典文化中吸取精华,摒弃糟粕。现代祝酒词的内容里既有世界的宽广,也有民族的独特;有"cheers!",也有"先干为敬!"。很多名诗、名句、成语、对联仍旧会被人应用,古诗词用它独特的魅力感染着饮宴上的每一个人。如在一个老干部的生日会上引用"老骥伏枥,志在千里;烈士暮年,壮心不已!"对方一定深感欣慰,并饱受鼓舞;给好朋友祝贺成功时祝酒,不妨引用"春风得意马蹄疾,一日看尽长安花",对方在高兴的同时,大可感到欣慰。

正所谓"春江水暖鸭先知",祝酒词的内容很贴近时代,也极易受到社会大环境的影响。所以说"活学活用",才是使用祝酒词的真谛。

第三节 润物细无声——灵活运用祝酒词

中国是礼仪之邦,凡事讲究面面俱到、不露声色,在对客人的尊敬上不能马虎。几千年来,中华大地上的酒文化博大精深,正所谓有酒必有宴,有饮必有祝酒词。祝酒词的作用应该像催化剂,能够加快整个宴会气氛的发酵,让人们在不知不觉当中融入其中。而要想控制宴会气氛的程度、掌握宴会节奏、实现宴会目的、保证宴会效果,如何正确的使用祝酒词相当重要。

"白日放歌须纵酒,青春作伴好还乡"宴会上的宾客都是为了交流感情、融洽关系、增进友谊,想要如鱼得水,祝酒词就要用的巧、用得妙。单纯的喝酒,不过是享受酒精对身体的麻醉和刺激,酒只有在热情洋溢的祝酒词烘托下,才能将作用发挥到极致。使用祝酒词一定不能吝啬仰慕、佩服的词语(应该和溜须拍马区别开来),祝福、赞颂、恭贺、致谢、崇敬融为一炉,也不妨引经据典、借花献佛,来表达自己的诚挚心意。"人生得意须尽欢",激活人们的感情、敞开人们的心扉、与之沟通，把酒宴的气氛推向高潮。

一方面，人们的生活水平不断提高，国家富足、家庭和睦、衣食无忧，各种喜庆活动也就不断增加；另一方面，现代人工作忙，生活节奏快，压力大，宴会正是一个放松心情、休息身体的好场所。诸如遇到婚丧嫁娶、生日宴会、乔迁新居、工程落成、升迁职位、联谊聚会、饯行接风、表彰庆功、开业典礼等喜事，无一不是要大宴宾朋、图个热闹。此时无论是东道主还是远来的贵客，都要举起酒杯说两句，怎么说才能达到融会贯通的目的，是需要事先有所准备的。切忌"良言一句三冬暖，恶语伤人六月寒"的古训，好话不贵，多多益善，甚至胜过珍馐美酒。

第四节　妙笔酒生花——祝酒词的写作

前面我们已经提到过，祝酒词属于应用文体，它具备一个固定的结构，读者在写作祝酒词的时候也应该遵循这些结构，可以避免很多弯路。总的来说，祝酒词要求篇幅短小、文辞庄重、热情幽默、大方得体，切不可像懒婆娘的缠脚布，否则很容易破坏宴会的气氛，出现尴尬局面。

祝酒词的结构大致可以分为：标题、开篇、正文、结尾几个大部分。细分下去，开篇部分包括称谓、简介两部分；正文包括引文、主体、总结三部分。下面我们以一篇日常聚会的祝酒词为基础讲解一下它的结构。

范例赏析：

在父母金婚典礼上的祝酒词

【场合】金婚典礼

【人物】父母亲、亲朋好友

【祝词人】女儿

各位亲朋好友、父老乡亲：

大家下午好！

今天是我的父亲母亲结婚五十周年的金婚纪念日，在此我向各位的到

来表示最热烈的欢迎和最衷心的感谢!

"金风玉露一相逢,便胜却人间无数",一生之中能和相爱的人"执子之手,与子偕老"是一件多么美妙的事情!"在天愿作比翼鸟,在地愿为连理枝!"爸爸妈妈相濡以沫、携手扶持,共同建立起幸福的爱巢,是多么让人羡慕啊!

爸爸妈妈在五十年前缔结幸福的婚约,五十年来,他们经历了多少风风雨雨、世事变迁,然而,唯一不变的,是他们的真情。自结婚之日起,他们相互扶持、相互鼓励,不管是顺境还是逆境、喜悦还是悲伤,他们都紧紧握着对方的手,一同走过。

这五十年来,想必他们品尝过无数次成功的喜悦和失败的泪水。这无数次的考验使妈妈从一个纯真的少女成长为一个伟大的母亲,而爸爸则从一个血气方刚的青年成长为家庭的支柱。他们用心维护和经营着这个家庭,尽心尽力地哺育和培养我们这四个儿女。如今,儿女们都长大了,也各自成立了自己的家庭,父母布满沧桑的脸庞上也充满了慰藉的深情。他们是模范的夫妇,也是伟大的父母,他们所做的一切,将是我们后代学习的楷模。

父母携手走过五十年的春华秋实,花开花落,如今迎来了金婚的庆典,我们祝愿他们的爱情长长久久、和和美美,愿父母晚年健康快乐。在未来的道路上,相依相伴,共同缔造更加美好的明天!

请让我们共同举杯,为父亲母亲的金婚快乐,为他们的身体健康,为他们的幸福快乐,也为在座各位的幸福安康,干杯!

祝酒词由标题、称呼、正文和祝愿语等几部分构成,格式如下:

1. 标题

孔子曰:"名不正则言不顺",祝酒词是针对固定人群的,所以一定要先了解宴会的性质、发起人、参与人都有哪些,方可动笔,"没有调查就没有发言权"这句话是极为实用的。

标题一般由致词人、致词场合和文种三个部分组成,例如:《××在××开幕式上的祝词/讲话》、《××在××宴会上的讲话》,如果由自己起草,为了达到标示作用，主语就可以省去。例如本篇例文，标题的全文应该是"女儿在父母金婚典礼上的祝酒词"，但是致词人是女儿自己，所以不必拘于形式。标题元素除了可以缺省之外，在某种场合也可以简化或改变顺序，甚至可以不写。但祝词人必须自己清楚。

2. 开篇

开篇宜简短、紧凑，但要将到会成员全部包括里面，不能有所遗漏。因为无论什么样的酒宴，也无论什么样的场合，在祝酒之前，总要让宾客知道这杯酒是向谁敬的；同时也表明，自己了解今天到场的嘉宾成员的组成部分——这就是称谓部分。例子中"各位亲朋好友、父老乡亲"就是对到场嘉宾的称谓。

由于语言的局限性，我们不可能在念完成员后加个括号，声明排名不分先后。所以要根据不同酒宴的的主题，嘉宾的重要程度，宾客朋友的亲密程度进行合理安排。同时，适当的称谓也能体现出祝酒人的个人魅力。

称谓可分为专指性称谓、泛指性称谓和复合型称谓。

专指性称谓是指被祝酒对象十分明确，身份不二，比如："尊敬的××总经理"、"敬爱的××老师"。

泛指性称谓一般用于对象较为广泛、有多方宾客出席的宴会或活动。如"尊敬的来宾"、"亲爱的观众朋友"等等。

复合性称谓，简单的说是前两者的结合。单独列出来祝酒对象中比较重要的人物，同时兼顾出席酒宴的多方宾客。比如"尊敬的××董事长及××女士，各位业界同仁、各位来宾、各位朋友"；这种称谓方式在很多场合使用，长短不一，涵盖范围不同。

根据不同宴会风格，称谓也可以从语言上划分为：正式称谓、非正式称谓、特色称谓等。例如在国宴上对待外国元首级别的客人，就要使用"尊敬的××阁下"、"尊敬的××夫人"等，这属于是正式称谓；非正式称谓适用于同学聚会、朋友联谊、战友相逢等轻松场合，例如喊儿时伙伴的小名"二狗子"，或者同学的外号，都是为了达到诙谐幽默的目的。但一定要控制尺度，不能惹恼对方，更不能拿对方的生理缺陷开玩笑；特色称谓适用于不同行业间的聚会，根据自己的职业特点，巧妙的融入幽默元素，也能达到良好的

效果。

简介部分,用极简短的话概括出本次活动的主题。如例文中:"今天是我的父亲母亲结婚五十周年的金婚纪念日"一句,简单扼要的告诉来宾本次宴会的最终目的。类似"我很激动、很感激……"的话,放在开头反而显得啰嗦;如果为了突出自己的感情到位,也可以适当加一句,但不要拖泥带水。

3. 正文

一篇祝酒词写的是否有文采,是否能打动人,是否能引起心灵的共鸣,都取决于正文部分。在诵读的时候正文部分也是最受关注的,因此不可马虎。

首先说引文部分,它是正文主体的开场白,也是体现整篇祝酒词风格文采的关键。写文章讲究"凤头、猪肚、豹尾",人们也常说好的开端等于成功的一半,因此有一个漂亮的开头很重要。

"金风玉露一相逢,便胜却人间无数",一生之中能和相爱的人"执子之手,与子偕老"是一件多么美妙的事情!"在天愿作比翼鸟,在地愿为连理枝!"爸爸妈妈相濡以沫、携手扶持,共同建立起幸福的爱巢,是多么让人羡慕啊!

例文中引文部分是一句家喻户晓的诗词,然后又接二连三的引用,不失为一段精彩的开头。引文主要以优美的辞藻夸张、渲染,为下文主体部分做铺垫,应该注意的是,引文部分要适合宴会的风格,亦不宜太长,否则就有喧宾夺主之嫌。

下面节选几段引文范例:

节气开头:

重阳日,满菊花,故乡的亲人们是否在登高远望? 在这样一个特殊的日子里,有多少和你我一样的海外游子,胸中怀着一个中国梦、故乡情……

季节开头:

春天的南国,莺飞草长,欣欣向荣,预示着天地万物都生机勃勃。在这样美好的日子里,我们迎来了××工程的奠基仪式……

人物开头:

十年前,五个朝气蓬勃的年轻人穿上了军装,奔向了祖国的边疆;十年后,五个共和国英雄用他们的忠诚和勇气,谱写了一曲荡气回肠的爱国情怀……

主体是祝酒词的重中之重,祝词人在这一部分应该把他要表达的中心思想阐述清楚。

爸爸妈妈在五十年前缔结幸福的婚约,五十年来,他们经历了多少风风雨雨、世事变迁,然而,唯一不变的,是他们的真情。自结婚之日起,他们相互扶持、相互鼓励,不管是顺境还是逆境、喜悦还是悲伤,他们都紧紧握着对方的手,携手一同走过。

这五十年来,想必他们品尝过无数次成功的喜悦和失败的泪水。这无数次的考验使妈妈从一个纯真的少女成长为一个伟大的母亲,而爸爸则从一个血气方刚的青年成长为家庭的支柱。他们用心维护和经营着这个家庭,尽心尽力地哺育和培养我们这四个儿女。如今,儿女们都长大了,也各自成立了自己的家庭,父母布满沧桑的脸庞上也充满了慰藉的深情。他们是模范的夫妇,也是伟大的父母,他们所做的一切,将是我们后代学习的楷模。

父母携手走过五十年的春华秋实,花开花落,如今迎来了金婚的庆典,我们祝愿他们的爱情长长久久、和和美美,愿父母晚年健康快乐。在未来的道路上,相依相伴,共同缔造更加美好的明天!

人物历史的追溯、现实生活的剖析、美好前景的展望,这些都是祝酒词中经常出现的内容,可以根据不同的对象进行扩展。时间、地点、环境可以省略,但要把握好人物和主题意义。

总结主要使用在政府会议、行业宴会、商务酒会等正式场合,身份地位较高的领导出席讲话,对整个行业具有高屋建瓴的前瞻性。使用场合不多,一般可以和结尾部分合并。

4. 结尾

祝酒词的结尾简洁、洪亮、热烈,是整个宴会气氛的高潮部分,最后一个词一般都落在喝酒的动作上。

例如:"为了……干杯!"、"预祝此次合作圆满成功,干杯!"、"让我们为了××老师的健康,共同举杯!"、"同学们,为了我们的友谊地久天长,喝!"等等。一般来说结尾部分要富有激情、富有感染力。

例如胡锦涛主席在上海世博会欢迎晚宴上的祝酒词的结尾:

现在,我提议:为举办一届成功、精彩、难忘的世博会,为世界各国人民的团结和友谊,为人类文明发展进步,为各位嘉宾和家人身体健康,干杯!

又如中国外交部长李肇星在钓鱼台国宾馆举行晚宴中的祝酒词的结尾:

"我提议,为北京六方会谈成功,为大家在钓鱼台"稳坐"愉快,为和平、健康干杯!"

一般的结尾包含了祝福、致谢这两方面内容,读者可以根据实际情况、结合自己的语言特点进行写作。

第五节　万章皆有理——写作要点总结

祝酒词重在一个"祝"字,在"祝"的作用中推动起热烈场面。这就要求祝酒词要写得精而活,用精短的祝词创造生动活泼的现场气氛,而不是把场面讲冷、讲凉。因此,趣味性就成了祝酒词不可缺少的一个要素。当然,趣味的标准也不一样,有的含蓄蕴藉,耐人寻味,有的诙谐幽默,引人发笑。

"非尽百家之美,不能成一人之奇;非取至高之境,不能开独造之域。"要切实写好祝酒词,必须在以下四个方面把握其写作要点。

一、紧扣主题。祝酒词主题集中反映了作者对喜庆酒宴的认识和评价,这是写好祝酒词的前提。主题,是祝酒词的核心和主旨,诸如内容的安排,词语的锤炼,层次的组合,篇幅的长短,都要服从喜庆酒宴这个主题的需要,不能言不由衷,词不达意,甚至离题甚远,否则,祝酒词的作用就不能得到尽善尽美的发挥。

二、浓缩篇幅。无论大小规模的喜庆酒宴,饮宴时间都很紧凑,宾客来去匆匆,客观上要求祝酒词不能像演讲和作报告那样洋洋万言,长篇大论,必须以简短的篇幅浓缩深情的祝福。只有简短,才能集中宾客的思绪;只有简短，才能体现祝酒词的特色。简短到什么程度好呢？如果安排在宴席前致祝酒词，以五六百字为宜；如果安排在宴席中场致词，以四五百字甚至二三百字为好，长了就会令人生厌。

三、锤炼文辞。"诗文不厌百回改，佳作原本删削成。"祝酒词文辞必须精彩凝炼，这是写好祝酒词的关键。正是因为祝酒词的篇幅简短这个特点，就必须在内容上浓缩，在文辞上反复推敲、锤炼，要用"语不惊人死不休"的执着精神和严谨态度把祝酒词一字一句锤炼，使祝酒词精短的篇章像优美的诗文，悦耳的歌声，余音绕梁不绝，回味悠长。

四、讲究技巧。祝酒词的写作技巧，是撰写人或致词人写作文采和表达风格的集中体现。除了用词恰当、文字流畅外，还可在祝酒词中恰到好处地引用脍炙人口的古今诗词、格言警句、妙语联对，借景喻事，咏物生情，使祝酒词增色添味，感人肺腑，润人心脾。在简短的祝酒词中有警人之语、举鼎之句巧妙嵌用其中，能使人有"听君一席话，胜读十年书"的铭心感受，使人动情，助酒燃情，使酒宴的气氛倍增。收到超越祝酒词本身的社会效应。

综上所述，不难看出，祝酒词在各类喜庆酒宴中的感染力和影响力是显而易见的，对增进感情、融洽关系、活跃气氛有着积极的现实意义。因此，祝酒人在酒宴前撰写出"语惊四座，不同凡响"的祝酒词就显得十分重要了。撰写者应与时俱进，根据时代变化的客观情况，适时地赋予祝酒词新内容、新风貌，使祝酒词体现出鲜活的时代气息。

第二章 将进酒,杯莫停——劝酒有道

第一节 张弛有度——宴会礼仪攻略

宴会是生活中一个重要的社交场所,有的人在宴会中如鱼得水、游刃有余,处处表现的得体大方,很受人喜爱,而有的人总是坐在角落里郁郁寡欢,端着酒杯不知道找谁。我们不禁要疑惑了,同样是人差距咋就那么大呢?所以,探索一下酒桌上的"玄机",有助于你更好的沟通。

1. 众欢同乐,切忌私语

大多数酒宴宾客都较多,所以应尽量多谈论一些大部分人能够参与的话题,得到多数人的认同。因为个人的兴趣爱好、知识面不同,所以话题尽量不要太偏,避免唯我独尊,天南海北,神侃无边,出现跑题现象,而忽略了众人。特别是尽量不要与人贴耳小声私语,给别人一种神秘感,往往会产生"就你俩好"的嫉妒心理,影响喝酒的效果。

2. 瞄准宾主,把握大局

大多数酒宴都有一个主题,也就是喝酒的目的。赴宴时首先应环视一下各位的神态表情,分清主次,不要单纯地为了喝酒而喝酒,而失去交友的好机会,更不要让某些哗众取宠的酒徒搅乱东道主的意思。

3. 语言得当,诙谐幽默

酒桌上可以显示出一个人的才华、常识、修养和交际风度,有时一句诙谐幽默的语言,会给客人留下很深的印象,使人无形中对你产生好感。所以,应该知道什么时候该说什么话,语言得当,诙谐幽默很关键。

4. 劝酒适度,切莫强求

在酒桌上往往会遇到劝酒的现象,有的人总喜欢把酒场当战场,想方设法劝别人多喝几杯,认为不喝到量就是不实在。"以酒论英雄",对酒量大的人还可以,酒量小的就犯难了,有时过分地劝酒,会将原有的朋友感情完全破坏。

5. 敬酒有序,主次分明

敬酒也是一门学问。一般情况下敬酒应以年龄大小、职位高低、宾主身份为序,敬酒前一定要充分考虑好敬酒的顺序,主次分明。与不熟悉的人在一起喝酒时,也要先打听一下对方身份或是留意别人如何称呼,这一点要做到心中有数,避免出现尴尬或伤感情的局面。

敬酒时一定要把握好敬酒的顺序。有求于某位客人在席上时,对他自然要倍加恭敬,但是要注意,如果在场有更高身份或年长的人,则不应只对能帮你忙的人毕恭毕敬,也要先给尊者长者敬酒,不然会使大家都很难为情。

6. 察言观色,了解人心

要想在酒桌上得到大家的赞赏,就必须学会察言观色。因为与人交际,就要了解人心,左右逢源,才能演好酒桌上的角色。

7. 锋芒渐射,稳坐泰山

酒席宴上要看清场合,正确估价自己的实力,不要太冲动,尽量保留一些酒力和说话的分寸,既不让别人小看自己又不要过分地表露自身,选择适当的机会,逐渐放射自己的锋芒,才能稳坐泰山,不致于给别人产生"就这点能力"的想法,使大家不敢低估你的实力。

第二节 左右逢源——巧妙举杯

现代人喝酒讲究品位,除了少数人追求"梁山好汉"的气势以外,更多人喜欢有一个巧妙的"借口"举杯。多数时候一个好的提议能够让大家共饮,

增加宴会的气氛。通过祝酒,陌生的朋友加深了印象;熟悉的朋友加深了感情;有误会的朋友也通过一杯酒散去了百愁千忧。从某种意义上说,祝酒词更是语言艺术的实际运用。

特别是在一些现代商战场合,需要向对方以祝酒的方式来达到通融感情、密切关系的目的。或通过祝酒,使对手在酒后会谈时放松警惕。酒不饮到一定的程度就达不到尽欢的目的,更达不到酒饮微醉、花看半开的最佳境界,宴会的目的也很难实现。要使酒的"欢娱"作用得到全部发挥,不但需要有巧妙的祝酒词,而且要有恰当的劝酒方法,方能奏效。下面和大家一起来探讨一下成功劝酒的"潜规则"。

1. 举杯共饮、只为有缘

俗话说,"有缘千里来相会,无缘对面不相识",陌生的朋友坐在一起,这句话用来祝酒是再合适不过了。大千世界,人海茫茫,大家能够相识,并在同一个酒桌上喝酒,这就是一种缘分。为了这种缘分,我们也得干一杯。

2. 以己之短、赞彼之长

人都是有虚荣心的,这是人类的自然本性。赞美之词往往比强迫更有用,特别是在酒桌上,受热闹的气氛的感染,人的虚荣心很容易膨胀,而虚荣心一膨胀,人就免不了要有一些超出常规的"豪壮之举"。另外,在酒桌上赞美对方的酒量或学习成绩、工作业绩,如果对方仍坚持不喝,就会牵涉到面子的问题,酒桌上众人的眼光会给对方造成一种无形的压力:既然能喝,既然事业这么得意,连杯酒都不愿喝,是瞧不起我们吗? 这种压力是对方很容易感觉到的,自己也会不好意思,迫于压力也得拿起酒杯。

你完全可以找出对方之长处,以己之短,度其所长,以赞美、崇拜的语言来敬酒。每个人都喜欢听好听的话,这样不仅可以劝酒成功,而且还能拉近彼此的距离、增进双方的感情。

3. 人生初次、举世无双

第一次相逢,有很多话可以用来劝酒:如初次见面,真是一见如故,相见恨晚,一定要好好喝上一杯。此外,人生有很多第一次都可以拿来套用,如第一次"结婚"、第一次合作、第一次邀请等等。即使不是人生第一次,还可以根据具体情况加上定语:如这个月第一次见面、今天第一次见面、荣升以后第一次、在某地第一次、与在座的各位第一次相聚在一起、出差中的第一次,等等。

4. 妙语连珠、赞不绝口

祝愿是对未来的美好期望,听到别人真诚的祝愿很容易让人快乐,可以结合被劝对象的实际情况来说一些良好的祝愿。若是做生意的,可祝其"生意兴隆通四海,财源茂盛达三江";若是老人,则可祝其"福如东海长流水,寿比南山不老松";若是机关干部,则祝其"步步高升";若是新婚夫妇,则可祝其"早生贵子,百年好合";若是在过年,祝福的语言就更多了,如"新年快乐、恭喜发财、合家幸福","祝你一帆风顺,二龙腾飞,三阳开泰,四季平安,五福临门,六六大顺,七星高照,八面来财,九九同心,十全十美,百事亨通,千世吉祥,万事如意"等等。

5. 我中有你、你中有我

只要不是太异类的两个人找一些共同点还是很容易的。共同点是劝酒的一个很好的理由,如:两个人都姓张,那可不得了,五百年前是一家呀!要喝,要喝……又如:同学、同事、同乡、同籍贯、同属相、同名、同岁、同生日、同星座、同年代、战友、校友、同职位、工作性质相同、经历相同、同观点、有相同的兴趣爱好、一同出过国、一同出过差……这样,总能够让你在酒桌上求同而敬之。

6. 曹刿论战、一鼓作气

敬酒可以结合兵法策略,讲究一鼓作气,再接再厉。比如,在找共同点时,若是校友,喝一杯酒,若是同届的,就得喝两杯,若要是同届同系的校友,就得喝三杯……以此类推,如在出生年月上,我们可以按照同年代、同年、同月、同日、同地方出生的方法递进。这时,也可以使用善意的"谎言",来劝酒,使用这个方法时,要注意适可而止,只要能让对方喝得尽兴,喝得开心就行,千万不要让朋友喝醉了。那样,这场酒席就达不到你想要的结果了。

7.强调意义、提升层次

钓鱼岛是一座不大的岛屿,却关系到国家主权。同样的道理,在酒席宴前不可能有多重大的事情,但是提升了它的层次,就可以让人无法拒绝。所以,劝酒者在劝酒时不妨多强调一下此场合的重要性、特殊性,指出它对于对方的价值与意义,这样既能激发对方的喜悦感、幸福感、荣誉感,又使他碍于特定的场合而不得不愉快地再饮一杯。

例如,在一次10年的同学聚会上,一位很久没见的同学不喝酒,于是就有人劝他说:"好,这杯酒我也不劝你了,你愿意喝就喝,不愿意喝就别喝。反正今天是我们98届毕业生的第一次聚会,下次再聚真不知道是什么时候了。我知道你的酒量不行,这杯酒你要是不想喝,大伙儿也都同意,那我也就一句话不说了……"话说到这份上,那位同学一般也不会再推辞了。这种强调场合的特殊意义的劝酒方法一般都能起到立竿见影的效果,因为没有谁愿意在这种场合给大家留下不合群的不好的印象。

8.通俗易懂、朗朗上口

祝酒的手段不在于多高明,管用就好。适当的说一些顺口溜、打油诗也能起到效果。如"劝君更尽一杯酒,走遍天下归友",如果还想劝对方再喝一杯,可以说"天上无云地下旱,刚才那杯不能算";想让对方再喝一杯,不妨说:"男人不喝酒,白在世上走",到了最后"凶相毕露","感情铁,喝吐血!"。

9.鸡蛋挑骨、吹毛求疵

挑"毛病"、"找茬"是酒桌上常用的手段。"罚酒三杯"是中国人劝酒的独特方式,罚酒的理由可谓是五花八门,最为常用的是对酒席迟到者的"罚酒三杯"。使用此方式劝酒要充分调动其他在场者的力量,争取让大家认同你自己的说法,然后鼓动大家一起来给对方施加压力。

一般来说,只要挑出的"毛病"不是牵强附会或无理取闹,而且注意用语的恰当、幽默,那么对方是不会产生反感的。

如:在朋友的婚宴上,小杨迟到了5分钟,此时就可用挑毛病的方式来劝酒:"好,这下大家都看见了,迟到了5分钟!按照现在公司的制度,迟到是要扣奖金,你迟到了5分钟,你自己说该罚不该罚?"小杨只好拼命点头,一仰头喝了一杯。此时,劝酒者再进一步进攻:"好了,迟到的事就算过去了,咱们再说另外一件事。我问你:刚才你急匆匆入座的时候说了些什么?你是不是说了"不好意思、不好意思,今天特别倒霉,堵了一路的车?你知道今天是什么日子? 今天可是咱们小马结婚大喜的日子,你'倒霉、倒霉'地乱说,你说你是什么意思啊? 大伙说,小杨该不该再罚酒三杯?"

罚酒的理由有很多,只要你能巧妙地抓住对方的"失误",调动起大家的兴致,就能轻而易举地达到祝酒的目的。

10. 劝酒不利、不如激将

兵法上讲"劝将不如激将",这招有时在酒桌上也十分有效,有人左劝右劝劝不动,用计一激他就饮。女同志激男同志,小个子激大个子,老人激小伙子,人都有自尊心,如果你能恰到好处地使用反话刺激对方的自尊,让对方受不了语言的进逼和众人帮腔的"舆论压力",意识到不喝这杯酒将会有损自己的尊严,往往便会"一怒而天下定",我喝了给你们瞧瞧。

但是,激将法要看对象,"老奸巨猾"的朋友不要去激他,激不成功的,有时用此法反而会弄巧成拙。"少年见酒喜欲舞,老大畏酒如畏虎",对那些确实畏酒的人,不要去激他,以免真的伤害了对方的自尊,两人较起劲来,就会伤了和气,那就得不偿失了。

总之,生活是千姿百态的,情况也是突如其来的,祝酒的方法虽有很多,但要注意活学活用,因地制宜,见缝插针。只有用法得当,你和你的朋友才会喝得尽兴、喝得高兴,你的求人、交际也才会成功。

第三节　一脉相承——中国人的敬酒方式

中国人敬酒时,往往都想让对方多喝点酒,以表示自己尽了地主之谊,客人越喝得多,主人就越高兴,因为这表示客人看得起自己,假若客人不喝酒,主人就会觉得很伤面子。

有人总结到,劝人饮酒有如下几种方式:"文敬"、"武敬"、"回敬"、"互

敬"、"代饮"。这些做法有其淳朴民风遗存的一面,也有一定的负作用。

文敬:是传统酒德的一种体现,即有礼有节地劝客人饮酒。

酒席开始,主人往往在讲几句话后,便开始了第一次敬酒。这时,宾主都要起立,主人先将杯中的酒一饮而尽,并将空酒杯口朝下,说明自己已经干了,以示对客人的尊重。客人一般也要喝完。在席间,主人往往还分别到各桌去敬酒。

武敬:几轮酒下来,几个人可以划拳,谁输谁喝,但要注意不要太过于喧哗,影响别人。

回敬:这是客人向主人敬酒。

互敬:这是客人与客人之间的敬酒,为了使对方多饮酒,敬酒者会找出种种必须喝酒的理由,若被敬酒者无法找出反驳的理由,就得喝酒。在这种双方寻找论据的同时,人与人的感情交流也得到升华。

代饮:即不失风度,又不使宾主扫兴的躲避敬酒的方式。本人不会饮酒,或饮酒太多,但是主人或客人又非得敬上以表达敬意,这时,就可请人代酒。代饮酒的人一般与他有特殊的关系。在婚礼上,男方和女方的伴郎和伴娘往往是代饮的首选人物,故酒量必须大。

第四节　活学活用——祝酒小故事

1. 将军的风度

第二次世界大战时,一位英国将军举办了一次祝酒会。

到会的除了上层人士外,还有一批作战勇敢的士兵,酒会相当热闹、隆重。可在酒席中,一位从乡下入伍的士兵不懂席上的一些规矩,竟捧着一碗用来洗手的水咕噜咕噜地喝了,顿时引来达官贵人、太太小姐们的讥笑之声,那位士兵被羞得无地自容。这时,只见那位英国将军慢慢地站起来,端着自己面前的那碗洗手水,面向全场贵宾,充满激情地说:"我提议,为我们这些英勇杀敌、拼死为国的士兵们干了这一碗。"

说罢,一饮而尽,全场顿时肃然,稍后人人都仰脖而干。那位士兵已是泪流满面,感动不已。

这位将军适时地利用祝酒给了士兵一级"台阶",顺理成章地把尴尬不已的士兵接下"台"。他用宽容和理解的言行化解了席上的不和谐因素,着实令人敬佩。

2. 大师的智慧

抗战胜利后的一天,张大千要从上海返回四川老家,行前好友为他设宴饯行,并特邀梅兰芳等人作陪。

宴会开始时,张大千向梅兰芳敬酒,说:"梅先生,你是君子,我是小人,我先敬你一杯!"众宾客都愣住了,梅兰芳也不解其意,笑着询问:"此话作何解释?"张大千笑着朗声答道:"你是君子——动口;我是小人——动手!"满堂来宾大笑不止,宴会气氛一下子活跃起来。

张大千自称为"小人",看似自贬,实则"醉翁之意不在酒",是对梅先生尊重的表示,它表现了张大千的豁达胸怀和谦虚美德,又营造了宽松和谐的交谈氛围。

3. 元首的自信

丘吉尔嗜吸雪茄烟。有关他的漫画像,不少都画着他那肥嘴上正咬着一支粗大的雪茄。可又有谁知道,丘吉尔更喜欢吸烟前把雪茄放在威士忌酒里浸泡一会儿,待到吸了不少的酒,然后再点燃抽。1940 年夏天,丘吉尔视察蒙哥马利的部队后,他们一同到一家餐馆进餐,他问蒙哥马利喝什么饮料,蒙哥马利答道:"水。我不喝酒,又不抽烟,百分之百健康。"丘吉尔当即答道,"我既喝酒,又抽烟,却百分之二百健康。

4. 作家的机智

歌德有一次出门旅行,路过一家饭馆,进去要了一杯酒,他先尝了尝,然后往里面添了点水。邻桌几个正在喝酒的大学生看到歌德的行为,不禁哄然大笑。其中一个讥讽地问:"先生,请问你为什么要往酒里兑水呢?"歌德又抿了一口酒说:"光喝水使人变哑,池塘里的鱼儿就是证明;光喝酒使人变傻,在座的各位就是证明。我两者都不愿意做,所以酒要掺水喝。"

第三章　兵来将挡，酒来巧拒——拒酒有术

第一节　世间洞明皆学问——拒酒全攻略

俗话说"酒是穿肠毒药"，饮酒要有度，此言非虚。

在举行酒宴时，大家都乘兴举杯而饮。虽说人与人的感情交流往往在推杯换盏间得以升华，但由于每个人的酒量都有一定的限度，如能喝得适量自然是有益无害的，若喝的过量，就会伤害身体。因此，面对对方的盛情相劝，你要学会巧妙地拒酒。成功拒酒，不但能使自己免受肠胃苦，而且不会让对方觉得你不给面子，更不至于伤了和气，避免杯酒戈矛的事情发生。

下面为读者介绍几种常用的拒酒方式。

1. 身体不适为借口

身体是革命的本钱，相信任何劝酒的人都不会触及这个底线。

当别人劝酒时，我们可以以身体不舒服，或是患有某种忌酒的疾病（如脂肪肝、高血压、心脏病等）为理由，拒绝饮酒。这样做既委婉地谢绝对方，又使自己免于喝醉。例如在单位的年会上，局长和某下属坐在一起，下属提出要敬酒三杯。局长可以推辞说："你的心情我可以理解，也感谢你对我工作的支持，不过我最近身体实在不舒服，一直没有断药，医生也再三叮嘱不能喝酒。咱们单位越来越好，来日方长，日后再相聚，我一定与你一醉方休！"一席话显得领导有苦衷，下属也有台阶下，皆大欢喜。

但是有些人认为友情比身体健康更重要。遭到拒绝后，他们继续说：感情铁，喝出血！宁伤身体，不伤感情。"我们知道这是不理智的表现，但为不伤"感情"，可以这样说：我是身体和感情都不愿伤害的人。没有身体就没有感情，没有感情就如同木头人。为了不伤感情，我喝，为了不伤身体，我喝一点儿。"

2. 咬定"戒酒"不放松

戒酒是一项十分艰苦的工作,尤其对嗜酒的人而言。所以我们可以利用这一常识,在一开始就坚定立场、铁石心肠、不为巧语所动,或者干脆从一开始就把酒杯撤掉。

"各位我现在已经戒酒,一是身体喝酒过敏,二来想考验一下自己的意志力,所以今天无论如何我都不能喝!"这种情况下不用费心去找什么好的拒酒词,最简单的一句话(我确实不能喝)加上坚定的态度是最根本的办法。

3. 强调过度饮酒后果

喝好不等于喝倒,更不等于喝吐。饮酒的目的是让客人乘兴而来,尽兴而归。那种不顾实际的劝酒风,说到底,也不过是以把人喝倒为目的,这充其量只能说是一种低级趣味的劝酒术,是劝酒中的大忌。作为被劝酒者,应该有一个清醒的认识。如"我一会儿要开车,不能饮酒"、"感谢你对我的一片盛情,我原本只有三两酒量,今天因喝得格外开心,多贪了几杯,再喝就'不舒服'了,还望你能体谅"。有时候可以做做"妻管严"——"我老婆非常不喜欢我满口酒气的,我不骗你,所以你如果真为我着想,那我们就以茶代酒吧?"

这种实实在在地说明后果和隐患的拒酒术,最能得到对方的谅解,只要在对方劝酒时,能够坚持自己的原则,对劝酒人耐心解释过度饮酒的危害,劝酒者会明白"过犹不及"的道理,会见好就收。

4. 劝酒难动笑脸人

劝酒者客气热情,你要比他还客气,还热情,也可以成功的拒酒。

场景:

甲的女儿1周岁生日时,特邀亲朋好友祝贺,乙也在其中,然而乙平日里很少饮酒,且酒量"不堪一击"。酒席上,甲提议和乙单独"表示一下,乙深知自己酒量不行,忙起身,一个劲儿地赔笑脸,一个劲地说圆场话:"酒不在多,

喝好就行。"

"经常见面，不必客气。"'

"你看我喝得满面红光，全托你的福，实在是……"

结果使甲不好再劝。

这是生活中常见的例子，所谓"举拳难打笑脸人"，客气客气又不吃亏，也不是低声下气，反而更受朋友尊重和喜爱。有经验的人在宴席上，任凭劝酒的人说得天花乱坠，也是稳坐钓鱼台，笑眯眯地频频举杯而不饮。这种"满面笑容，好话说尽"的拒酒术往往能让对方拿你没办法，最后也只好作罢。

5. 有理有据、巧言反驳

对方想要劝你喝完酒时，总要找个理由，而这些理由有时存在漏洞。如果我们能抓住这些漏洞，分析其中道理，最后证明应该喝酒的不是自己而是对方，或者是其他人，总之到最后不了了之。

比如在一次朋友聚会上，有人这样向你劝酒："张先生，这桌酒席上只有我们两位姓张，500年前是一家，看来我们缘分不浅，这杯酒应当干！"此时你就可以抓住漏洞，这样拒酒："哦，我很想跟您喝这杯酒，可是实在对不起，您可能搞错了，我的'章'是'立早章'，不是'弓长张'，所以我不知道这两个同音不同字的姓500年前是否也是一家？所以，您这杯酒我不能喝。"对方理由不成立，也再没法劝你喝酒了。

面对朋友的"酒逢知己千杯少"，你可以真诚地说："只要情意有，茶水也当酒。"豪爽的朋友说："感情深，一口闷。"你可以微笑地回答他："只要感情好，能喝多少就喝多少。感情浅，哪怕喝上一大碗；感情深，哪怕抿一抿。"

爱喝酒的朋友说："酒是粮食精，越喝越年轻。"你不妨怯怯地说："出门前媳妇有交代，少喝酒多吃菜。"

所谓"兵来将挡，酒来巧拒"只要你用心琢磨，多加学习，即使没有好酒量，凭你现场的应变能力和表演"脱口秀"的水平，也会令对方无比佩服。即使被拒绝，对方也不会感到伤面子。

6. 女将出马、一个顶俩

女士在酒桌上有天然的优势,这和男人的大男子主义分不开,惯有的自尊心让男人不肯轻易在女子面前认输,当然了,酒量特别好的女士除外。

由于存在这种看似"合理的"不公平性,女士在酒桌上拒酒就比较容易。比如:"小妹我酒量浅,您要给我敬酒的话,我喝一杯您至少喝三杯"这种要求一般都会被男人接受(不得不接受);或者采用以退为进的方式,"我先敬大家一杯,就不再喝了,谁想再和我碰杯的话,至少要先喝三杯,我是小女子嘛!"一句话表明态度,有软有硬,在座的大男人就不好为难你了。

王女士陪丈夫去参加聚会,酒席上丈夫的好友们大有不醉不归的架势。丈夫身体不好,王女士担心性格内向的丈夫会奉陪到底,而不会适时拒绝。丈夫喝了3杯白酒后,王女士站了起来,举起手中的酒,对酒席上丈夫的好友说:"各位好友,我丈夫身体不好,两周前刚去过医院,医生特地嘱咐不能喝酒,因为今天和大家见面了,他高兴,才喝了那么多。既然都是好朋友,你们也一定不忍心让他酒喝尽兴了,人却上医院了。为了不扫大家的兴,我敬各位一杯,我先干为敬!"

说完,王女士一饮而尽。丈夫的好友们,听她说的话挺在理,又充满感情,再看她豪爽的架势,也就不再劝她丈夫的酒了。

酒席上,女士拒酒往往更能得到人们的理解,如果女士能帮着丈夫拒酒,其实就是在帮丈夫解围,当然,这时一定要慎重,不要贸然代替丈夫拒酒,否则会让人觉得你的丈夫不豪爽,反而有损丈夫的面子。

7. 找出主题、切中要害

有人在敬酒的时候喜欢说"够朋友就喝了这一杯!"、"是兄弟是哥们,咱们连喝三个!",在这种盛情下,好像不喝酒就不够朋友,不够兄弟,实在让人为难。欲抑先扬,也就是先夸奖恭维你,然后再亮出杀手锏,对方先一饮而尽,让你骑虎难下。

遇到这种情况,首先要承认自己够兄弟够朋友,然后说明"我要是再喝

下去就得进医院,你难道要把自己兄弟(朋友)送到医院才罢休吗?"可谓以子之矛攻子之盾,四两拨千斤。而劝酒者都有一个心理:喝也罢,不喝也罢,口头上都必须承认是朋友,是兄弟,够交情。抓住这个弱点予以攻击,劝酒者碍于"朋友"的情面,只好作罢。

8. 巧设圈套,反守为攻

酒桌上也是玩心眼的地方,有时候一个巧妙的小圈套就可以化解咄咄逼人的劝酒人。

婚宴进入高潮时,某"酒豪"似醉非醉、侃侃而谈,请3位上座的来宾一起干一瓶。面对"酒豪"咄咄逼人的言辞,一位来宾立即出来拒酒,方式非常巧妙,他说:"好啊,不过我想先请教你一个问题,'三人行,必有我师',这是不是孔子的话?"

"是啊。""酒豪"随即说道。

来宾又问:"你是不是要我们三个人一起喝?"

"酒豪"答:"对啊。"

来宾又说:"既然圣人说'三人行,必有我师',你又提出要我们三人一起喝,你现在就是我们最好的老师,请你先示范一瓶,怎么样?"

这突如其来的一击,直逼得"酒豪"束手无策,无言以对,不得不解除"酒令"。

这一招就叫"巧设圈套,反守为攻",就是先不动声色,等待时机,一旦时机成熟,抓住对方言辞中的"突破口",以此切入,使对方无言争辩,从而回绝。

当然,这一招最为关键的是"巧设圈套",这需要设局者跳出当时的处境,以旁观者的心态去看待事情本身。酒桌上人们的比较兴奋,头脑不是很清醒,即使有些借口比较牵强,也不会引起注意。关键在于表达起来要不卑不亢、胸有成竹。

9. 知己知彼,添油战术

喝酒和打仗一样,讲究策略,没有哪个统兵将领遇见敌人就直接冲过去,那样做的结果很可能是全军覆没。更所谓要"知己知彼",才能稳赢。

如果你对自己的酒量有信心,而又不想喝到出丑,可以先和对手小酌,然后连连推辞说自己喝不了。此时对方很有信心将你灌倒,且不可触其锋芒,主动示弱。在对方懈怠的时候再喝,而且要显得大度,比对方喝的多。一来二去,对方摸不清你的底,自然不敢轻举妄动,拒酒成功。需要注意的是,在推辞的时候不可太假,也不要太暴露自己的酒量,让人一看就知道此人能喝,那前面的伪装就白费了,容易把狼招来。

第二节　人情练达即文章——拒酒词七则

第一招:驳倒对方

酒桌上,哪怕是千言万语,无非归结一个字——"喝"。诸如:"你不喝这杯酒,一定嫌我长得丑。""感情深,一口闷;感情浅,舔一舔。"如果劝酒者把喝酒的多少与人的美丑和感情的深浅扯在一起。你可以这样驳倒它们的联系:"如果感情的深浅与喝酒的多少成正比,我们这么深的感情,哪能用一杯酒来代替?

第二招:理性喝酒

他劝你:"感情铁,喝出血! 宁伤身体,不伤感情;宁把肠胃喝个洞,也不让感情裂个缝!"对于这些不理性的表现,你可以这样回答:"我们要理性消费,理性喝酒。'留一半清醒,留一半醉,至少梦里有你追随。'我是身体和感情都不想伤害的人,没有身体,就不能体现感情,就是行尸走肉! 为了不伤感情,我喝;为了不伤身体,我喝一点。"

第三招:不要水分

在拒酒时你可以展开说:"只要感情好,能喝多少喝多少。我不希望我们的感情中有那么多'水分'。我虽然喝少了一点,但是这一点是一滴浓浓的情。"

第四招：感情到位即可

你试试这样说："跟不喜欢的人在一起喝酒,是一种苦痛;跟喜欢的人在一起喝酒,是一种感动。我们走到一块,说明我们感情到了位。只要感情到位了,不喝也会陶醉。"

第五招：理解万岁

你如果确实不能沾酒,就不妨说服对方,以饮料或茶水代酒。你问他:"我们俩有没有感情?"他会答:"有!"你顺势说:"只要感情有,茶水也当酒。感情是什么? 感情就是理解。理解万岁!"你以茶代酒,表示一下。

第六招：请君入瓮

他要你干杯,你可以巧设"二难",请君入瓮。你可以问他:"你是愿意当君子,还是愿意当小人? 请回答这个问题。"他如果说愿意当君子,你就说"君子之交淡如水",以茶代酒;他如果说愿意当小人,你便说"我不跟小人喝酒",然后笑着坐下,他也无可奈何。

第七招：做选择题

他想要借酒表达对你的情意,你便说:"开心一刻是可以做选择题的。表达情和意,可以:A 是拥抱,B 是拉手,C 是喝酒,任意选一项。我敬你,就让你来选;你敬我,就让我选。现在,我选好吗?"

第三节　饮酒的小常识

1. 科学饮酒有益身体健康

(1)酒有白酒、啤酒、果酒之分,从健康角度看,当以果酒之一的红葡萄酒为优。法国人少患心脏病即得益于此。常饮红葡萄酒的人,患心脏病的几率会降低一半。

（2）人体肝脏每天能代谢的酒精约为每千克体重1克。一个60千克体重的人每天允许摄入的酒精量应限制在60克以下。低于60千克体重者应相应减少，最好掌握在45克左右。换算成各种成品酒应为：60度白酒50克、啤酒1千克、威士忌250毫升。红葡萄酒虽有益健康，但也不可饮用过量，少喝常喝为佳。

（3）早晨不能饮酒，因为人从早晨6点钟开始，体内的醚逐渐上升，到早晨8点到达高峰，此时饮酒，酒精与醚结合，会使人整天感到疲倦。

每天下午两点以后饮酒较安全。空腹、疲倦、洗澡后、睡前、感冒或情绪激动时也不宜饮酒，尤其是白酒，以免心血管受害。专家指出，要使饮酒不影响身体健康，每次饮酒的时间间隔应在3天以上。因为饮酒后，脂肪易堆积在肝脏和胃黏膜的损伤处，健康者恢复需要3天左右的时间。

（4）空腹饮酒有损健康，选择理想的佐菜既可饱口福，又可减少酒精之害。从酒精的代谢规律看，最佳佐菜为高蛋白和含维生素多的食物，如新鲜蔬菜、鲜鱼、瘦肉、豆类、蛋类等。切忌用咸鱼、香肠、腊肉下酒，此类熏腊食品含有大量色素与亚硝胺，与酒精发生反应，不仅伤肝，而且损害口腔与食道黏膜，甚至诱发癌症。

猪肝营养丰富，而且可提高肌体对乙醇的解毒能力，故吃煮猪肝或炒猪肝是很理想的伴酒菜。

（5）不要和碳酸饮料如可乐、汽水等一起喝，这类饮料中的成分能加快身体吸收酒精。

（6）民间流行喝浓茶解酒的说法没有什么科学根据，茶叶中的茶多酚有一定的保肝作用，但浓茶中的茶碱可使血管收缩，血压上升，反而会加剧头疼。因此，酒醉后可以喝点淡茶，最好不要喝浓茶。

（7）宜慢不宜快。饮酒后五分钟乙醇就可进入血液，30—120分钟时血中乙醇浓度可达到顶峰。饮酒快则血液中乙醇浓度升高得也快，很快就会出现醉酒状态。若慢慢饮入，体内可有充分的时间把乙醇分解掉，乙醇的产生量就少，不易喝醉。

（8）饮酒时忌吃凉粉，因凉粉中有白矾，它会减慢胃肠蠕动。如果酒精积存消化系统，容易中毒。

（9）老年人饮酒有讲究。老年人饮用黄酒、果酒等低度酒，有利于健康。

因为适量的低度酒可以活血行气、壮神、御寒。细品小酌,使老年人神怡气舒,还能促进胃液分泌,促进食物消化吸收。冬季饮用适量补酒、蜂蜜酒,可延缓老年人体肤衰老。老人不宜饮用啤酒,因啤酒中含有一定量的铝元素,老人新陈代谢慢,如积存于体内,会导致老年性痴呆。

(10)喝完第一杯后,要过三十分钟再喝第二杯,如果想再喝第三杯的话,一定要等上一个钟头。但为了你的身体,尽量不要伸手拿第四杯了。

(11)吃药后绝对不要喝酒,特别是在服过安眠药、镇静剂、感冒药之后,更是绝对不能喝酒。

2. 家有妙招来解酒

既然喝酒就要会解酒,否则不仅醉醺醺有失礼仪,而且接踵而至的头痛、头晕、反胃、发热……也不会让你好受。"有备而喝"才是上策。

蜂蜜水——酒后头痛:喝点蜂蜜水能有效减轻酒后头痛症状。美国国家头痛研究基金会的研究人员指出,这是因为蜂蜜中含有一种特殊的果糖,可以促进酒精的分解吸收,减轻头痛症状,尤其是红酒引起的头痛。另外蜂蜜还有催眠作用,能使人很快入睡,并且第二天起床后也不头痛。

西红柿汁——酒后头晕:西红柿汁也是富含特殊果糖,能帮助促进酒精分解吸收的有效饮品,一次饮用 300ml 以上,能使酒后头晕感逐渐消失。实验证实,喝西红柿汁比生吃西红柿的解酒效果更好。饮用前若加入少量食盐,还有助于稳定情绪。

新鲜葡萄——酒后反胃、恶心:新鲜葡萄中含有丰富的酒石酸,能与酒中乙醇相互作用形成酯类物质,降低体内乙醇浓度,达到解酒目的。同时,其酸酸的口味也能有效缓解酒后反胃、恶心的症状。如果在饮酒前吃葡萄,还能有效预防醉酒。

西瓜汁——酒后全身发热:西瓜汁是天生的白虎汤(中医经典名方),一方面能加速酒精从尿液排出,避免其被肌体吸收而引起全身发热;另一方面,西瓜汁本身也具有清热去火功效,能帮助全身降温。饮用时加入少量食盐,还有助于稳定情绪。

柚子——酒后口气:李时珍在《本草纲目》中早就记载了柚子能够解酒。实验发现,将柚肉切丁,沾白糖吃更是对消除酒后口腔中的酒气和臭气有奇效。

芹菜汁——酒后胃肠不适、颜面发红酒后胃肠不适时,喝些芹菜汁能明显缓解,这是因为芹菜中含有丰富的分解酒精所需的 B 族维生素。如果胃肠功能较弱,则最好在饮酒前先喝芹菜汁以做预防。此外,喝芹菜汁还能有效消除酒后颜面发红症状。

酸奶——酒后烦躁:蒙古人多豪饮,酸奶正是他们的解酒秘方,一旦酒喝多了,便喝酸奶,酸奶能保护胃黏膜,延缓酒精吸收。由于酸奶中钙含量丰富,因此对缓解酒后烦躁症状尤其有效。

香蕉——酒后心悸、胸闷:饮酒后感到心悸、胸闷时,立即吃 1～3 根香蕉,能增加血糖浓度,使酒精在血液中的浓度降低,达到解酒目的,同时减轻心悸症状、消除胸口郁闷。

梨——有生津止渴、润肺消燥之功效。梨味甘酸性凉,一次食小梨 3—5个,大梨 2—3 个,酒精中毒严重者可用梨汁灌服。

甘蔗——可解酒,去皮,榨汁服用。

橄榄——酒后厌食:橄榄自古以来就是醒酒、清胃热、促食欲的"良药",能有效改善酒后厌食症状。既可直接食用,也可加冰糖炖服。

温牛奶——牛奶与酒精混合后,会使蛋白质凝固沉积下来,隔离酒精在胃内的进一步变化,也保护了胃黏膜,从而可以减轻人的醉酒程度。

3. 千杯不倒有秘方

饮酒前

(1)饮酒前半小时内服用适量维生素 B、C,可消化和分解酒精。

(2)饮酒前半小时内服用适量牛奶或酸奶(优质蛋白类亦可),可在胃壁上形成保护膜,减少酒精进入血液达到肝脏。

(3)用樟木、葛根各一两,煎水半碗,在饮酒前半小时服下。或在饮酒半小时前用几片甘草,一两白糖兑开水小半碗服下。两种办法都可大大提高酒量。

(4)饮酒前半小时内可服用高浓度膳食纤维素片(服用后需要饮足量白开水),纤维素遇水后迅速膨胀,释放出大量阳离子可以把酒精包裹起来不进入消化循环直接排出体外,减少酒精对肝脏和身体的伤害。

（5）吃几个橘子。

饮酒时

（1）无论喝什么酒必须要先吃点饭，因为空腹时酒精吸收快，人容易醉。

（2）饮酒时口含绿豆干粉（采摘绿豆花，晒干研成粉备用），不容易醉。

（3）适当吃肉类和油脂，可以帮助调整好身体的部分功能，使胃可能因为油脂而蒙上薄薄的一层保护膜，防止酒精渗透胃壁。

（4）看见鸡蛋、松花蛋等菜端上来，赶紧吃。

（5）宜多以豆腐类菜肴作为下酒菜。因为豆腐中的半胱氨酸是一种主要的氨基酸，它能解乙醛毒，食后能使之迅速排出。或者，要一杯豆奶垫垫肚皮也好。

（6）边喝酒边喝水，要保证喝的水是酒的十倍左右，才能达到稀释的作用。另外，千万不要忘记多上厕所。

（7）多吃甜点和水果。甜柿子之类的水果含有大量的果糖，可以使乙醇氧化，使乙醇加快分解代谢掉，甜点也有大体相仿的效果。饮酒后立即吃些甜点和水果可以保持不醉状态。

（8）由于酒精对肝脏的伤害较大，喝酒的时候应该多吃绿叶蔬菜，其中的抗氧化剂和维生素可保护肝脏。还可以吃一些豆制品，其中的卵磷脂有保护肝脏的作用。

（9）预防酒醉性胃炎和脱水症，可饮加砂糖或蜂蜜的牛奶，既可促进乙醇分解，又能保护胃黏膜。由于脱水会使盐分丢失，可适量饮些淡盐水或补液盐。

（10）感到肚子鼓了（酒＋水）但又必须要喝酒时，可到无人处用手指点喉将酒逼出，当然开始会伤胃。

（11）饮酒后，尽量饮用热汤，尤其是用姜丝炖的鱼汤，特别具有解酒效果。

第二部分

祝酒词实例

第四章　岁岁有今朝——生日篇

第一节　生日宴礼仪

"人生自有命,但恨生日希"——孔融《杂诗》。

生日对于一个人而言是生命纪念,无论贫穷还是富有,都应该幸福的度过这一天。生日宴就是为了庆祝这个特别的日子而举行的庆典活动。现在人们的生活水平越来越高,生日宴已经不再是奢侈的消费,生日礼节也变得越来越重要。

一、典型生日宴会礼节

宴会开始前,"寿星"应该在门口迎接宾客。

应邀前往的客人应准时到达,赠送礼物。礼物的挑选要考虑寿星的年龄、性别、喜好。一般来说年轻女孩对鲜花不会排斥,而年纪大的人最好送一个恭祝健康长寿的寿桃。

客人到齐后,生日宴会即可宣布开始。生日蛋糕与生日蜡烛是必备的。生日蛋糕上所插的生日蜡烛的支数要同寿星的年龄相对应。20 岁以下可用1 支蜡烛代表 1 岁,有几岁插几支,20 岁就插 20 支;20 岁以上不能按照这种规则,否则蛋糕就没办法吃了,可以根据市场上数字蜡烛摆放,或者用不同颜色的蜡烛代表不同的年岁,如红色代表 10 岁,绿色代表 1 岁,等等。蜡烛要提前固定在蜡烛托上,然后把蜡烛托插在蛋糕上面。直接把生日蜡烛插在生日蛋糕上的做法是不足取的。

生日宴会的程序是:

首先,点燃生日蜡烛,来宾向寿星致祝词,并向他敬酒,寿星应向来宾致答词。

其次,众人齐声唱《祝你生日快乐》这首歌,寿星应在歌声中用一口气把点燃的生日蜡烛全部吹灭,来宾以掌声来烘托喜庆气氛。

接着,由寿星把生日蛋糕切成数份,分给在场的人,每人一份。

最后,开始生日宴会,宾客自由活动。

二、祝寿必知四大学问

1. 生日的分类及讲究

一般来说,老人过生日分得比较仔细。如果是大家族中德高望重的家长过生日,还会有相应的庆祝活动。传统生日一般是按虚岁计算。

大庆:每逢生日个位数是九的生日,如三十九、四十九、五十九、六十九、七十九岁等。

正庆:每逢生日个位数是零的生日,如四十、五十、六十、七十、八十岁等。

散生日:生日个位数是一至八的生日,如51—58岁。

个别地方有特殊的风俗:如男孩12岁,女孩13岁,要请12个和13个姑表女性长辈给过生日,分别送12份和13份的礼物,礼物也是分各种用途,保证孩子在18岁之前都用得着。

庆祝诞辰,一般在六十岁以前都叫"过生日",六十岁以后称"做寿',逢十则做大寿。有的地方,为避讳,认为"十全为满,满则招损",所以往往"做九不做十"。例如,在五十九岁时做六十大寿,六十九岁做七十大寿。有些地方习惯于"男做近,女做满",即男做九,女做十,由于有些地方民俗有"三十六岁门槛年,六十六岁是杀年"的说法,故这两个生日虽不是整数,也要举行大庆,以便化凶为吉,这只是一种民俗心理罢了。在民间流传着这样一句话:"小孩生日一只蛋,大人生日一碗饭。"是说小孩非周岁生日,成人非整生日一般不必邀请亲朋庆祝,只是家庭略备些酒菜或开个家庭生日晚会庆贺一番即可,我们不多介绍。家庭给老人做寿,应由子女或亲友出面组织庆祝活动。习惯上,百岁称上寿,八十岁称中寿,六十岁称下寿,都要隆重庆祝。

2. 祝寿词要真挚热情

准备贺词,一定要加入对对方称颂、赞扬、肯定的内容。同时,也不要忘了,如果具体场合允许,应借机表示致词者对被祝贺者的敬重与谢意。准备贺词,还要认真、诚恳地表达致词者的良好祝福,祝福被祝贺者"大吉大利"、"心想事成"。

很多人都会在给老人祝寿时说"祝您福如东海,寿比南山",但只有这一句是不够的,还应当结合寿星的具体情况,真挚、恰当、热情洋溢地发表祝词。

3. 祝寿词不要渲染"老"字

家庭祝寿活动比较普遍,中心是祝愿长者健康、长寿、幸福、快乐。祝寿,都由晚辈出面,邀请亲朋好友参加,欢聚一堂,祝寿词随意而发,多半简短、亲切,你一言我一语,以讨老人高兴、欢欣为主,不拘形式。在致祝寿词的时候,有一点需要注意,即祝词中虽然离不开"寿"字,但不要渲染"老"字。俗话说"人老心不老",即心理不老;心理不老,人就不服老。人的心理年龄和生理年龄不等同,一般是心理年龄比生理年龄年轻,所以寿而不老是人的正常心态。如果大家都说他老,一旦他自己也感到年老了,从心理上老化了,那么就会加速他心理和生理的衰老,与祝寿的目的背道而驰。如说"人生自当五十始,您还年轻着呢。"就比较好,心理不老,保持年轻人的精神状态,是有益于长寿的。

4. 要让老人听清楚

老年人一般情况下听力都不是很好,在祝寿时要注意把音量放大、速度放缓,发音要清楚,要尽量让老人听到你对他的祝贺。如果寿星都没听到你说什么,那你的祝词什么意义呢?

要趁这个机会多给老人一些美好的祝福并且让他清晰听到,让他因你的祝福而快乐起来。

第二节　生日祝酒词范文欣赏

特定人物生日

老公生日宴会祝酒词

【场合】生日宴

【人物】寿星、亲朋好友、家人

【祝词人】妻子

【关键词】我对你的爱，不是因为你绚丽的光环，也不是因为你迷人的风采，我爱你，是因为我们心连着心，情牵着情。

亲爱的老公：

今天是你的生日，祝你生日快乐！喝酒之前，我有些话想对你说。

你知道吗，能够拥有深爱着我的你，我是多么的欣慰和幸福。你的生日对我来说是一个重要的日子，在这样的日子里，我要为最爱的人献上最美的祝福。我希望能够借此带给你欢乐和健康。

亲爱的老公，你拥有很强的家庭观念，你孝敬父母、尊敬长辈、体贴妻子，爱护儿女。

在单位里，你兢兢业业、踏实肯干、团结同事、善待朋友。作为好儿子、好丈夫、好爸爸、好同事，你的行为举止，将成为孩子们的榜样，而我，也为拥有你这样一位出色的丈夫而深感自豪。

亲爱的老公，十几年前，我嫁给了你。当时我就坚定地认为，我的选择不会有错！直至今日，我依然是这么认为的。因为有你，我的生活绚烂多姿；因为有你，我的日子温暖如春。我对你的爱，不是因为你绚丽的光环，也不是因为你迷人的风采，我爱你，是因为我们心连着心，情牵着情。无论走过千山万水，还是历经风风雨雨，无论我们的生活面临怎样的磨难和考验，我对你的情都不会转移，我对你的爱都不会改变。

在生活中,我们偶尔也会拌嘴,也会吵架,但这丝毫不会影响我们之间的感情。无论如何,请不要怀疑我对你的爱,请你相信,无论经历怎样的沧海桑田,世事变迁,我们之间的感情,都不会有任何改变。

没有海誓山盟,没有甜言蜜语。我相信最幸福的事就是和你一起慢慢变老。让我们一起走过春走过秋,走过冬走过夏,相依相伴,携手走完这一辈子。

老公,祝你身体健康、事业顺利,生日快乐,干杯!

妻子生日宴会祝酒词

【场合】生日宴

【人物】寿星、亲朋好友、家人

【祝词人】老公

【关键词】很多人说,再热烈如火的爱情,经过 N 年也会慢慢消逝,但我们像傻瓜一样执著地坚守着彼此的爱情,我们当初钩小指许下的约定,现在都一一实现了。

各位朋友:

大家晚上好!

非常感谢大家在百忙之中前来参加我老婆的生日宴会。刚才有人提议让我对老婆说几句话,好,我就说几句,请大家不要见笑。

老婆,你总是"抱怨"我不懂浪漫,其实我看得出来你满心欢喜。你说只要我心中有你,你就很开心。但是今天,我要浪漫一回,让你过个难忘的生日。现在,我为你朗诵一首诗,名叫《假如我今生无缘遇到你》:

假如我今生无缘遇到你,

会让我永远感到恨不相逢——

让我念念不忘,

让我在醒时梦中都怀带着这悲哀的苦痛。

当我的日子在世界的喧闹中度过,

我的双手捧着每日的赢利的时候,

我永远觉得我是一无所获——

让我念念不忘，

让我在醒时梦中都怀带着这悲哀的苦痛。

当我坐在路边，疲乏喘息，

当我在尘土中铺设卧具，

我永远记着前面还有悠悠的长路——

让我念念不忘，

让我在醒时梦中都怀带着这悲哀的苦痛。

当我的屋子装饰好了，箫笛吹起，

欢笑声喧的时候，

我永远觉得我还没有请你光临——

让我念念不忘，

让我在醒时梦中都怀带着这悲哀的苦痛。

老婆，遇见你是我今生最大的幸福。还记得吗？我们曾是那样充满朝气，带着对爱情的执著与信任步入婚姻。很多人说，再热烈如火的爱情，经过 N 年也会慢慢消逝，但我们像傻瓜一样执著地坚守着彼此的爱情，我们当初钩小指许下的约定，现在都一一实现了。老婆，我感谢你为我所做的一切，特别是给了我一个温馨和睦、幸福洋溢的家。

相识是缘，相知是分。今生注定我是你的唯一，你是我的至爱。老婆，让我们携手一起漫步人生路，一起慢慢变老！我爱你永不变！

各位，让我们端起酒杯，祝我亲爱的老婆年轻漂亮、心想事成，开心快乐，同时，也真心地祝愿各位爱情温馨甜蜜，事业如日中天！干杯！

爷爷生日宴会祝酒词

【场合】生日宴

【人物】寿星、亲朋好友、家人

【祝词人】孙子/孙女

【关键词】经过几十年的风风雨雨、沧海桑田，你们的感情历久弥坚，和谐美满，令人欣羡。

亲爱的爷爷：

今天是您的生日,我首先代表全家人祝您生日快乐!

您是我们家的主心骨,在很多事情上,更是全家人的楷模。一直以来,我都很羡慕您和奶奶之间那份相濡以沫的感情。经过几十年的风风雨雨、沧海桑田,你们的感情历久弥坚,和谐美满,令人欣羡。

有一首歌中写道:

我能想到最浪漫的事

就是和你一起慢慢变老

一路上收藏点点滴滴的欢笑

留到以后坐着摇椅慢慢聊

我能想到最浪漫的事

就是和你一起慢慢变老

直到我们老得哪儿也去不了

你还依然把我当成手心里的宝

我想,这就是你和奶奶的生活的真实写照吧。

您并不是一个严厉的父亲和爷爷,但是您总是以身作则地教我们该如何做人,如何处世。您和奶奶之间深厚的感情使我们从小就体会到了家庭的幸福是何等的重要。你们用心经营着这个家庭,把这份浓浓的爱弥散在家中,传递给家里的每一个人。从而也培养了我们很强的家庭观念。使我们知道,无论在什么时候,家庭都是自己最坚强的后盾,而只有在家庭中,才能体会到最深的幸福。

爷爷,您知道吗,我们全家人都为此在心中深深地感谢着您,是您和奶奶,一同教会了我们该如何寻找幸福。每当看到您陪着奶奶到菜市场买菜、在奶奶生病时寸步不离地在床前照顾,不时地还从花鸟市场上带回几盆奶奶喜爱的花,我们的心里都美滋滋的。这样的爷爷,难道不是最好的榜样么?

如今,您和奶奶都步入了晚年,我希望你们在晚年里同样能够一如既往地幸福、健康和快乐。

最后,我再一次祝您生日快乐,祝您福如东海长流水、寿比南山不老松!干杯!

奶奶生日宴会祝酒词

【场合】生日宴

【人物】寿星、亲朋好友、家人

【祝词人】孙子/孙女

【关键词】您的健康和幸福就是我们这些子孙们最大的心愿。

尊敬的各位来宾、各位长辈们,亲爱的女士们、先生们、朋友们:

大家晚上好!

红灯高照福庆长乐,爆竹连声寿祝久安。

今天是个特别值得高兴的日子,是我敬爱的奶奶六十生日的大喜之日。

各位好友亲朋、邻里乡亲今天能够来到这里共同为奶奶祝寿,我和全家人都感到由衷的高兴。在这里,我首先代表全家人对我们敬爱的奶奶说一声:生日快乐!同时,我也代表奶奶和全家人,向在座所有亲朋好友们的亲切光临,表示最热烈的欢迎和最衷心的感谢!

小时候,由于我的父母长年在外地工作,我是由奶奶带大的。对于他老人家,我一直有着一种别样的深情,从小到大和奶奶也特别亲近。

这么多年来,每当我遇到困难,遭遇挫折,最先想到的人,总是奶奶。

从小,奶奶便教育我遇到问题不要退缩,而是要想办法解决,要坚强勇敢地面对人生。奶奶是这样教育我的,她自己也是这么做的。奶奶具有坚毅的性格,她的身上,总是透露出一股坚定的信念。小时候,奶奶总喜欢和我讲她过去的故事,从这些故事中我得知,奶奶这一辈经历过许许多多的苦难,许许多多的风雨,正是这些苦难和风雨,磨炼了她坚定的意志,使她坚强地挑起了家庭的生活重担,辛苦地养育了一双儿女。

奶奶的一生经历了太多的苦难,而真正享受快乐的时光太少了,虽说过上了好日子,但她仍有操不完的心。为子女操劳,又为孙辈操劳,一生始终忙碌着,我们都说她是个闲不住的人。亲爱的奶奶,您知道吗,您的健康和幸福就是我们这些子孙们最大的心愿。希望您少操一点心,安安逸逸地享受您的晚年。

在这个特别的日子里,我真诚祝愿奶奶生日快乐、身体健康,祝愿她福

如东海、寿比南山。同时,我也衷心地祝愿在座的各位来宾工作顺利、家庭美满!

谢谢大家!干杯!

父(母)亲生日宴会祝酒词

【场合】生日宴

【人物】寿星、亲朋好友、家人

【祝词人】儿子/女儿

【关键词】风风雨雨××年,父(母)亲阅尽人间沧桑,他(她)一生中积累的最大财富是他(她)那勤劳善良的朴素品格、宽厚待人的处世之道和严爱有加的朴实家风。

尊敬的各位长辈、各位亲朋好友:

大家晚上好!

春秋迭易,岁月轮回,当新春迈着轻盈的脚步向我们款款走来时,我们高兴地迎来了敬爱的父(母)亲××岁的生日。今天,我们欢聚一堂,举行父(母)亲××的生日庆典。在这里,我代表全家人对所有光临寒舍,参加我们父(母)亲生日宴会的各位长辈和亲朋好友,表示热烈的欢迎和衷心的感谢!谢谢各位多年来对我们家人的关心与支持。

风风雨雨××年,父(母)亲阅尽人间沧桑,他(她)一生中积累的最大财富,就是他(她)那勤劳善良的朴素品格、宽厚待人的处世之道和严爱有加的朴实家风。父(母)亲为了我们和我们的后代,任劳任怨,勤勤恳恳。所以,在今天这个喜庆的日子里,我代表全家向劳苦功高的父亲母亲说声:感谢二老的养育之恩!你们辛苦了!

在这温馨的时刻,让我们全体起立,为父(母)亲健康长寿,为亲友们今天的相聚,让我们共同举起杯中美酒,请各位开怀畅饮,喝出李白的风范,品出杜康的滋味。女士们,先生们,干杯!

谢谢!

恩师生日宴会祝酒词

【场合】生日宴

【人物】寿星、学校教师代表、学生代表

【祝词人】某学生

【关键词】在我们学子的眼中,您是大海,包容无限;您是溪流,滋润心田;您是长辈,关爱连连;您是我们尊敬的导师——诲人不倦。

亲爱的×老师,同学们、朋友们:

大家晚上好!

今天,我们××届××班的学生欢聚一堂,庆贺尊敬的恩师×老的寿辰,畅谈离情别绪,互勉事业腾飞,这一美好的时光,将永远留在我们的记忆里。

此时此刻,我的内心无比激动和兴奋,我代表全体学生向×老师行三鞠躬。一鞠躬,是感谢。感谢×老师×年来的教导,在这里,我要衷心地说一句,×老师,您辛苦了!二鞠躬,还是感谢。我怀着一颗感恩的心,感谢×老师对我们的照顾、帮助,因为有了您的支持和关心,才让我们感到生活更加温馨,工作更加顺利。三鞠躬,是送去我们对×老师最衷心的祝愿。祝老师健康长寿,幸福永久,合家欢乐!

×老师,您全心全意,不求回报,不求名利,关爱学生,因材施教,循循善诱,严格要求,相互切磋,平等对待,一视同人,指点迷津,排忧解难。在我们学子的眼中,您是大海,包容无限;您是溪流,滋润心田;您是长辈,关爱连连;您是我们尊敬的导师——诲人不倦。

一位作家说得好:"在所有的称呼中,有两个最闪光、最动情的称呼:一个是母亲,一个是老师。老师的生命是一团火,老师的生活是一曲歌,老师的事业是一首诗。"我们恩师的生命,也像是一团燃烧的火、一曲雄壮的歌、一首优美的诗。×老师在人生的旅程上,风风雨雨,历经沧桑××载,他的生命,不但在血气方刚时喷焰闪光,而且在壮志暮年中流霞溢彩。老师的一生,视名利淡如水,看事业重如山……

现在,我提议,首先向×老师敬上三杯酒。第一杯酒,祝贺×老师寿诞

快乐,第二杯酒,感谢老师恩深情重! 您辛苦了! 第三杯酒,衷心地祝愿恩师增福增寿增富贵,添光添彩添吉祥! 干杯!

朋友生日宴会祝酒词

【场合】生日宴

【人物】寿星、同学、三五好友

【祝词人】死党

【关键词】没有朋友的生活犹如一杯没有加糖的咖啡,苦涩难咽,还有一点淡淡的忧愁。

亲爱的朋友们:

大家晚上好!

踏着金色的阳光,伴着优美的旋律,我们迎来了××的生日,在这里我谨代表各位好友祝××生日快乐,幸福永远!

烛光辉映着我们的笑脸,歌声荡漾着我们的心潮。在这个世界上,人不可以没有父母,同样也不可以没有朋友。没有朋友的生活犹如一杯没有加糖的咖啡,苦涩难咽,还有一点淡淡的忧愁。因为寂寞,因为难耐,生命变得没有乐趣,不复真正的风采。

朋友是我们站在窗前欣赏冬日飘零的雪花时手中捧着的一盏热茶,朋友是我们走在夏日大雨滂沱中时手里撑着的一把雨伞,朋友是春日来临时吹开我们心中郁闷的一丝微风;朋友是收获季节里我们陶醉在秋日私语中的一杯美酒。

日月轮转永不断,情若真挚长相伴。今晚的聚会充满了浓浓的情意,相信在座的每一位朋友永远都不会忘记。来吧,朋友们! 让我们端起芬芳醉人的美酒,伴着轻快的音乐,为××祝福! 祝他事业正当午,身体壮如虎,金钱不胜数,干活不辛苦,浪漫似乐谱,快乐莫他属! 同时,愿这个美好的夜晚给所有的来宾带来欢乐和祝福,愿我们的友谊长存。

干杯!

同学生日宴会祝酒词

【场合】生日宴

【人物】寿星、同学、老师

【祝词人】同学

【关键词】把祝福串成一首诗，串成一曲旋律，开创一片温馨的心灵绿地，让美丽的夜色，来到我们中间，让温馨的祝福，送至你的心间。

尊敬的老师，亲爱的同学们：

大家晚上好！

今天我们欢聚在××大饭店，共同祝贺我们的老同学××先生××岁生日。首先，我代表寿星及其全家向远道而来的老师、同学们表示热烈的欢迎和真诚的感谢。同时我也代表××级全体同学和朋友们向寿星表示最真挚的祝福：祝××同学生日快乐、万事如意！

这一天，因为你的降临成了一个美丽的日子，从此世界便多了一抹诱人的色彩。在这个祥和、喜悦的生辰纪念日，让我们衷心地说一声：谢谢你给我们带来那么多快乐，谢谢你对待老师、同学、朋友的一片真心。梦境会褪色，繁花也会凋零，但你曾拥有过的，将伴你永存。花絮飘香，细雨寄情，在这花雨的季节里，绽放出无尽的希望，衷心祝福你梦想成真！愿清晨曙光初现，幸福在你身边；中午艳阳高照，微笑在你心间；傍晚日落西山，欢乐在你旁边。

今晚，是一个不眠的夜晚，今晚，是一个欢呼的夜晚。朋友们，我们一起用微笑欢度这个欢快的夜晚。同学、朋友的祝福，如朵朵小花开放在温馨的季节里，为你点缀欢乐四溢的佳节。让这温馨的气息、恬静的氛围编织你快乐的生活。

让我们共同举杯，在这淡雅温馨的夜里，深深地祝福寿星——我们的老同学××先生开心永远，平安如意。艳丽的鲜花，闪烁的烛光，敬祝你生日快乐，永远年轻。把祝福串成一首诗，串成一曲旋律，开创一片温馨的心灵绿地，让美丽的夜色，来到我们中间，让温馨的祝福，送至你的心田！也祝在座的各位一帆风顺，二龙腾飞，三阳开泰，四季平安，五福临门，六六大顺，七

星高照,八方来财,九九同心,十全十美。干杯!

领导生日宴会祝酒词

【场合】生日宴

【人物】寿星、单位领导、同事、亲朋好友、嘉宾

【祝词人】某位嘉宾

【关键词】如今的他,与二十岁相比,少了几分咄咄逼人的气势,多了几份稳重,在接连不断的得失过后,换来的是他坚定自信、处变不惊和一颗宽容忍耐的心。

尊敬的各位来宾、各位朋友:

大家晚上好!

今天是××先生的生日庆典,我有幸参加这一盛会并讲话,深感荣幸。

在此,请允许我代表××并以我个人的名义,向××先生致以最衷心的祝福!并向各位的到来表示衷心的感谢!

从×月×日起,××先生就迈入××岁的行列。如今的他,与二十岁相比,少了几分咄咄逼人的气势,多了几分稳重,在接连不断的得失过后,换来的是他坚定自信、处变不惊和一颗宽容忍耐的心。××岁,这是人生的一个阶段,也是××先生事业上升的最佳时期,我希望××抓住机遇,奋勇向前!作为朋友我会一直默默地支持你,帮助你!竞争的时代,事业成败关键在人不在天。××先生就是凭借奋斗拼搏的韧劲,凭着一分耕耘,一分收获的信念,从点点滴滴的事情做起,最终由普通职员升为现在××公司的重要领导核心之一。××先生对工作执著追求的精神令人敬佩,他的年轻有为、事业有成更令人惊羡。在此,我们共同祝愿他永远拥有旺盛的精力、事业再创高峰!

人海茫茫,我和××只是沧海一粟,由陌路到朋友,由相遇到相知,这难道不是缘分吗?现在,仔细算来,我们已经有××年的交情。路漫漫,岁悠悠,世上不可能有什么比这更珍贵。我真诚地希望我们能永远守住这份珍贵的友谊,愿我给你带去的是快乐,带走的是烦恼,愿我们的友谊天长地久!朋友们!来,让我们端起芬芳醉人的美酒,共同祝愿××先生生日快乐,愿

他在新的一年里,事业平步青云,身体健康,家庭美满幸福。

干杯!

退休老干部生日宴会祝酒词

【场合】生日宴

【人物】寿星、领导、同事、晚辈

【祝词人】某领导

【关键词】历尽风雨经磨难,迎来夕阳霞满天。道道福光无限好,鹤发悠然伴童颜。

尊敬的各位领导、各位来宾,亲爱的同志们、朋友们:

大家晚上好!

今天,我们在这里一同为××同志庆祝 70 岁的寿辰。××同志一辈子兢兢业业,如今虽然已离开工作岗位,但是他良好的个人风范依旧影响着我们这些后生晚辈。在此,让我们首先向××同志献上最深切的敬意,祝他福如东海长流水、寿比南山不老松!

许多年来,××前辈坚守在自己的岗位上,带领着我们攻克了一个又一个技术上的难关。他的高瞻远瞩和睿智的眼光使我们单位作出了长远而科学的规划,使我们的业绩不断地再创新高。想起这许多年的奋斗历程,我们内心深处都充满了对××同志的深刻敬仰和无限感激。他的工作热情和职业操守,一直是我们学习的榜样。

几年以前,我们单位的工作成效并不显著,业绩也一度跌入了低谷。我们所在的技术小组,面对一个个技术壁垒,一时间找不到任何出路。在这最为困难的时候,××同志作为一个优秀的领导和成功的带头人,教会了我们应该以创新的思维进行思考。只有创新才能前进,只有创新才有出路。而他永不服输的精神品质和令人崇敬的人格修养,带给了我们勇气,鼓舞着我们在困难面前奋勇向前。后来随着一道道技术壁垒的攻克,所有的问题迎刃而解。如今的我们,可以说是柳暗花明,迎来了建设和发展的又一春。我们不会忘记,是××前辈的谆谆教诲和以身作则,才使我们取得了辉煌的成绩。更忘不了我们共同奋战在第一线的那些日子。

历尽风雨经磨难,迎来夕阳霞满天。道道福光无限好,鹤发悠然伴童颜。

在今天这个喜庆的时刻,让我们共同举杯,为××前辈的生日快乐,也为他晚年生活的快乐、幸福和安康,干杯!

室友生日宴会祝酒词

【场合】寝室

【人物】寿星、同学

【祝词人】寿星

【关键词】今生我们有缘相聚,是前世修来的福分,同学之间的情谊,将是我们一辈子最宝贵的财富。

各位兄弟们:

大家晚上好!

今天是我大学以来度过的第一个生日。每过一个生日,就意味着长大了一岁,也成熟了一岁。今天很高兴能和大家一起在寝室里度过××岁的生日。作为离家在外的第一个生日,此次生日显得格外特别,能和你们一同度过,我的内心感到非常的温暖。在这里,我先谢谢各位了。

现如今,许多同学们都对生日这个具有特殊意义的日子十分重视,他们喜欢召集几十个同学好友隆重地庆祝一番。这样虽然很热闹,但是场面和花销都是很惊人的,这对于我们,未免不太合适。这次生日,各位同学们都想帮我找个地方好好地庆祝一下,对此,我十分感动,但是我觉得还是勤俭一点比较好,左思右想,便决定在寝室里举行这次生日宴会。在寝室里,兄弟姐妹们合围而坐,在昏暗的灯光下嗑瓜子、聊聊天,还可以上网一同围坐看看电影,别有一番情趣与滋味,而且显得更有意义。就这样,这个别具一格的小型生日宴会就在大家的共同努力之下召开了。

纵有千古,横有八荒,我们从祖国的五湖四海相聚在一起,共同追求我们对知识和学业的梦想。我们首次离家在外,对家乡具有浓浓的思念,正是相互之间的温暖,使我们不再有异乡的漂泊感,使我们即使离家千里,依然能够感受到家的气息。今生我们有缘相聚,是前世修来的福分,同学之间的情谊,将是我们一辈子最宝贵的财富。

作为今晚的寿星,我衷心地感谢各位同学们的光临,感谢你们送来的祝福,感谢你们一直以来的关心和爱护。就让我们彼此共同祝愿:愿学业有成,愿朝气蓬勃,愿我们的友谊天长地久。

让我们以茶代酒,干杯!

网友生日宴会祝酒词

【场合】生日宴

【人物】寿星、网友

【祝词人】网站主持人

【关键词】美丽的礼堂充满了温暖的色调,缀满了温馨的烛光。希望今晚这充满了浓浓的情义的爱的暖流,可以化为最真诚而美好的祝愿,带给我们××女士一个温馨而快乐的生日。

尊敬的各位来宾朋友们,亲爱的女士们、先生们:

大家晚上好!

欢迎各位来到××网站。今天,我们为了一个特别的目的欢聚在一起,共同庆祝我们的朋友,同时也是我们网站的老会员××女士××周岁的生日。在这里,我首先代表××网站的全体工作人员,向××女士致以最衷心的生日祝愿,祝你生日快乐!同时,我也代表所有的工作伙伴们,向今天前来光临的所有朋友们,表示最热烈的欢迎和最诚挚的谢意!

在这美丽的夜色中,××女士迎来了她生命的第××个春秋。我们欢聚在××网站,带着甜蜜、带着微笑、带着温情、带着祝福,共同为××女士庆祝这个令人难忘的生日。这个生日宴会有点特别,光临现场的都是因为××网站而结缘的朋友们。我们通过这个网站而相识,相知,彼此之间逐渐建立起了兄弟姐妹般的深厚情谊。在座的朋友们有些可能还互不相识,希望借着××女士生日这个特别的契机,你们能够增进交流,增进友谊,共同融入到我们这个大家庭中。

今晚宴会现场的布置,是我们的几位网友自告奋勇进行的,美丽的礼堂充满了温暖的色调,缀满了温馨的烛光。希望今晚这充满了浓浓的情义的

爱的暖流,可以化为最真诚而美好的祝愿,带给我们××女士一个温馨而快乐的生日。

在如同钢铁森林般的城市中,我们靠着相互之间的信任来寻找温暖。虽然我们之前素不相识,仅仅是萍水相逢,然而共同的追求和共同的愿望使我们分享了相互之间的情谊,相互之间的温暖,在这个陌生的城市中寻找到了家的关怀。××女士,在今天这个特殊的夜晚,希望你能够真切地感受到朋友们对你的爱与关怀。让我们点燃生日蛋糕上的蜡烛,开启香槟美酒,高举酒杯,伴着深情而悠扬的祝福,齐声高唱:祝你生日快乐! 天天快乐! 永远快乐!

干杯!

谢谢大家!

2. 十二生肖生日

十二生肖祝酒词:

生肖鼠宝宝生日宴

【场合】生日宴

【人物】小寿星、孩子父母、亲朋好友

【祝词人】宝宝的父亲

【关键词】其实人生就是这样,有苦有甜,有快乐有悲伤,有释怀也有迷茫。我想在座的各位都能深深体会人生幸福的来之不易,也都认真地总结过这幸福背后的深刻含义。

各位来宾、各位亲友,女士们、先生们、朋友们:

大家中午好!

今天是我家宝贝××一周岁的生日,小家伙还没见过这么多的亲朋好友,在这里,我代表一家三口,对各位亲朋好友的到来表示衷心的感谢和热烈的欢迎!

回首过去的一年,我心里有太多的感触。自从宝宝出生,我一边上班,一边伺候老婆,一边照顾孩子,没睡过一个好觉,没得到过一刻的清闲。但在这一年里,我体会到了做父亲的幸福,感受到了生活的充实,更体味到了家的含义。虽然辛苦,但倍感幸福,值了!

宝宝属鼠,《十二生肖》中写道:属鼠的人精明、灵气、冷静、机警、有远见,喜好提问,独具慧根,有敏锐的观察力,记忆力超群,遇到困难能乐观对待,并利用机智解决问题,渡过难关。宝宝,在爸爸的心目中,你永远是最棒的!爸爸希望你长大后能以超群的智慧显现于众,精心规划自己的人生,实现自己的梦想!

看见宝宝一天天长大,我心里有说不出的高兴,常言道"人逢喜事精神爽",现在无论做什么事我都精力十足。

在这难忘的日子里,我要特别感谢一个人,三百六十五个日日夜夜,她才是最辛苦的人,她就是我贤惠善良的妻子××。自从有了孩子,妻子辞去工作,专心照顾宝宝。在她的精心呵护下,宝宝长得白白胖胖,健健康康。除此之外,妻子还要料理家务,每天为我准备早餐。对于妻子,我有太多的感动和感激,今天,借着宝宝的生日宴,我将心中埋藏已久的话说出来:"老婆,你辛苦了!过去的一年让我深刻意识到,家里没有你万万不行。老婆,你是我和孩子的精神支柱,我和孩子永远爱你。"

其实人生就是这样,有苦有甜,有快乐有悲伤,有释怀也有迷茫。我想在座的各位都能深深体会人生幸福的来之不易,也都认真地总结过这幸福背后的深刻含义。今天是我儿子的周岁生日,借此机会,我把我们全家所有的祝福送给大家,祝愿各位家庭美满、事业顺心、生活幸福。

来!大家一起干杯!

谢谢大家的光临!

生肖牛宝宝生日宴

【场合】生日宴

【人物】小寿星、孩子父母、亲朋好友

【祝词人】宝宝的母亲

【关键词】尽管现在对小宝贝说什么话都仿若是在"对牛弹琴",但看着他忽闪忽闪的大眼睛,从那里读到的是孩子特有的天真纯净,一种从未有过的幸福感总能传遍全身。

各位来宾、各位亲友：

大家中午好！

转眼之间，一年过去了，我家的宝宝××已满一岁。一年前，我和××初为人母，初为人父，对于我俩来说，算是碰到难题了。××，属牛，别看小家伙还小，可是他属牛的倔脾气绝不输人，每天都会大哭大闹几次，我们没有一天休息好的。不但如此，小家伙还影响了邻居们的休息，在此，我代表全家对各位邻居表示歉意，并谢谢大家这一年来对我们的体贴和关照！同时，我代表一家×口人对各位亲朋好友的到来表示热烈的欢迎，对你们带来的祝福表示衷心的感谢！宝宝会在你们的祝福下，茁壮成长！

这一年来，××打乱我们的正常生活，原本井井有条的日子被完全打破，生活的节奏一下子全都变了。要说到感触最深的，非睡眠莫属了，我们以往的作息时间全部打乱，可以说是儿子什么时候睡，我和丈夫也跟着什么时候休息，有时一晚上还会醒来好几次。当然，还有一个巨大的变化，就是老公经过这一年的磨炼已经会做饭，会洗衣，会疼人了，在这里，我要对我亲爱的老公由衷地说一声："老公，你辛苦了！"但话又说回来，为了能把这只"小牛"抚养成人，我们再苦再累也无怨无悔！尽管现在对小宝贝说什么话都仿若是在"对牛弹琴"，但看着他忽闪忽闪的大眼睛，从那里读到的是孩子特有的天真纯净，一种从未有过的幸福感总能传遍全身。

我已经为宝宝制订了一系列开发计划，希望我的宝宝能快快长大，成为一个响当当的人物，成为爸妈的骄傲。

借宝宝的周岁生日这个机会，我也把我们全家所有的祝福送给大家，希望各位能一生一世享受在人生幸福之中，并祝各位身体健康、工作顺利、合家欢乐、万事如意！请我们共同举杯，为宝宝的茁壮成长，干杯！

生肖虎宝宝生日宴

【场合】生日宴

【人物】小寿星、孩子父母、亲朋好友

【祝词人】母亲密友

【关键词】愿宝宝能像小老虎掀门帘——经常给咱们露一手，要像绝壁上的爬山虎——敢于攀高峰,愿宝宝拥有溢彩的岁月、璀璨的未来、绿色的畅想、金色的梦幻!

亲爱的来宾,朋友们:

大家晚上好!

作为××最要好的朋友,看到她现在拥有这么漂亮乖巧的宝宝,我真的替她感到由衷的高兴!祝贺你,××!在此,也要特别感谢××的丈夫××,他在婚礼上对××许的诺言一一实现,我从××的脸上看到了幸福,读到了你们的爱情!谢谢你给我的好姐妹带来的幸福!同时我代表他们×口之家对各位的光临表示热烈的欢迎和真诚的感谢。

××宝宝,今天是××月××日,是你一周岁的生日,阿姨特地给你送来香甜的蛋糕,祝愿你生日快乐、美梦成真、吉祥如意!

我和××是挚友,是知己,一起上学,一起工作,一起快乐,一起悲伤,在别人的眼里我俩早已成为形影不离的好朋友。身为好朋友,我是××幸福的见证人!我见证了××与××的相识、相知、相爱,见证了他们走入婚姻殿堂的神圣时刻,见证了他们爱情结晶诞生的温馨时刻,还记得去年这个时候,当我在产房里第一次看到这个虎宝宝时,我激动得不能用语言来表达!宝宝拥有白皙的皮肤,浑圆的脸蛋,水汪汪的大眼睛,两只小拳头还紧紧握着,小嘴啧啧有声,我当时就给××说,孩子长大肯定是一个漂亮的公主!

生肖分析上说这种属相的宝宝往往有魄力,拥有动人的风韵,天生丽质,人见人爱,富于正义感。男性外刚而内柔,女性则外柔而内刚,具有组织才能,富于发明,革命性的开拓精神,热心公益等等,××宝宝将来一定巾帼不让须眉!

在这里,我要送去对宝宝的期望,希望宝宝拥有虎的勇敢、虎的威武、虎的坚强,虎的霸气、虎的力量,愿宝宝能像小老虎掀门帘——经常给咱们露一手,要像绝壁上的爬山虎——敢于攀高峰,愿宝宝拥有溢彩的岁月、璀璨的未来,绿色的畅想、金色的梦幻!祝愿宝宝在今后的人生中,永远拥有清澈的蓝天、丰收的大地、多彩的生活、美丽的花季!

××,恭喜你们能有一个这么可爱乖巧的女儿,祝愿你们可爱的小天使、我们大家心中的小精灵,生日快乐、一生幸福、健康平安!来吧!朋友,

让我们高举酒杯,为这个幸福的家庭,干杯! 为我们的美好未来,干杯!

生肖兔宝宝生日宴

【场合】生日宴

【人物】小寿星、孩子父母、亲朋好友

【祝词人】宝宝的母亲

【关键词】在我心里,她傻笑时的音律,比天堂里的天使的歌声还优美;她的调皮,比马赛曲还激昂;而她的一颦一笑,更是将我整日整夜的思绪紧紧相牵。

尊敬的各位长辈、各位来宾、各位亲友:

大家晚上好!

在我女儿××生日之际,我代表一家三口对各位的光临,对各位送来的礼物带来的祝福表示衷心的感谢,谢谢你们!

此时此刻我有很多话想对女儿说,只是担心她听不懂。但今天,在这个特殊的日子里,我要当着所有亲朋好友的面,对我的宝宝说,××,你是爸妈的骄傲,爸妈永远爱你!

女儿属兔,到今天已经整整 3 岁了,看她那可爱的小模样,皮肤白白嫩嫩,眼睛大而有神,伶俐聪明,邻居夸××,说她是月宫里玉兔下凡,越看越漂亮。我也不谦虚了,谢谢大家的夸奖了! 记得上次看属相分析,说属兔的人喜爱祥和舒适的生活,因此越是在平和的环境之下越能发挥其优雅的气质,喜好文化艺术,特别是文学。说起爱好文学,女儿现在就有些表现了,在她又哭又闹的时候,我给她读童话故事,她就安静下来,我很是奇怪,也许这就叫天赋吧。等她再大些,我会重点培养她学习文学,希望宝宝将来成为一个文才出众的女孩。

在我心里,她傻笑的声音比天堂里的天使的歌声还优美,她的调皮的喊闹,比马赛曲还激昂;而她的一颦一笑,更是将我整日整夜的思绪紧紧相牵。生活上有再多的困难,再多的烦恼,我只要一看到女儿,一切都烟消云散了。我相信这里所有的父母都有此感受,否则也没有含到嘴里怕化了,捧在手里怕摔了的溺爱。当然我绝不会溺爱××,希望她成为一个有思想、独立性很强的女孩！也希望各位亲朋好友给我多多传授教育孩子的经验，我感激不尽！

这三年里，我体会到了做母亲的光荣与幸福，也感受到了做母亲的辛苦，更感悟到了身为母亲的使命。在接下来的岁月中，我会尽心尽力，把我的女儿养育成人，让她成为一个对社会有用的人！

在此，请大家共同举杯，祝我女儿三周岁生日快乐！并衷心祝愿大家身体健康、工作顺利、开心快乐！干杯！

生肖龙宝宝生日宴

【场合】生日宴

【人物】小寿星、孩子父母、亲朋好友

【祝词人】宝宝的爷爷

【关键词】古代相术上记载，大多数属龙的人，人品高，刚毅，有强烈的上进心，遇到困难时，绝对不会轻易妥协放弃，气宇不凡，有着大富大贵的命运。

各位来宾、各位亲友，同志们：

大家晚上好！

今天是我小孙子××三岁生日的大喜之日，这小家伙就喜欢热闹，看，又嘿嘿笑呢，想必是向大家打招呼！在这里，我代表全家感谢各位亲朋好友的光临，向各位带来的祝福与礼物表示衷心的感谢！

自××出生以来，我就觉得自己好像年轻了不少，做什么事情都精力十足，也总喜欢在众人面前显摆显摆小孙子，尤其对我孙子的属相赞不绝口。不知大家听出来没有，小孙子××之所以叫这个名字，也是和他的属相有关，说到这里，我就在这里给大家讲讲龙这个属相的故事。

古代相术上记载，大多数属龙的人，人品高，刚毅，有强烈的上进心，遇到困难时，绝对不会轻易妥协放弃，气宇不凡，有着大富大贵的命运。口说无凭，纵观中国几千年历史，许多帝王，例如明朝开国皇帝朱元璋、名将马超都出生于龙年，由于他们具有属相龙的特质，再加上自身努力，终于成就了一生的伟业。但是，如果仅仅抱着碰运气、等运气的态度，再好的属相也没

用,所以,我和孩子的爸妈设计好了培养方案,只希望孩子快快长大,为我×家争光耀祖。

回想起三年前的××月××日,我现在还能感受到那份欣喜,当我把××抱在手中的时候,第一次体会到了当爷爷的幸福! 转眼间,三年过去了,××已经有足足×公斤重,×公分高了,现在小孙子能叫我爷爷了,每次听他叫,心里都美滋滋的。我希望小孙子快快长大,将来成为对社会有用的人,为爸妈,为爷爷奶奶争光! 今天前来的各位都是我们家最尊贵的客人,希望大家吃得尽兴,喝得尽兴,玩得尽兴! 在此,我也衷心地祝愿各位工作愉快,家庭幸福、万事如意!

在这个欢庆的时刻,我也喝上一杯,来,各位亲朋好友,让我们举杯,为××三岁的生日,干杯! 愿他天天快快乐乐,茁壮成长!

生肖蛇宝宝生日宴

【场合】生日宴

【人物】小寿星、孩子父母、亲朋好友

【祝词人】宝宝的父亲

【关键词】希望她美丽、善良,具有优秀的品质,更希望她敢爱敢恨,勇于追求自己的梦想。

尊敬的各位来宾,各位亲友,亲爱的朋友们:

大家晚上好!

有一句老话说的好啊,"人逢喜事精神爽,月到中秋分外圆!"今天是我们全家最为开心的时刻,这不仅是因为我女儿的周岁生日,更为重要的是有这么多的亲朋好友前来捧场,与我们一起,在这个月圆之夜举杯把盏、共度良宵,实在是人生一大乐事。在这个幸福的时刻,我代表全家祝各位亲朋好友中秋节快乐,对各位的到来表示最衷心的感谢!

现在我的生活并没有因为女儿的降临而手忙脚乱,相反,倒是感受到了前所未有的充实和幸福,也许这就是当父亲的骄傲吧! 面对我拥有的这些幸福,我要特别感谢我家的功臣——老婆。在这里,我要对老婆深情地说一句:"老婆,你辛苦了,我会永远爱你,疼你! 咱们一起好好培养我们的女儿。"此外,我还要感谢我的女儿,感谢她给我带来的如此惬意的生活。

现在宝宝还小,等她长大,我们会根据她的个人爱好和兴趣去给予积极引导,希望她能靠自己的能力,走出一片属于自己的天地,到那个时候,再邀各位前来共庆。

我的宝贝女儿于×××年××月××日生,属蛇。相比别的宝宝,她很听话,不哭闹,这点让我们夫妻俩省了不少的心。记得上次在网上看到,属蛇的人性格文雅细腻、诙谐,具有周密的思考力,立定志愿后必定勇往直前,坦诚,智商高,具有审美感,是个艺术天才。看到属蛇的人有这么多优点,真的好期待女儿快快长大!希望她美丽、善良,具有优秀的品质,更希望她敢爱敢恨,勇于追求自己的梦想。

今夜,希望大家玩得尽情、吃得尽兴。现在我提议,让我们共同举杯,祝我的女儿早日成才,祝各位身体健康,万事如意!干杯!

生肖马宝宝生日宴

【场合】生日宴

【人物】小寿星、孩子父母、亲朋好友

【祝词人】宝宝的父亲

【关键词】祝愿××宝宝在今后的人生道路上,一马平川、一马当先、一帆风顺!

尊敬的各位来宾,各位亲友:

大家中午好!

一年前的今天,我荣升为父亲,今天,我邀请各位亲朋好友共庆宝宝一周岁的生日。首先,我代表全家向各位的到来表示热烈的欢迎,并对大家送来的礼物表示衷心的感谢!

×××年××月××日××分××秒,当孩子降临的那一刻,我抱着这个刚出生的小生命的那一刻,我握着他小手的那一刻,我欣喜地告诉自己,"我做父亲了!"

别看宝宝小,他简直就是窝里的马蜂——不是好惹的。他该睡觉的时候不睡,哭闹的时候无论我们怎么逗他,都无济于事。虽然在照顾宝宝的过

程中有些辛苦,但更多是享受到宝宝带来的快乐。当听到他咿咿呀呀之声,当看到他憨憨笑容之时,当他伸出两手让我抱抱时,幸福的感觉漫过全身。

宝宝属马,所以说今晚的生日宴会可说是骑马背包袱——全在马身上了。借此机会,我来谈谈属马人的性格。这个属相的人往往豪爽,活泼,推断力强,头脑灵活,机智,迅速,对任何事都很坦率,正直,并且善于口才。像浑身充满活力的马,喜欢在充满挑战的社会中闯荡。永远静不下来,总是以飞快的速度过生活。这样的人不仅事业心强,善于把握商机,而且交友广阔,与他人相处十分融洽。另外,我们中国人所崇尚的民族精神——龙马精神,就是一种奋斗不止、自强不息、进取向上的精神,希望儿子将来能秉承这种精神,追寻自己的梦想!

今天举行宴会一是希望能和大家一同分享哺育子女的辛苦和快乐,二是希望能从各位身上学到宝贵的教育经验。在此,我先致以诚挚的谢意!

最后,祝愿××宝宝在今后的人生道路上,一马平川、一马当先、一帆风顺!让我们共同举杯,祝愿宝宝一周岁生日快乐!也祝愿在座的各位亲朋好友身体健康!工作开心!干杯!

生肖羊宝宝生日宴

【场合】生日宴

【人物】小寿星、孩子父母、亲朋好友

【祝词人】宝宝的母亲

【关键词】在这喜庆的日子里,愿我的小公主在今后的日子里,无论学习还是生活,都能继承我们×家好的家风,一生平安,幸福快乐!

尊敬的各位来宾,亲爱的朋友们:

大家晚上好!

今天是我家小公主××一周岁的生日,首先,我祝宝宝生日快乐!希望她茁壮成长,早日成为一名亭亭玉立的美少女。同时,我代表我们全家,谢谢各位在百忙之中抽身前来道贺,并对各位的到来表示热烈的欢迎!

时光飞逝,转眼之间一年过去了。××与刚出生相比,长高了!现在的小公主,身高××厘米,医生说个子中上,发育正常,虽然宝宝现在还不会独自走路,可已经会说一些简单的话了,什么妈妈,爸爸,等等,看着我家宝贝正在茁壮成长,我心里有着说不出的喜悦。

去年的××月××日,我是怀着一种既激动又紧张的心情等待着宝宝的降临,上天保佑我们母女平安,在××点我的小宝贝降生了!全家都充满了浓浓的幸福感,谢谢你,小宝贝!

我家宝宝属羊,她的皮肤洁白无瑕、晶莹剔透、白里透红,是个人见人爱的大眼睛、双眼皮的白雪公主。为了记录宝宝美好的人生时刻,特举行这个生日派对,也为了感谢各位亲朋好友长久以来对我们的关照,我们特别为前来道贺的人准备了一份精美的小礼物,是手工做的小羊娃娃。

众所周知,在中华民族传统文化中,羊象征着吉祥如意,在古代文字中,也有以"羊"代"祥"的先例,比如古器物上的铭文将"吉祥"多作"吉羊"便是最好的例证。同时,羊也深受人们的喜爱,作为生肖,属羊的人不乏文人学者,仁人志士,富豪巨商。我想这多少与属羊柔和而稳重,有深厚的人情味,重仁义,具有细腻的思考力,有毅力的个性有关。我希望借这个小礼物,祝各位亲朋好友吉祥如意,幸福万年长!

在这喜庆的日子里,愿我的小公主在今后的日子里,无论学习还是生活,都能继承我们×家好的家风,一生平安,幸福快乐!

来!让我们共同举杯,为小公主一周岁的生日,干杯!

生肖猴宝宝生日宴

【场合】生日宴

【人物】小寿星、孩子父母、亲朋好友

【祝词人】孩子的小姨

【关键词】我这个做小姨的在这里也要向我那人见人爱、聪明伶俐的小外甥送上一份生日的祝福,祝××宝宝,生日快乐!天天快乐,一生幸福。

尊敬的各位来宾、各位朋友:

大家晚上好!

今天是我可爱的外甥××一周岁的生日,欢迎各位亲朋好友的到来,感谢各位送来的礼物与祝福,谢谢你们!我这个做小姨的在这里也要向我那人见人爱、聪明伶俐的小外甥送上一份生日的祝福,祝××宝宝,生日快乐!天天快乐,一生幸福。

这个小家伙,他实在太调皮了!想想我姐姐在怀孕的时候,这小家伙就不是个老实的主,一猜就是个调皮聪明的小子。记得××刚出生时就足足有×公斤重,生性好动,为了好好呵护小宝贝,我们一家人天天围着他转,姐姐、姐夫、爸爸、妈妈,齐上阵,可是谁也哄不了,他一会儿哭,一会儿闹,总之,没有让人消停过一会,这也许与他属猴的属相有关。我在书上看到属猴的人大多幽默机智,他们能以处变不惊的态度悠闲自在地生存在险恶的环境中,并在遇到困难的时候化险为夷。他们性格活泼,才能常超越常人,人缘好,处事敏捷,自信心强,手脚灵活,善于模仿,开放,性格宽厚。这还真的挺像外甥的个性!

××带给我们家人很多的快乐,姐姐和姐夫也更加恩爱,爸爸妈妈的生活也更加充实,俩人每天眼里就只有小外孙了,我呢,更是觉得干什么事都有劲,精力充沛,活力四射,好像是小家伙感染了我似的。

有句歇后语说,孙猴子跳出水帘洞——一切好戏在后头,小姨相信,××,你永远都是最棒的,所有亲朋好友都会看着你长大,看着你成功,都会鼓励你、支持你的。

最后,让我们共同举杯,祝××生日快乐,祝各位亲朋好友身体健康,合家欢乐,万事如意!干杯!

生肖鸡宝宝生日宴

【场合】生日宴

【人物】小寿星、孩子父母、亲朋好友

【祝词人】宝宝父亲的好友

【关键词】属鸡的人往往对任何事情都充满好奇、时时在寻找新鲜事物,并且讨厌一成不变的生活,喜欢与众不同、梦想远大,表现力强,观察力强,为人温和,谦虚而谨慎,有强烈的经济观念。

尊敬的各位来宾、各位朋友:

大家晚上好!

今天，我们欢聚一堂，共同庆祝××小宝宝一周岁生日。首先，请允许我代表大家向孩子家人的这次盛情邀请表示衷心的感谢！并祝愿×××宝宝生日快乐！

我和孩子的爸爸××可算是铁哥们，打小一起长大，见证了他和××的甜蜜婚姻，见证了××做爸爸的幸福时刻。记得去年这个时候，当××第一时间告诉我他当爸爸的喜讯时，我迅速赶到医院，看到宝宝的那一刻，我真替××感到高兴！小宝宝，他遗传了父母的优点，皮肤白白净净，鼻子挺挺，眼睛水灵灵的，宝宝属鸡，就不得不让我想到这句歇后语，鸡公头上的肉——将来准是个官（冠）！

我在书上看到，属鸡的人往往对任何事情都充满好奇、时时在寻找新鲜事物，并且讨厌一成不变的生活，喜欢与众不同、梦想远大，表现力强，观察力强，为人温和，谦虚而谨慎，有强烈的经济观念。我希望宝宝长大后能具有以上所有优点，成为一个有理想、有抱负的人。

现在，让我们举杯，衷心祝愿这个美满幸福的家庭，年年兴旺、日日和睦、时时快乐、刻刻平安！也祝愿大家生活幸福美满，事业顺心，万事如意！干杯！

生肖狗宝宝生日宴

【场合】生日宴

【人物】小寿星、孩子父母、亲朋好友

【祝词人】主持人

【关键词】愿××宝宝茁壮成长，愿欢笑天天与你相伴，愿快乐带着你自由飞翔，早日成为父母的骄傲，成为响当当的人物！

尊敬的各位来宾、女士们、先生们：

大家晚上好！

在这个金秋送爽的季节里，我们迎来了××小宝贝一周岁的生日，各位亲朋好友们欢聚一堂，其乐融融，真是"鹊唱晨祝周岁喜，家欢风送众亲临"！我很荣幸能主持××宝宝的生日派对，××先生特意举办此次盛宴，一是庆祝宝宝的生日，二是为了感谢众亲友对××一家这一年的帮助，首先，我代

表××一家对各位的光临表示最热烈的欢迎和最衷心的感谢！

小宝贝名叫×××，此名取自于×××，有××××的韵意，这也不难看出父母对宝宝的期望。小宝贝属狗，说来也奇怪，我好像和属狗的人特有缘，我的大多数朋友都是这个属相，据我所知，属狗的人往往具有认真、努力、真诚的特性，为人正直，守规矩，有责任感，对上司、长辈敬重，工作认真，他们总是以小心谨慎的态度来面对事物，是一个大方、处处为人着想的忠心朋友。此外，宝宝的家族中有很多风云人物！孩子的爷爷才高八斗，学富五车，孩子的奶奶是文艺界的精英，孩子的爸爸是公司的一把手，妈妈是文学界人才，我相信宝宝有着先天的优良基因，又有着后天的生活环境，将来一定能继承和发扬祖辈父辈的优良作风，成为响当当的人物，做社会的栋梁之才！

看着这个幸福的大家庭，我都有些羡慕了，今天的主角，××小宝宝，我代表你的父母和所有亲朋好友为乖巧的你送上一份美好的祝愿，愿××宝宝茁壮成长，愿欢笑天天与你相伴，愿快乐带着你自由飞翔，早日成为父母的骄傲，成为响当当的人物！

现在，我提议！让我们共同举杯，祝××宝宝生日快乐！祝他们一家幸福美满！干杯！

生肖猪宝宝生日宴

【场合】生日宴

【人物】小寿星、孩子父母、爷爷奶奶及亲朋好友

【祝词人】宝宝的奶奶

【关键词】属猪的人诚恳、宽厚、慷慨，胸襟开朗，感情丰富，崇尚义理，纯情可爱，经济观念发达，喜欢与别人分享他所拥有的一切，并乐在其中。

尊敬的各位来宾、亲朋好友：

今天是×××年××月××日，是我小孙女××一周岁生日的大喜日子，对于我来说更是个十分特别的日子。因此，我诚邀各位亲朋好友，欢聚在×××酒店，畅谈家常，共度良宵！在这里，我代表一家×口，向各位的到来表示热烈的欢迎，对各位送来礼物表示衷心的感谢！

××,是我儿子×××和儿媳×××爱情的结晶,是我们×家唯一的一个生肖猪宝宝,更是我家的掌上明珠了。还记得,××××年××月××日,当儿子告诉我儿媳怀孕的喜讯时,我激动得话都说不出来了。我是天天盼,夜夜想,终于在去年的这个时候盼来了我的宝贝孙女! 我们为了给宝贝起个有诗意的名字,翻遍了各种书籍,最终给宝宝起名×××,就是希望宝宝能和×××一样。

　　我在书上查到,属猪的人诚恳、宽厚、慷慨,胸襟开朗,感情丰富,崇尚义理,纯情可爱,经济观念发达,喜欢与别人分享他所拥有的一切,并乐在其中。猪还是财富的象征,所以有些地方至今还有"肥猪拱门"民俗。在民间故事上,诚实、可靠、本分等美德都集中在猪的身上,在我们中国人的眼里,猪还是一位传送福气的使者。你们看她白嫩嫩、圆乎乎、胖墩墩的脸上就知道她是世界上最有福相的小宝宝了。

　　宝宝的茁壮成长离不开儿媳的细心照料,虽说一家人不说两家话,但婆婆还是要对你衷心地说一声,"谢谢儿媳,你辛苦了! 你是咱们家的大功臣!"

　　最后,让我们举杯,为我亲爱的小孙女××一岁的生日,干杯!

满月酒、百日宴祝酒词

男婴百日祝酒词

【场合】百日宴会

【人物】小寿星、孩子父母、亲朋好友

【祝词人】宝宝的母亲

【关键词】我们希望你能够茁茁壮壮、健健康康地成长,用心走好将来的每一步,无论遭遇怎样的坎坷,都积极乐观地面对。

亲爱的各位来宾、朋友们:

　　大家早上好!

　　今天是我们的小宝宝××的百日宴,非常感谢大家百忙之中来参加。在此,我代表全家对各位的光临表示热烈的欢迎和真挚的谢意。

百日前,小宝贝降临人世。当产房中传来那一阵阵哭啼,我们的激动之情难以言表。他的降生,给我们全家带来了无限的欢乐。

记得他刚出生时,只有5斤重。闭着小眼睛躺在妈妈的怀里,就像小兔子一样。瘦瘦小小的,叫人看了好心疼。这段日子以来,他很努力地吃奶,乖乖地按时睡觉,慢慢的,慢慢的,他的小脸蛋变得圆圆鼓鼓的,脸颊还透着一丝健康的红晕。他的手臂原来是瘦骨伶仃的,现在也变得浑圆浑圆。短短的一百天,他从一个精瘦的小家伙变成一个白白胖胖的大宝宝了。你知道吗,爸爸妈妈都很为你高兴,也很为你自豪。我们的小宝贝健康快乐地成长,就是爸爸妈妈最大的心愿。

今天,在这么多爷爷奶奶、叔叔阿姨们面前,小宝贝显得格外有精神。他时而咯咯咯咯地笑个不停,时而滴溜滴溜地转着他的大眼睛。看来,小家伙也在为大家的到来感到高兴。有这么多长辈们的祝福,小宝贝一定可以快快乐乐、健健康康地成长。

宝宝,妈妈想对你说:亲爱的儿子,你已经顺顺利利地走过了生命中的第一个一百天了。你是爸爸妈妈的小宝贝,是我们最疼爱的孩子。我们希望你能够茁茁壮壮、健健康康地成长,用心走好将来的每一步,无论遭遇怎样的坎坷,都积极乐观地面对。这就是爸爸妈妈对你最大的期望。

最后,爸爸妈妈再次祝你百日快乐,希望你在今后的每一天都能像今天这样开心快乐、平安健康!

谢谢大家!

女婴满月祝酒词

【场合】满月会

【人物】小寿星、孩子父母、亲朋好友、嘉宾

【祝词人】父母挚友

【关键词】千金千金不换,喜庆掌珠初满月;百贵百贵无比,乐得头冠贺佳年

各位来宾、亲朋好友:

大家晚上好!

千金千金不换,喜庆掌珠初满月;百贵百贵无比,乐得头冠贺佳年。

今天是××先生千金满月的大喜日子,在此,我代表各位宾朋向××先生表示真挚的祝福。同时受××先生委托,代表他们全家对在座亲友的到来表示热烈的欢迎。

人生主要有两大内容,一是事业,一是生活。对我们的朋友××先生来说,事业上步步高升,一帆风顺,前程似锦。在生活上,他婚姻美满,喜得爱女。××先生事业、生活双丰收,真让人们羡慕,我们在这里衷心地祝福他!

父母的心愿只有一个,望子成龙,望女成凤。为此宿愿,××夫妇特为爱女取名××,有快乐成长、吉祥如意的深刻含义。爱是心的呼唤,爱是无私的奉献,××夫妇给了孩子全部的爱。相信在这样充满爱的环境下长大,宝宝一定会是一个有爱心的孩子。

作为××先生的朋友,看到他拥有这样一个美丽可爱的小天使,我们都为他感到由衷的高兴。而对"小天使"我们也都怀有万分疼爱的心情。在这里,请允许我代表大家对小天使说,你的满月就是我们大家快乐的节日,愿你身体健康、快乐成长!

最后,让我们共同举杯,祝福××先生的千金、我们大家的小天使早日成长为亭亭玉立的少女。也祝愿大家全家幸福,万事如意! 干杯!

百日宴干妈祝酒词

【场合】百日宴

【人物】小寿星、孩子父母、亲朋好友、嘉宾

【祝词人】干妈

【关键词】在这个美好的日子里,我要代表我的爱人,向亲爱的干女儿和她的全家表示最衷心的祝贺,祝福她们全家永远拥有无数的欢声和笑语,祝福她们在孩子的健康成长中体味到无尽的欢乐。

尊敬的各位来宾、朋友们、女士们、先生们:

大家晚上好!

今天是小宝贝××出生一百天的日子。作为她妈妈的好朋友,同时也是××小宝贝的干妈,我的内心十分喜悦。小宝贝的到来,不仅给她的家

人,同时也给我和她的干爸爸带来了无尽的欢乐,在她健康地成长了一百天的时刻,我们更是难以抑制住内心的激动之情。此时此刻,我很高兴能够在这里为干女儿献上祝福,我和你的干爸爸都衷心地祝贺你百日快乐,祝愿你健健康康、快快乐乐地成长!同时,我代表小宝贝和他们的家人,对在座各位好友亲朋的光临,表示最热烈的欢迎和最衷心的感谢!

我和干女儿的妈妈××是一起长大的朋友,同时也是高中同学。看着××建立了自己幸福的家庭,如今拥有了这个聪明可爱的小宝宝,我为她感到分外的安慰和欣喜。在今天这个特别的日子里,能够作为小宝宝的干妈出席这次聚会,我更是感到万分荣幸。虽然我还没有自己的孩子,却提前品尝到了身为一名母亲的激动和欣喜。从今往后,我和我的爱人一定会像对待自己的孩子一样,真诚地关心和呵护着我们的干女儿,我们愿意为可爱的小宝宝奉献出全部的爱。

在这个美好的日子里,我要代表我的爱人,向亲爱的干女儿和她的全家表示最衷心的祝贺,祝福她们全家永远拥有无数的欢声和笑语,祝福她们在孩子的健康成长中体味到无尽的欢乐。

在这里,我提议,让我们共同举杯,为小宝宝的百日快乐,为她的健康成长,为她在今后无数个一百天里都能够顺顺利利、快快乐乐,同时,也为在座所有朋友们的健康快乐,干杯!

周岁生日父亲祝酒词

【场合】周岁宴

【人物】小寿星、孩子父母、亲朋好友、嘉宾

【祝词人】父亲

【关键词】很多角色是要自己亲自扮演过后才能深刻体会的,不为人父人母,是永远无法体会父母对自己的那一份拳拳之心的。

各位来宾、各位亲友:

大家好!

首先对大家今天光临我女儿周岁的宴会表示最热烈的欢迎和最诚挚的感谢。

今天是一个风和日丽、吉祥如意的好日子,此时此刻,我们的心情非常激动,因为今天,我们全家高兴地迎来了我们共同的血脉——我们亲爱的小宝宝的周岁纪念日。

××今天刚满一周岁。在过去的365天里,我和我爱人尝到了初为人父、初为人母的幸福感和自豪感,同时也体会到了养育儿女的无比辛劳。今天,我想说的话很多,想感谢的人也很多。

首先,我要感谢我的父母,还有岳父、岳母。所谓"养儿方知父母恩",父母恩比山重比海深! 很多角色是要自己亲自扮演过后才能深刻体会的,不为人父人母,是永远无法体会父母对自己的那一份拳拳之心的。双方父母对我们三十年的养育之恩,以及对孩子从出生到现在无微不至的关怀,我们无以为报,虽然他们从不曾索求回报。今天借这个机会,我要向他们四位老人深情地说声:"谢谢你们,祝愿你们健康长寿!"

其次,我要感谢我的爱人。在这段日子里,是她尽心尽力地担负着做母亲的职责,全心全意地照顾着孩子,既担心宝宝饿着,又担心睡觉时宝宝着凉。为了孩子的健康成长,她耗尽了心力。她的温柔和坚韧,将母爱阐释得淋漓尽致。在此,我要对她说声:"老婆,辛苦了!"

再者,我还要对在座的各位朋友表示感谢。在过去的日子里,你们曾给予了我许许多多无私的帮助,让我感到无比的温暖。在此,我谨代表我们全家向在座的各位亲朋好友表示万分的感激!

今天,为表示我们对大家的感谢,特备下简单的酒菜,酒虽清淡,但是我们的一份浓情;菜虽不丰,但却是我们的一番厚意。如有不周之处,还请多多包涵。

最后,让我们举杯共饮,祝大家工作顺利,阖家欢乐! 干杯!
谢谢!

周岁生日母亲祝酒词

【场合】周岁宴

【人物】小寿星、孩子父母、亲朋好友、嘉宾

【祝词人】母亲

【关键词】宝宝的降临,为我们的生活带来了春天的气息。她就像一阵

清风,可以瞬间吹散我们心中的阴霾。

尊敬的各位长辈、各位来宾,亲爱的朋友们:

大家晚上好!

今天是我女儿一周岁的生日宴会,感谢大家前来参加。在此,我谨代表全家向在座的各位表示最热烈的欢迎和最衷心的感谢!

一年前的今天,伴随着清脆而响亮的哭啼,我的女儿降临到这个家庭,她给我们带来了许许多多的欢乐,而我们的爱和生命,从此便有了延续。如今,她满一岁了。一周岁的宝宝就像晨光里的露珠,晶莹剔透,散发着动人的光芒,一周岁的宝宝就像含苞欲放的花骨朵,娇嫩欲滴,散发着芬芳,一周岁的宝宝,就像蒙蒙的春雨,带来了新生的气息,一周岁的宝宝,就像天边的一朵云彩,悠悠然飘过,带给你美好的心情。

宝宝的降临,为我们的生活带来了春天的气息。她就像一阵清风,可以瞬间吹散我们心中的阴霾。不管爸爸妈妈的工作多么忙,压力多么大,只要看见宝宝,所有的烦恼都顿时消散。如果宝宝展露出那天真可爱的笑容,爸爸妈妈心里比吃了蜜糖还要甜。

照顾宝宝的过程教会了我该如何成为一个称职的母亲,从中我也体会到了身为一名母亲所独有的快乐。宝宝在我的怀里沉睡时,就像一个纯洁可爱的小天使。她淘气玩耍的时候,则像一个天真活泼的小精灵。宝宝成长过程中的点点滴滴都在我们心中留下了深深的烙印。我们永远也忘不了她的每一次哭闹、每一次欢笑,更忘不了她出生一年的时光里,这个初来乍到的小天使给我们的生活带来了多么大的变化。

今天是宝宝一周岁的生日,在这里,衷心地祝福我的孩子健康快乐地成长,希望在未来的日子里,她能够一步一个脚印地走好生命中的每一步,并有欢乐常伴左右。

请让我们共同举杯,为宝宝,也为在座各位的幸福安康,干杯!

谢谢大家!

周岁生日来宾代表祝酒词

【场合】：周岁生日宴
【人物】：小寿星、父母、亲朋好友
【祝词人】：来宾代表
【关键词】：我们相聚在一起共同为她庆生，为她带来最真诚而美好的祝福。

亲爱的各位女士们、先生们、朋友们：

大家晚上好！

今天是××小宝贝一周岁的生日。我们相聚在一起共同为她庆生，为她带来最真诚而美好的祝福。作为来宾的代表，同时也是她父母的好朋友，我谨在此代表各位来宾祝贺她生日快乐！同时，我也代表××小宝贝和她的家人，对在座各位朋友们的光临表示最热烈的欢迎和最衷心的感谢。

很高兴在××小宝贝的周岁生日时能够在这里代表各位献上祝福。作为她爸爸妈妈多年来的好友，看到他们拥有这样一个聪明伶俐、乖巧可爱的女儿，我由衷地为他们感到高兴。××小宝贝，我们大家都疼爱你，你的生日，也是我们大家的节日，而你健康快乐地成长，是我们大家共同的心愿。

还记得一年前的这个时候，××小宝贝降临到了这个世界，她的爸爸妈妈和所有的新晋父母一样充满了激动和喜悦。他们在第一时间和我们共同分享了这个幸福的消息，为我们大家都带来了无比的欢乐。转眼一周年，如今看到他已经从一个瘦瘦小小的婴孩，长成了白白胖胖的小天使，我们这些叔叔阿姨，爷爷奶奶的心中，别提有多高兴了。我们都希望他能够永远健健康康、快快乐乐地成长，快快长大，早日出落成一个漂漂亮亮的大姑娘。

今天在座的各位朋友有许多是我未曾谋面的。我们素不相识，是××小宝贝作为共同的纽带将我们紧紧联系在了一起。我们因为对她的共同的爱，而有了如今相见相识的缘分，对于这一切，我们都倍感珍惜。

我提议，让我们共同举起酒杯，为××小宝贝的快乐幸福，为她有一个美好的未来，干杯！

周岁生日网友祝酒词

【场合】：网络

【人物】：网友

【祝词人】：网友

【关键词】：愿你未来的生活，充满欢笑，充满喜悦，充满无限的欢乐和幸福。愿你未来的道路上能够充满鲜花，充满阳光，洋溢着满满的祝福和无限的爱。

亲爱的小宝贝：

你好！

虽然我们未曾谋面，但我却很早就知道了你的名字。我是你爸爸的好朋友，由于工作上的原因，远离故土已有数年。今天是你的一周岁生日，很遗憾不能亲自到场祝贺。为此，我决定通过电子邮件的方式，向远在大洋彼岸的你送去祝福。在这里，叔叔衷心地祝愿你周岁生日快乐；愿你平平安安、快快乐乐地长大。

你的爸爸和我是多年的好友，我们年轻的时候共同走过了一段难忘的岁月。如今你的爸爸成家立业，又喜得爱女，真可谓前程似锦、家庭幸福、喜事连连。作为他的朋友，多年来侨居海外，看着我泱泱大国，欣逢盛世，国泰民安，挚友卓尔不群、前途无量，我深感欣慰，深感自豪。只恨此时此刻不能回归祖国的怀抱，与你们重叙多年的友谊，共享今日的欢乐，遗憾之情，难以言表。

亲爱的小侄女，从出生到现在，你已经经历过了一轮的春秋冬夏。可以想见，在这过去的一年里，你一定是被幸福与欢乐所紧紧笼罩吧。前不久，你的爸爸给我发来了你出生以来的许多照片，亲爱的小宝贝真是越来越聪明可爱了。每当听到你的爸爸乐滋滋地描述着他最挚爱的小公主的成长，我都会被那种幸福和喜悦所深深地感染。叔叔希望你能够健健康康地成长，希望将来我们碰面的时候，你已经能够喊"叔叔"，已经成为了一个活泼可爱的小姑娘。

最后，我想再一次对你说：祝你生日快乐！愿你未来的生活，充满欢笑，充满喜悦,充满无限的欢乐和幸福。愿你未来的道路上能够充满鲜花,充满阳光,洋溢着满满的祝福和无限的爱。

不同年龄阶段生日祝词

十岁生日宴小寿星祝酒词

【场合】:生日宴

【人物】:小寿星、亲朋好友

【祝词人】:小寿星

【关键词】:在你们的呵护和哺育下,我一定会健康快乐地长大,刻苦学习,遨游于知识的海洋,早日成长为国家的栋梁之才,决不辜负你们的期望!

尊敬的爷爷奶奶、叔叔阿姨们,亲爱的哥哥姐姐、小朋友们:

大家晚上好!

今天是××××年××月××日,是我十周岁的生日。爸爸妈妈特地为我准备了这次生日宴会,看到这么多的爷爷奶奶、叔叔阿姨、哥哥姐姐,还有小朋友们,我的心情十分的激动。你们前来为我祝贺生日,我的心中充满了感激。

在这个特殊的时刻,我有很多话想说,有很多的谢意想要表达。似乎千言万语,都无法完全表达出我内心的感受。在这里,我想对我的爸爸妈妈说:爸爸妈妈,你们辛苦了!

和天底下所有伟大的父母一样,你们无私地培养和哺育了我。这么多年来,你们为我操了多少的心,才能使我成长为如今这样健康开朗的少年。

人们都说,孩子的生日,同时也是母亲的受难日,十年之前,妈妈为了把我带到这个世界上,经受了多少的痛苦。是你们给了我生命,使我获得了存活在这个世界上的权利。单凭这一点,我无论付出多少努力都无法报答你们的恩情。

亲爱的爸爸妈妈,作为你们的儿子,我内心充满了无限的骄傲和自豪。我一定要快快长大,努力读书,希望你们将来也可以以你们的孩子为荣。

在今天这个特殊的日子里,我要以自己的方式表达我对爸爸妈妈的感

激之情。借着这个温馨的宴会,请允许我向各位唱一首《世上只有妈妈好》:

世上只有妈妈好,有妈的孩子像个宝,

投进妈妈的怀抱,幸福享不了。

世上只有妈妈好,没妈的孩子像根草,

离开妈妈的怀抱,幸福哪里找?

爸爸妈妈,你们辛苦了,没有你们,就没有今天的我。在你们的呵护和哺育下,我一定会健康快乐地长大,刻苦学习,遨游于知识的海洋,早日成长为国家的栋梁之才,决不辜负你们的期望!

最后,请各位亲朋好友举起酒杯再次祝愿我的爸爸、妈妈身体安康! 福如东海,也祝愿各位亲朋好友家庭幸福,合家欢乐! 干杯!

十岁生日宴姑姑祝酒词

【场合】:生日宴

【人物】:小寿星、亲朋好友

【祝词人】:姑姑

【关键词】:我们收获了许许多多的欢乐,在许多方面,我们也和××共同成长。

在座的各位亲戚朋友们,亲爱的小朋友们:

大家晚上好!

今天是我的小侄儿××的十周岁生日。作为××的姑姑,我格外高兴,看到亲爱的小侄儿健康快乐地成长至今日,我十分欣慰。今天各位亲朋好友们亲自前来道贺,我先代表××以及我们的全家,向大家表示深深的谢意。

十年前的今天,伴随着一阵阵清脆而响亮的啼哭,××降临到了人间。他的到来给我们全家带来了无比巨大的喜悦。看着他一天天地长大,从开始会叫"爸爸妈妈"、成为我们全家的开心果,到如今成长为一个健康快乐的少年,我们都十分欣慰,也十分激动。在这个过程中,我们收获了许许多多的欢乐,在许多方面,我们也和××共同成长。所以在这个特殊的日子里,我们喜悦的心情难以言表,其中饱含着我们对他的爱,以及至为深切的期待。

　　还记得当时××你是多么瘦小，我们都很替你担心，因而，你的健康成长成为我们最大的心愿。爷爷奶奶给你取了小名××，也是希望你能够长得结结实实、健健康康。如今的你，没有辜负我们的期待。在学校里，你尊敬老师，团结同学，在认真学习之余，还参加了许多课外活动，不仅锻炼了身体，还培养了广泛的兴趣爱好。我们都很为你骄傲。在家里，你是个听话的好孩子，经常帮妈妈做些家务活，这让我们十分欣慰。

　　在这个美好的时刻，姑姑祝你生日快乐，希望你在将来的每一天都能快快乐乐。同时，我也祝愿你拥有一个灿烂、美好的未来！

　　此外，我还要衷心地祝愿在座的各位身体健康、工作顺利。让我们共同举杯，为这欢乐祥和的时刻，为了更加美好的明天，干杯！

十八岁生日宴父亲祝酒词

【场合】：生日宴

【人物】：寿星、家长、亲友

【祝词人】：父亲

【关键词】：人的一生很短暂，而青春年华只是生命中的一瞬间。

各位朋友：

　　大家好！

　　很感谢大家在百忙之中参加小女十八岁的生日晚宴，我代表家人对各位的到来表示热烈欢迎。

　　吾家有女初长成。今天，我的女儿年满十八岁。女儿长大了，当爸爸的理应高兴，但是此时此刻，欣喜之余又有些不安。

　　亲爱的女儿，从现在起你要开始接触真正的人生了。世界上并不存在完美，生活中，你可能会遇到不公平的对待，你爱的人也许不爱你。面对如此困境，你该怎样抉择？爸爸相信你，凭你的聪明才智，一定懂得如何应对。

　　女儿，今天是你十八岁的生日。在这具有历史意义的时刻，爸爸要告诉你，人的一生很短暂，而青春年华只是生命中的一瞬间。爸爸希望你今后要好好珍惜眼前的大好时光、奋发图强，敢闯敢干，把你所有的青春活力都淋

漓尽致地发挥出来,活出自己。亲爱的女儿,爸爸还想告诉你,无论你快乐还是流泪,任何时候回头爸爸都在你身后,微笑地看着你,为你加油。从今以后,爸爸不再像以前一样领着你向前走,只会在你身后默默地看着你、帮助你,在人生道路上自己摸索前进,会让你更快成长。

十八岁,该是你学着面对现实,接受一些不完美,承担一些责任,做一些决定的时候了。亲爱的女儿,爸爸相信你有能力经营好自己的人生。

此时此刻,我的心情异常激动。谢谢大家见证我们全家的幸福。来,让我们端起酒杯,请允许我代表全家向各位再一次表示衷心的感谢,并祝愿大家身体安康、生活美满、工作顺利、笑口常开!干杯!

谢谢大家!

二十岁生日宴寿星祝酒词

【场合】:生日宴

【人物】:寿星、家长、亲友

【祝词人】:寿星

【关键词】:二十岁生日,我要感谢爸爸妈妈,是他们把我带到这个美丽的世界上,含辛茹苦地养育我,以最深的爱拥抱着我。

尊敬的各位长辈,各位朋友:

今天是周末,非常抱歉占用大家的休息时间。

在我二十岁生日时,能得到大家的祝福和鼓励,得到各位长辈的教诲和激励,我感到十分荣幸。在这里,我代表全家向各位的到来表示热烈的欢迎和衷心的感谢!

不知不觉,我的生命已走过了二十个春秋。无数个夜晚,我静静感受青春的滋味,有甜蜜也有苦涩。

对人生来讲,二十岁是一首歌,每一步都是一个节拍。二十岁也是一首诗,字里行间透出青春的力量!二十岁,是充满活力、充满激情的年华。

二十岁生日,我要感谢爸爸妈妈,是他们把我带到这个美丽的世界上,含辛茹苦地养育我,以最深的爱拥抱着我。他们说我是他们生命的骄傲,在这里,我想对他们说:"我生命里的所有辉煌都归功于你们,爸爸妈妈,辛苦了!"

二十岁是画家描绘的最美的景色,是早晨最美的那道霞光!畅想未来,我已经做好迎接挑战的准备,为前二十年的生活画上一个圆满的句号,我将信心百倍地踏上新的征程。

二十岁时我明白了一个道理:一个人若想有所成就,不仅要有梦想,还要用意志和毅力去积极努力、用实际行动来实现。因此,从现在起,我一定会端正自己的思想,树立远大的理想,培养坚定的信念,力争早日走上成功之路。

最后,我祝愿父母身体健康、工作顺利、笑口常开,祝愿各位长辈及朋友阖家幸福、吉祥如意!干杯!

谢谢各位的光临!

三十岁生日祝酒词

【场合】:生日宴

【人物】:寿星、家人、亲友

【祝词人】:寿星

【关键词】:我希望,在今后的人生路上,自己能走得更坚定。

各位亲爱的朋友:

万分感谢大家的光临,来庆祝我的三十岁生日。常言道:三十岁是美丽的分界线。三十岁前的美丽是青春,是容颜,是终会老去的美丽;而三十岁后的美丽,是内涵,是魅力,是永恒的美丽。

如今,与二十岁的天真烂漫相比,已经不见了清纯可爱的笑容,与二十五岁的健康活泼相比,已经不见了咄咄逼人的好战好胜。但接连不断的得失过后,换来的是我坚定自信、处变不惊和一颗宽容忍耐的心。

三十岁,这是人生的一个阶段,无论这个阶段里曾发生过什么,我依然怀着感恩的心情说"谢谢!"谢谢父母赐予我的生命,谢谢我生命中健康、阳光的三十岁,谢谢三十岁时我正拥有的一切!我是幸运的,也是幸福的。

我从事着一份平凡而满足的工作,上天赐给我一个爱自己的老公和一个健康聪明的孩子。健康、关爱我的父母给了我一份内心的踏实,和我能真

正交心的知己使我的内心又平添了一份温暖。我希望,在今后的人生路上,自己能走得更坚定。为了这份成熟,为了各位的幸福。干杯!

四十岁生日宴儿子祝酒词

【场合】:生日宴

【人物】:寿星、家人、亲友

【祝词人】:儿子

【关键词】:母爱崇高有如大山,深沉有如大海,纯洁有如白云,无私有如田地。

各位亲朋好友、各位来宾:

今天是我敬爱的妈妈的生日,首先,我代表我的妈妈及全家对前来参加生日宴会的各位亲朋好友表示热烈的欢迎和深深的谢意。

第一杯酒我想提议,大家共同举杯,为我们这个大家庭干杯,让我们共同祝愿我们之间的亲情、友情越来越浓,经久不衰,绵绵不绝,一代传一代,直到永远!干杯!

尽管我已经参加工作,可妈妈事事却在为我操心,时时都在为我着想。母亲对儿女是最无私的,母爱是最崇高的爱,这种爱只是给予,不求回报,母爱崇高有如大山,深沉有如大海,纯洁有如白云,无私有如田地,我从妈妈的身上深刻地体会到这种无私的爱。所以,这第二杯酒我敬在座的令人尊敬和钦佩的各位母亲。干杯!

常言道,母行千里儿不愁,儿走一步母担忧,言语永远不足以表达母爱的伟大,希望你们能理解我们心中的爱。

最后这杯酒要言归正传,回到今天的主题,再次衷心地祝愿妈妈生日快乐,愿您在未来的岁月中永远快乐、永远健康、永远幸福!干杯!

四十五岁生日宴女儿祝酒词

【场合】:生日宴

【人物】:寿星、家人、亲朋好友

【祝词人】:女儿

【关键词】:世上只有妈妈好。

亲爱的妈妈:

您好! 今天是您的生日,对我们全家人来说更是一个分外特别的日子。

妈妈,您可曾知道,是您用爱连接起了这个家,家里因为有了您,才充满了温暖,因为有了您,才能称为一个完整的家。只要有您在身边,我们似乎就有了依靠,再大的烦恼,也都微不足道了。亲爱的妈妈,您可知道您对女儿来说意味着什么,您可知道在女儿的心中您有多么的重要! 今天是您的生日,请让我代表全家对您说一声:"妈妈,生日快乐,您辛苦了!"

世界上最温暖的地方,是母亲的怀抱;世界上最动人的声音,是母亲的呼唤,世界上最伟大而无私的情感,是母亲对子女们的爱。从小,我们就懂得哼唱《世上只有妈妈好》——"世上只有妈妈好,没妈的孩子像根草,离开妈妈的怀抱,幸福哪里找,世上只有妈妈好,有妈地孩子像块宝,投入妈妈的怀抱,幸福享不了。"这熟悉而动人的旋律,至今仍不时在耳边回响。妈妈,您知道吗,这就是我内心最真实的感受,有了您,就有了依靠,有了家的温暖,有了得以休憩的港湾。

妈妈,不知不觉中,您已过了不惑之年,而您的女儿,也已经××岁了。回想这××年来的岁月,几多欢乐,几多忧愁。而您的谆谆教诲和无私的关爱,永永远远地贮藏在我的心间。如今,您的女儿长大了,将来一定不会再淘气,不会再惹您生气。我也希望妈妈您,能够少操一点心,不要再那么操劳,不要总是为我们担心,您的孩子长大了,您也应该好好地休息了。您是一棵大树,春天倚着您幻想,夏天倚着您繁茂,秋天倚着您成熟,冬天倚着您沉思,您那高大宽广的树冠,就是我的保护伞。

妈妈,在这个特殊的时刻,我想对您说:妈妈,我永远爱您!

各位亲友,让我们共同举杯再次祝愿我的妈妈健康长寿,生日快乐!

干杯!

　　谢谢!

五十岁生日宴儿子祝酒词

【场合】:生日宴

【人物】:寿星、家人、亲朋好友

【祝词人】:儿子

【关键词】:父亲的爱是含蓄的,每一次严厉的责备,每一回无声的付出,都诠释出一个父亲对儿子的那种特殊的关爱。

各位亲朋好友、各位尊贵的来宾:

　　晚上好!

　　今天是家父五十岁的寿辰,非常感谢大家的光临!树木的繁茂归功于土地的养育,儿子的成长归功于父母的辛劳。在父亲博大温暖的胸怀里,真正使我感受到了爱的奉献。在此,请让我深情地说声:谢谢您,爸爸!

　　父亲的爱是含蓄的,每一次严厉的责备,每一回无声的付出,都诠释出一个父亲对儿子的那种特殊的关爱。它是一种崇高的爱,只是给予,不求索取。

　　五十岁是您生命的秋天,有枫叶一般的色彩。对于我来说,最大的幸福莫过于理解自己的父母。我得到了这种幸福,并从未失去过。

　　今天我们欢聚一堂,为您庆祝五十岁的寿辰,这只是代表您人生长征路上走完的第一步,愿您在今后的事业树上结出更大的果实,愿您与母亲的感情越来越温馨!祝各位万事如意,合家欢乐!

　　最后,请大家欢饮美酒,与我们一起分享这个难忘的夜晚。干杯!

　　谢谢大家来参加我父亲的生日宴会!

六十岁生日宴女儿祝酒词

【场合】:生日宴

【人物】:寿星、家人、亲朋好友

【祝词人】:女儿

【关键词】：我们相信，在我们兄弟姐妹的共同努力下，我们的家业一定会蒸蒸日上，兴盛繁荣！我们的母亲一定会健康长寿，老有所养，老有所乐！

尊敬的各位领导、长辈、亲朋好友：

大家好！

在这喜庆的日子里，我们很高兴地迎来了敬爱的母亲 60 岁的生日。今天，我们欢聚一堂，举行母亲 60 岁生日宴。在这里，我谨代表我们兄弟姐妹以及我们的子女，对所有光临寒舍，参加我们母亲寿宴的各位领导、长辈和亲朋好友，表示最热烈的欢迎和最衷心地感谢！

我们的母亲几十年含辛茹苦、勤俭持家，把我们一个个拉扯长大成人。常年的辛勤劳作，使她的的脸上留下了岁月刻画的年轮，头上镶嵌了春秋打造的霜花。

所以，在今天这个喜庆的日子里，我们首先要说的就是，衷心感谢母亲的养育之恩！我们相信，在我们兄弟姐妹的共同努力下，我们的家业一定会蒸蒸日上，兴盛繁荣！我们的母亲一定会健康长寿，老有所养，老有所乐！

最后，再次感谢各位领导、长辈、亲朋好友的光临！再次为母亲的晚年幸福，身体健康，干杯！

七十岁生日宴外孙祝酒词

【场合】：生日宴

【人物】：寿星、家人、亲戚

【祝词人】：外孙

【关键词】：祝二老福如东海，寿比南山，身体健康，永远快乐！

尊敬的外公、外婆，各位长辈、各位来宾：

大家好！

今天是我敬爱的外公七十大寿的好日子。在此，请允许我代表我的家人，向外公、外婆送上最真诚、最温馨的祝福！向在座各位的到来致以衷心的感谢和无限的敬意！

外公、外婆几十年的人生历程，同甘共苦，相濡以沫，品足了生活酸甜，

在他们共同的生活中,结下了累累硕果,积累了无数珍贵的人生智慧,那就是他们勤俭朴实的精神品格,真诚待人的处世之道,相敬、相爱、永相厮守的真挚情感!

外公、外婆是普通的,但在我们晚辈的心中永远是神圣的、伟大的! 我们的幸福来自于外公、外婆的支持和鼓励,我们的快乐来自于外公、外婆的呵护和疼爱,我们的团结和睦来自于外公、外婆的殷殷嘱咐和谆谆教诲!

在此,我作为孙辈的代表向外公、外婆表示:我们一定要牢记你们的教导,承继你们的精神,团结和睦,积极进取,在学业、事业上都取得丰收! 同时一定要孝敬你们,让你们安度晚年。

让我们共同举杯,祝二老福如东海,寿比南山,身体健康,永远快乐! 干杯!

谢谢大家!

八十岁生日宴来宾代表祝酒词

【场合】生日宴

【人物】寿星、家人、亲戚

【祝词人】来宾代表

【关键词】祝×妈妈福如东海,寿比南山,健康如意,福乐绵绵,笑口常开,益寿延年!

尊敬的各位来宾、各位亲朋好友:

春秋迭易,岁月轮回,我们欢聚在这里,为××先生的母亲——我们尊敬的×妈妈恭祝八十大寿。

在这里,我首先代表所有老同学、所有亲朋好友向×妈妈送上最真诚、最温馨的祝福,祝×妈妈福如东海,寿比南山,健康如意,福乐绵绵,笑口常开,益寿延年!

风风雨雨八十年,×妈妈阅尽人间沧桑,她一生积蓄的最大财富是她那勤劳、善良的人生品格,她那宽厚待人的处世之道,她那严爱有加的朴实家风。这一切,伴随她经历了坎坷的岁月,更伴随她迎来了晚年生活的幸福。

而最让×妈妈高兴的是,这笔宝贵的财富已经被她的爱子×××先生所继承。多年来,他叱咤商海,以过人的胆识和诚信的品质获得了巨大成功。

让我们共同举杯,祝福老人家生活之树常绿,生命之水长流,寿诞快乐!也祝福在座的所有来宾身体健康、工作顺利、万事如意!干杯!

谢谢大家!

九十岁生日宴女儿祝酒词

【场合】生日宴

【人物】寿星、家人、亲戚

【祝词人】女儿

【关键词】人生七十古来稀,九十高寿正是福;与人为善心胸宽,知足常乐顺自然!

尊敬的各位来宾、各位亲朋好友:

大家好!

今天是×××年×月×日,各位亲朋好友前来祝寿,使父亲的九十大寿倍增光彩。我们对各位的光临表示最热烈的欢迎和最衷心的感谢!

人生七十古来稀,九十高寿正是福;与人为善心胸宽,知足常乐顺自然!

我们的父亲心慈面软,与人为善。他扶贫济困,友好四邻,他尊老爱幼,重亲情,讲友情,使我们家的老亲故友保持来往,代代相传!

今天,在欢庆我父亲九十大寿之际,他的子孙亲人,有的前来、有的写信、有的致电,或献钱、或汇款、或送礼物,都发自内心地用不同的方式祝福他老人家:福如东海长流水,寿比南山不老松!

我代表他老人家的儿子、儿媳、女儿、女婿及其孙辈后代,衷心地恭祝各位亲友:诸事大吉大利,生活美满如蜜!

让我们共同举杯畅饮长寿酒,喜进长乐餐!干杯!

谢谢!

一百岁生日宴孙女祝酒词

【场合】生日宴

【人物】寿星、家人、亲朋好友

【祝词人】孙女

【关键词】九十高寿正是福;与人为善心胸宽,知足常乐顺自然!

尊敬的各位来宾、亲爱的同志们、朋友们:

大家晚上好!

今天是个特别的日子,我最亲爱的爷爷迎来了他百岁的高寿。人们都说人生七十古来稀,百岁,则更是稀少而珍贵了。我们都为爷爷有这样大的福气而感到高兴,我们衷心地希望爷爷能够身体健康、欢乐吉祥。在此,我首先祝愿我的爷爷生日快乐!同时,也代表全家人,向在座各位的光临表示最热烈的欢迎和最衷心的感谢。

爷爷经历了比在座的大多数人都要多的岁月和年华,他的生活体验和人生感悟,也是我们所无法企及的。长者的心中有着最真切动人的历史,他们亲历过祖国的兴衰荣辱、世界的风云变迁,他们阅人无数,对于人生百态,更是早已熟稔于心。长者的经验是后辈最宝贵的财富,如果能够继承这一笔财富,我们将更加懂得该如何以史为鉴,走好今后的人生道路。爷爷对我的谆谆教诲,我至今都铭记于心,时间和事实都已经证明,它们为我带来的启迪是无法衡量的。

爷爷一直是我们这个大家庭的顶梁柱,为我们遮风挡雨,是我们心灵上的归属和依靠。在这里,我想代表全家人对您说:爷爷,感谢您多年来的付出,采得百花成蜜后,为谁辛苦为谁甜,这些年来,您辛苦了!

亲爱的爷爷,您用您平凡而又真诚的一生,谱写了一曲光辉灿烂的生命礼赞,在您的百岁寿辰之际,我们要为您献上最真挚的祝福。让我们共同举起手中的酒杯,为爷爷的福如东海长流水,寿比南山不老松,也为在座各位来宾的身体健康、工作顺利、合家欢乐,干杯!

谢谢大家!

第三节　生日祝语总结

爱人生日的祝酒佳句：

时光永远不会改变我对你深沉的爱恋，时间的流逝只会使它愈加深厚，祝你生日快乐，我的爱人！

日月轮转永不断，情若真挚长相伴，不论你身在天涯海角，我将永远记住这一天。祝你生日快乐！

水是云的故乡，云是水的流浪。云儿永远记着水故乡的生日，水儿永远惦着云的依恋。也许你并不是为我而生，可我却有幸与你相伴。愿我有生之年，年年为你点燃生日的烛焰。

我没有五彩的鲜花，没有浪漫的诗句，没有贵重的礼物，没有兴奋的惊喜，只有轻轻的祝福，祝你生日快乐！

为了你每天在我生活中的意义，为了你带给我的快乐幸福，为了我们彼此的爱情和美好的回忆，为了我对你不改的倾慕，祝你度过世界上最美好的生日！

这个生日祝福表达我对你的爱有多深，在我的日历里，你永远都年轻迷人，而这特别的一年似乎令你越加美丽，风采翩翩。

祝福一位美丽迷人、聪明大方、成熟端庄、又备受赞叹的妙人儿，生日快乐。

今天是你的生日，我的爱人，感谢你的辛苦劳碌，感谢你给予我的关心、理解和支持。给你我全部的爱！

这一刻，有我最深的思念，让云捎去满心的祝福，点缀你甜蜜的梦，愿你度过一个温馨浪漫的生日！

祝我的爱人生日快乐！时光飞逝，在这特殊的日子里，我想告诉你，你的爱使我的生命变得完整。

第二部分　祝酒词实例

朋友生日的祝酒佳句

在宁静的夜晚,伴着梦幻的烛光,听着轻轻的音乐,品着浓浓的葡萄酒,让我陪伴你度过一个难忘的生日!我为你收集了大自然所有的美,放在你生日的烛台上。将能说的话都藏在花蕾里,让它成为待放的秘密。生日快乐!

青春的树越长越葱茏,生命的花越开越艳丽,在你生日的这一天,请接受我对你的深深祝福。

愿你在生日里,充满绿色的畅想,金色的梦幻……五彩缤纷的世界,只有友情最珍贵,在这属于你的日子里,祝你快乐!

趣味版祝语:

在你生日来临之际,祝事业正当午,身体壮如虎,金钱不胜数,干活不辛苦,浪漫似乐谱,快乐莫你属!

大海啊它全是水,蜘蛛啊它全是腿,辣椒啊它真辣嘴,认识你啊真不后悔。祝生日快乐,天天开怀合不拢嘴。

送你一杯我精心特调的果汁,里面包含 100cc 的心想事成,200cc 的天天开心,300cc 的活力十足,祝生日快乐。

有句话一直没敢对你说,可是你生日的时候再不说就没机会了:你真的好讨厌……讨人喜欢,百看不厌!

青春版祝语:

祝你生日快乐! 青春美丽!

愿你一年 365 天快快乐乐,平平安安。

因为你的降临,这一天成了一个美丽的日子,祝你生日快乐!

愿你的每一天都如画一样的美丽:生日快乐!

花朝月夕,如诗如画。祝你生日快乐、温馨、幸福!

但愿真正的快乐拥抱着你,在这属于你的特别的一天,祝你生日快乐!

愿属于你的日子,充满新奇! 喜悦! 快乐!

花的种子,已经含苞,生日该是绽开的一瞬,祝你的生命走向又一个花季!

深深祝福你,永远拥有金黄的岁月,璀璨的未来!

拥有一份美好的友谊,便永远拥有一份鲜美的祝福,生日快乐!

感谢上帝赐给我像你这样的朋友!在你的生日里,我愿你心想事成!

愿每天的太阳带给你光明的同时,也带给你快乐。真心祝你生日快乐!

愿你在充满希望的季节中播种,在秋日的喜悦里收获!生日快乐!步步高升!

娇艳的鲜花,已为你开放;美好的日子,已悄悄来临。祝你生日快乐!

让我真诚地祝愿您,祝愿您的生命之叶,红于二月的鲜花!

在这个充满喜悦的日子里,衷心祝愿您青春长驻,生日快乐!

日光给你镀上成熟,月华增添你的妩媚,生日来临之际,愿朋友的祝福汇成你快乐的源泉……

祝寿对联

五十寿:

庭帏长驻三春景;海屋平分百岁筹。

婺宿腾辉百龄半度;天星焕彩五福骈臻。

屈指三秋天上又逢七夕;齐眉百岁人间应有双星。

六十寿:

青松翠竹标芳度;紫燕黄鹂鸣好春。

玉树阶前莱衣兑舞;金萱堂上花甲初周。

花甲齐年项臻上寿;芝房联句共赋长春。

璧合珠联图开周甲;伯歌季舞燕启良辰。

七十寿:

金桂生辉老益健;萱草长春庆古稀。

日月双辉唯仁者寿;阴阳合德真古来稀。

鹤算频添开旬清健;鹿车共挽百岁长生。

愿岁岁今朝以腊八良辰陈千秋雅戏;祝父亲老福从古稀七十到上寿百年。

八十寿:

鸾笙合奏和声乐;鹤算同添大耋年。

盘献双桃岁熟三千甲子;箕衍五福庚同八十春秋。

八秩寿筵开萱草眉舒绿;千秋佳节到蟠桃面映红。

逾古稀又十年可喜慈颜久驻;去期颐尚廿载预征后福无疆。

望三五夜月对影而双天上人间齐焕彩;占八千春秋百分之一椿庭萱舍共遐龄。

九十寿:

人近百年犹赤子;天留二老看玄孙。

耄耋齐眉春深爱日;孙曾绕膝瑞启颐年。

明月有恒纪年合献九如颂;长春不老添润当称百岁人。

设帨溯当年喜花甲一周又半;称觞逢此日祝萱颜百岁有奇。

百岁寿:

桃熟三千瑶池启宴;筹添一百海屋称觞。

孙子生孙上寿同臻称国瑞;老人偕老百年共乐合家欢。

风范仰坤仪欢呼共祝千秋节;期颐称国瑞建筑应兴百岁坊。

第五章　但将酩酊酬佳节——节庆篇

第一节　节庆宴会礼仪

节庆活动是在固定或不固定的日期内,以特定主题活动方式,约定俗成、世代相传的一种社会活动。我国节庆种类很多,从节庆性质可分为单一性和综合性节庆;从节庆内容可分为祭祀节庆、纪念节庆、庆贺节庆、社交游乐节庆等;从节庆时代性可分为传统节庆和现代节庆。

佳节聚会,人们总要"宣泄"一番,以酒助兴。所以,节庆祝酒词的主要特点就在于表达出人们欢度节日的愉快之情。

作为宴会的主人,在祝福各位宾朋时应注意以下几点:

第一,主人应先向宾客、员工等致以节日的祝贺和问候。

第二,谈谈在这一节日里举办宴会的目的,再用具体的事例,对宾客,员工等所作出的成绩给予肯定和评价。

第三,说一说自己的感想和心情,或对未来的憧憬和期望。除此以外,应语言简练、言简意赅、情感丰富。

节日宴会充满喜庆的气氛,在这愉悦、轻松的环境里,人们自然会不自觉地多喝几杯,然而,酒能助兴、亦能伤身,为了身体着想,饮酒要有度,千万不可贪杯。

第二部分　祝酒词实例

第二节 节庆祝酒词范文欣赏

公司领导新春祝酒词

【场合】新春宴会

【人物】公司领导、员工、特邀嘉宾

【祝词人】公司领导

【关键词】喜悦伴着汗水,成功伴着艰辛,遗憾激励奋斗,我们不知不觉地走进了××××年,在这里,我祝各位在新的一年里,财源滚滚,身体健康,万事如意!

尊敬的各位领导、各位员工、朋友们:

大家晚上好!

喜悦伴着汗水,成功伴着艰辛,遗憾激励奋斗,我们不知不觉地走进了××××年,在这里,我祝各位在新的一年里,财源滚滚,身体健康,万事如意!

在这充满温馨的时刻,我谨代表××公司向长期关心和支持公司事业发展的各级领导和社会各界朋友致以节日的问候和诚挚的祝愿!向辛苦了一年的全体员工拜年!感谢大家在××××年的汗水与付出。许多生产一线的员工心系大局,放弃许多节假日,夜以继日地奋战在工作岗位上,用辛勤的汗水浇铸了××不倒的丰碑。借此机会,我向公司各条战线的员工表示亲切的慰问和由衷的感谢。向各位来宾的到来表示热烈的欢迎!

我们激情满怀走过了××××年,××××年是××公司向更高目标发展的关键一年。××公司的蓬勃发展,饱含我们每一个人的付出,同时也带给我们成长和成就的喜悦。在我们充满豪情迎接新的一年、新目标之际,回眸激越澎湃的×年,我们无比欣慰,无比自豪。成绩来之不易,创业充满艰辛。一年来,××公司在社会各界和政府的支持帮助下,在全体××人的努力拼搏下,弘扬××"××××"的企业精神,唱响×××的主旋律,实现了"×××"的发展目标,即将并立志掀起全国、全亚洲,乃至全世界的发展××经济产业、创造××生活的热潮。

展望充满希望的××××年,我们更加意气风发、斗志昂扬。新的一年,我们点燃新的希望,新的一年,我们畅想新的憧憬。新的一年,在×××的带领下,全体员工矢志不渝的拼搏努力下,××事业必定会更加稳健蓬勃的发展,实现××事业全面跨越!

最后,我提议:让我们共同举杯,为我们每个××的财富梦想,为我们××事业的红红火火、为全体员工的身体健康、工作顺利、生活愉快、万事如意! 干杯!

三八妇女节祝酒词

【场合】庆祝宴会

【人物】公司领导、全体女员工

【祝词人】公司领导

【关键词】第一,希望你们保护好你们美丽的容颜,青春永驻;第二,希望你们永远保持一个快乐的心情,笑口常开;第三,希望你们内修神韵,外修美德,是老人的好女儿,好儿媳,是丈夫的好妻子,孩子的好妈妈,同事的好伙伴。

尊敬的各位来宾,女同胞们:

时值国际劳动妇女节来临之际,我谨代表××公司向你们致以最热烈的祝贺和最亲切的问候! 祝你们节日快乐,家庭幸福、美满、和睦!

××公司的事业也在新世纪的征途上蒸蒸日上,各种机遇与挑战使之不断得到发展和壮大。但要想在激烈的市场竞争中获得一席之地,除了一流的经营和管理,还要依靠时时刻刻奋斗在第一线的全体女员工,而你们,正是××公司大家庭中最优秀的群体! ××公司的每一家分店,都有着你们奋斗的足迹和拼搏的风姿,你们发挥着××公司先锋队的作用! 你们用青春和汗水铺就了它的成功之路! 你们是我们××公司群体中最可爱的人! 我代表××公司衷心地感谢你们! 在这里,我要向你们真诚地道一声:"你们辛苦了"!

不论你们在哪个岗位,都在为××公司默默地奉献着。你们有崇高的事业心,有高尚的品德,有强烈为××公司事业献身的精神,有良好的素质和心智,有自尊、自爱、自立、自强不息的优良品质,有比男性更大的无畏和勇气!我希望××公司的女同胞们能信心十足地同公司一起奋斗,再接再励,实现××公司的宏伟目标,××公司必将声播千家万户;××公司必将在天空展翅翱翔!

今天是女同胞的节日,借此机会,我想对各位女同胞提三点希望:第一,希望你们保护好你们美丽的容颜,青春永驻;第二,希望你们永远保持一个快乐的心情,笑口常开;第三,希望你们内修神韵,外修美德,是老人的好女儿,好儿媳,是丈夫的好妻子,孩子的好妈妈,同事的好伙伴。

最后,愿××公司所有的女性美丽常在、心想事成、家庭幸福!干怀!

母亲节祝酒词

【场合】公司宴会

【人物】全体工作人员、嘉宾

【祝词人】公司领导

【关键词】世界上最美丽的声音,不是古典音乐,不是流行歌曲,而是母亲的呼唤

尊敬的各位来宾,各位朋友:

晚上好!

今天是我们每个人心目中最神圣的节日——母亲节!在此,我谨代表公司全体员工向各位母亲表示最诚挚的祝福!

世界上最美丽的声音,不是古典音乐,不是流行歌曲,而是母亲的呼唤。世界上只有一位最好的女性,她便是我们慈爱的母亲。

世界上的一切光荣和骄傲都来自母亲。即使是××公司的事业,如果没有各位母亲的大力相助,使儿女安心努力工作,我们不敢想象××公司的成长会遭遇多少的艰辛与挫败。在此,我代表公司感谢各位母亲对××长期的奉献,并希望各位母亲在未来的日子里,一如既往地支持我们。

在这喜庆的日子里,请允许我为大家朗诵著名女诗人冰心的代表作《写

给母亲的诗》,祝愿各位母亲节日快乐。

"母亲,好久以来就想为你写一首诗,但写了好多次还是没有写好。母亲,为你写的这首诗,我不知道该怎样开头,不知道该怎样结尾,也不知道该写些什么。就像儿时面对你严厉的巴掌,我不知道是该勇敢接受,还是该选择逃避。母亲,今夜我又想起了你,我决定还是要为你写一首诗,哪怕写得不好,哪怕远在老家的你,永远也读不到……母亲,倘若你梦中看见一只很小的白船儿,不要惊讶他无端入梦,这是你至爱的女儿含著泪叠的,万水千山,求他载著她的爱和悲哀归去。"

最后,让我们用美酒邀请岁月,祝我们的母亲永远年轻美丽,永远幸福安康! 干杯!

谢谢大家的光临!

父亲节祝酒词

【场合】家庭聚会

【人物】全体家庭人员、亲朋好友

【祝词人】儿子/女儿

【关键词】父爱如山,高大而巍峨,父爱如天,粗犷而深远,父爱是深邃的、伟大的、纯洁而无法回报的。

尊敬的爸爸妈妈、各位兄弟姐妹、各位来宾:

大家好!

今晚,我们共聚一堂,欢度父亲节。首先,请允许我代表兄弟姐妹们,为我们的父亲、母亲祝福,祝爸爸妈妈幸福安康,福寿无边! 同时,祝愿各位来宾身体健康、心想事成!

母爱深似海,父爱重如山。据说,父亲节定在6月,因为6月的阳光是一年之中最炽热的,象征着父亲给予子女火热般的爱。父爱如山,高大而巍峨,父爱如天,粗犷而深远,父爱是深邃的、伟大的、纯洁而无法回报的。

父亲像是一棵树,总是不言不语,却让他枝叶繁茂的坚实臂膀为树下的我们遮风挡雨、制造阴凉。不知不觉间我们已长大,而树却渐渐老去,甚至新的树叶都不再充满生机。

一天天，一年年，父亲四处奔波、忙碌，为了我们兄妹几人整天操劳不止，我们永远忘不了父亲深深的爱。在这充满爱意的父亲节里，让我们由衷地说一声：爸爸，我们爱你！

爸爸，我们希望你永远有着年轻时的激情，年轻时的斗志！那么，即使您的白发日渐满额，步履日渐蹒跚，我们也会拥有一个永远年轻的父亲！

现在，让我们共同举杯，祝父亲节日快乐，祝父亲、母亲健康长寿，愿各位家庭幸福，干杯！

端午节祝酒词

【场合】家宴

【人物】家人、亲朋好友

【祝词人】宴会主办者

【关键词】为了这个愉快祥和的端午，为了这满城飘香的可口粽子，让我们把酒言欢，共祝我们的生活更加幸福，事业更加辉煌！

各位亲朋好友们：

大家好！

又是一年五月五，门前插艾粽飘香。值此端午佳节之际，大家欢聚一堂，共同庆祝中国的传统佳节。在此，我们不妨先聊聊我们的食"粽"文化。

吃粽子乃我国的传统习俗，已经有好几千年的历史了。中国人对于粽子有着一种特别深厚的感情，端午节不吃粽子似乎是缺少点什么。昨天，××的一位好友突然给我打电话说："×××，能不能再搞点×××的粽子，我很想吃，五一回来买的，早吃光了，这几天，一直想吃，又不好意思开口，憋到现在才给你说。"由此可见粽子的馋人。

要说哪里的粽子最好吃最有名，那自然要属浙江嘉兴产的粽子了。而嘉兴的粽子又以×××的粽子最著名。没有吃过×××的粽子，那不能算是吃过粽子。这绝不是夸张，近百年来，凡是吃过×××粽子的人，都能体会到它的特殊美味。但凡吃过×××粽子的人，再吃别的粽子都会变得没有胃口。×××的粽子，那吃起来是油而不腻、糯而不黏、肉嫩味美、咸甜适中，光是那多样的馅子，就能让你流一番口水。

×××的粽子为什么这么好吃,听土生土长的老一辈说,这啊,跟嘉兴的水土很有关系。几千年来,嘉兴丰茂的水土孕育了独特的稻米耕作烹制技术。据说,古代的先民就是将稻米用植物叶子包裹或以竹筒储之,投入火中煮熟后食用的。×××的粽子传承着嘉兴千百年来所积淀的粽子文化,秉承水乡孕育的独特配方与工艺,且选料、制作等都很讲究,风味也很独特,因此逐渐成了一门绝活。

今天,大家有幸再尝一回,在吃之前,我还要介绍两种简单的去油腻的方法,一是喝点热红茶,注意,一定要是热的,冷的会让人不易消化;再者就是可以配点炼乳来吃。

好了,为了这个愉快祥和的端午,为了这满城飘香的可口粽子,让我们把酒言欢,共祝我们的生活更加幸福,事业更加辉煌! 干杯!

七夕节祝酒词

【场合】节日酒宴

【人物】联谊会成员、嘉宾

【祝词人】主持人

【关键词】农历七月初七被誉为中国的情人节,也有人把七夕称为"乞巧节"或"女儿节"。这是中国传统节日中最具浪漫色彩的节日。

女士们、先生们、朋友们:

大家晚上好!

在我国,农历七月初七被誉为中国的情人节,也有人把七夕称为"乞巧节"或"女儿节"。这是中国传统节日中最具浪漫色彩的节日。

晴朗的夏秋之夜,天上繁星闪耀,一道白茫茫的银河横贯南北,在河的东西两岸,各有一颗闪亮的星星,隔河相望,那就是牵牛星和织女星。民间有个习俗:七夕这天在葡萄架下,坐看牵牛织女星。相传,每年的这个夜晚,是天上织女与牛郎在鹊桥相会之时。织女是一个美丽聪明、心灵手巧的仙女,凡间的妇女便在这一天晚上向她乞求智慧和巧艺,也向她求赐美满姻缘,这也是七月初七被称为乞巧节的原因。

传说,人们在七夕的夜晚,抬头可以看到牛郎织女在银河相会,或在瓜

果架下可偷听到两人在天上相会时的脉脉情话。女孩子会在这个时候朝天祭拜,祈求上苍赋予她们聪慧以及美满的爱情。过去婚姻对于女性来说是决定一生幸福与否的大事,所以,世间无数的有情男女都会在这个晚上,夜深人静时刻,对着星空祈祷自己的姻缘美满。现在,七夕已成为俊男靓女花前月下、沐浴爱河的喜庆日子。

在这里,请允许我以××联谊会的名义,祝各位来宾爱情甜蜜、婚姻幸福。

让我们共同举杯祝天下有情人终成眷属。干杯!

谢谢!

中秋节祝酒词

【场合】中秋节晚会

【人物】公司全体员工、嘉宾

【祝词人】董事长

【关键词】期待每一天的月圆,期待每一时的相聚,期待每一刻的欢畅,期待美好幸福的明天。

各位来宾,同志们、朋友们:

大家晚上好!

"人逢喜事精神爽,每逢佳节倍思亲",又到了中国人传统的中秋佳节,我们在这里欢聚一堂,共叙友情,共庆佳节,心中充满了欢欣和喜悦。

感谢大家多年来对××的付出与奉献,在此,我谨代表公司董事会向各位致以真挚的问候和诚挚的祝福!

虽然我们来自五湖四海,但××把我们聚集到了一起,回首昨天,大家都曾为××的强大和发展付出过汗水和心血,你们的奉献,将永远在我们心中铭刻!

××年的锻造,使我们的团队更加精诚团结,使我们的员工更加尽职尽责。这些年来,在激烈的市场竞争中,我们的实力不断增强,我们的规模不断扩大……这一切无不昭示着一个强大集团的蓬勃朝气和生生不息的动力。

月是期盼,月是挂牵,月是幻想,月是浪漫,月是思念,月是圆满。

今夜,月圆如盘,看不见残缺的遗憾。

今夜,月光如水,象征着我们纯真的友谊。

今夜,月华如歌,唱响我们心中的激昂。

海上生明月,天涯共此时。

有你,我们高歌唱响希望;有你,我们将快乐分享;有你,所有的梦都在生长。

期待每一天的月圆,期待每一时的相聚,期待每一刻的欢畅,期待美好幸福的明天。

在这里,我再一次向各位道一声祝福,说一声平安,并向你们的亲人致以亲切的问候,祝大家中秋节快乐!

请大家举杯,为了我们的幸福生活,为了我们日渐深厚的情谊,为了朋友们的健康快乐,也为了××公司辉煌灿烂的明天,干杯!

国庆节祝酒词

【场合】政府招待酒会

【人物】政府官员、各界嘉宾

【祝词人】市长

【关键词】新中国成立 60 年来,特别是改革开放以来,中国发生了历史性的巨变。从此,中华民族迈开了实现伟大复兴的雄健步伐,神州大地充满生机。

各位来宾,同志们、朋友们:

60 年激情岁月,60 载春华秋实,伟大的中华人民共和国迎来了又一个华诞。今夜,××万群众欢庆,××中心朋友如云。在此,我代表××市人民政府,向全市人民和在我市工作、生活的海内外朋友,致以亲切的问候!向所有关心和支持我们发展的同志、朋友,表示衷心的感谢!

新中国成立 60 年来,特别是改革开放以来,中国发生了历史性的巨变。从此,中华民族迈开了实现伟大复兴的雄健步伐,神州大地充满生机。

我市处处呈现出欣欣向荣的景象,经济建设保持了良好的发展势头,人

民生活进一步改善,科技、教育、文化、卫生等各项事业蓬勃发展。沧桑巨变今胜昔,明珠熠熠耀前程。中央要求我们率先全面建成小康社会,率先基本实现现代化,这是我们的光荣使命。我市人民要紧密团结在以胡锦涛同志为总书记的党中央周围,高举邓小平理论和"三个代表"重要思想伟大旗帜,全面贯彻党的十七大精神,求真务实,艰苦奋斗,开拓创新,服务全国,向着社会主义现代化国际大都市和国际经济、金融、贸易、航运中心之一的宏伟目标迈进!

现在,我提议:为庆祝中华人民共和国成立 60 周年,为伟大祖国的繁荣昌盛,为各位来宾和朋友的身体健康,干杯!

元旦祝酒词

【场合】元旦庆祝宴会

【人物】集团领导、投资人、合作客户及全体员工

【祝词人】集团领导

【关键词】机遇与挑战同在,光荣与梦想共存!

尊敬的各位领导、各位来宾:

大家好!

律回春晖渐,万象始更新。我们告别成绩斐然的 2010,迎来了充满希望的 2011。值此新春到来之际,我谨代表集团董事局,向全体职员的努力进取和勤奋工作、投资者给予公司的真诚信赖、中外客户的热情支持致以深深的谢意!祝大家在新的一年里身体健康、家庭康泰,心想事成、万事如意!

2010 年,在各级经营团队和全体员工的共同努力下,我们××集团先后取得了与××公司合资、夺得××开发权、进军××产业等振奋人心的重大突破,集团 2010 年各项经济指标比往年有了较大增长……这些令人欣喜和振奋的成绩证明:××公司的战略是清晰的,定位是准确的,决策是正确的。通过这些成绩,我们看到了一个充满生机和活力的新××。在这里,感谢这个伟大的时代,更感谢一年来全体××人的不懈努力!

诚信缔造伟业! 面对集团 2010 年良好的运营状况,××人应有清醒的认识和更为远大的目标。当前,我国的经济生态系统正发生着深刻的变化,

中国经济与世界经济已进入一个良性的互动,新财经政策、新竞争环境、新一轮国企改革的启幕……××正面临着前所未有的机遇和挑战!

2011年,××将在"创建国际一流品牌,建设中国百强企业"的进程中,在产业发展和资本运作上次第推进,演绎出浓墨重彩的一章,而留下的将是全体××人的商业智慧和勤奋实干的串串足迹……

创新成就未来!变革创新、知行合一是××通向未来之路。在当前,变革创新就是完善公司治理结构,建立和完善层次清晰、责任明确的三个层面的管理体制,加大激励力度,实施企业再造与流程创新,在管理力度和管理风格上实现突破;知行合一就是针对不同的层面,在管理上严格要求、在经营上慎重求实、在技术上掌握核心,真正做到战略合理、组织高效、制度完善、流程顺畅、人员精干。

机遇与挑战同在,光荣与梦想共存!××经过管理变革,背靠优秀的企业文化,通过实施多元化、国际化的发展战略,定会迎来更加辉煌的明天!

最后,让我们举杯祝愿全体人员元旦愉快,身体健康,阖家欢乐,万事如意!干杯!

平安夜祝酒词

【场合】宴会

【人物】××公司领导、员工

【祝词人】员工代表

【关键词】平安是人人期盼的东西,平安是生活的必需品,因为只有平安,我们才能实现自己的梦想,只有平安,我们才能对未来充满希望,只有平安,我们才有顽强的斗志克服一切困难,只有平安,我们的家庭才会幸福欢乐!

尊敬的各位嘉宾,亲爱的各位同事:

大家晚上好!

在这美丽的晚上我们欢聚一堂,踏着圣诞宁静的钟声,共同迎来了一个祥和的平安夜。在此,我首先代表公司向各位同事、朋友们的到来表示热烈的欢迎!

平安是人人期盼的东西,平安是生活的必需品,因为只有平安,我们才能实现自己的梦想,只有平安,我们才能对未来充满希望,只有平安,我们才有顽强的斗志克服一切困难,只有平安,我们的家庭才会幸福欢乐,平安融汇了天下人所共有的太多的情感与祝福。此时此刻,我把心中所有的祝福都化作平安这两个字,祝每一个来到××公司的员工平平安安,祝福此时此刻仍然坚守在工地、坚守在员工宿舍区,守护着××平安的工作人员平平安安,祝福为××项目建设做出卓著贡献的建设者、支持者们平平安安!祝福天下所有人,平平安安!

我们来自不同的地区,说着不同的方言,因为缘分相聚在××公司。总经理和大家一样非常珍惜这份福缘,今天,他放弃和家人团聚的机会,与我们一起度过平安夜。在此,请允许我代表××公司全体员工向×经理表示衷心的感谢,祝您阖家欢乐,平平安安!

话不多说,只希望今晚大家跳出激情,唱出梦想,玩得开心,一切平安!

最后,让我们举杯,为大家的平安,为××公司美好的明天,干杯!

第三节　节庆祝语总结

情人节

爱情是鲜花,令人欣赏;是美酒,使人陶醉;是希望,叫人奋发;也是动力,催人前进——愿你情人节快乐,爱情甜蜜!

长相思,晓月寒,晚风寒,情人佳节独往还,顾影自凄然。见亦难,思亦难,长夜漫漫抱恨眠,问伊怜不怜。

从前我脸皮很薄,爱使我变得无耻,你是我走不过去的迷魂阵;面对着你我不堪一击,卸去伪装举起双手,从俘虏走向奴隶。情人节快乐!

对你,我已经无条件投降了。情人节就要到了,你就签下爱情合约吧!不然没人要我了!我已准备好将权利减半、义务倍增,100％全情投入爱你一辈子了!

对朋友的思念像深谷的幽兰,淡淡的香气笼罩着你。而祝福像蓝天上的白云，一直沁入你的心田。愿好心情陪伴你渡过情人节的每时每刻！

房不在大，温馨则行；人不在高，能干也行；钱不在多，够用就行；爱不在深，认真才行。情人节快乐！

佛说：前世的五百次回眸，才换来今生的擦肩而过。如果真的是，我愿用一万次去换与你的相遇，并告诉你："好想好好爱你"。

假如你还没有情人，哈哈，我们是同命人。谁说必须有情人才能过情人节！我祝大家过一个快乐的没有情人的情人节！如果你已有主，希望你们浪漫温馨！

月缺时我想你，月圆时我念你，无论月圆月缺，我的心如那亘古不变的月光，默默地追随着你！情人节快乐！

在错的时间遇上对的人，是一场伤心；在对的时间遇上错的人，是一声叹息；在对的时间遇上对的人，是一生幸福。情人节快乐！

在这四周飘送着巧克力和玫瑰花香的二月，在这西方神圣而又浪漫的二月，衷心的说一声：情人节快乐！祝你和你爱的人永远快乐！

元宵节

白糖糕红糖糕糯米糕祝你年年高步步高万事皆高！甜汤圆咸汤圆芝麻汤圆酒酿汤圆祝你人圆情圆合家团团圆圆！元宵快乐！

额圆面嫩外表白皙，多情含蓄心甜如蜜，肤靓美体蕊红艳绿，温柔甘饴令我痴迷，十五灯夜吻你吃你！别紧张，我说的是元宵！元宵节快乐哦！

今天亲手给你做碗汤圆，用"快乐"活面，"开心"做馅，在"健康"的水里煮熟，用"幸福"的小碗盛到你面前，元宵节快乐！

今天手机安静了吧？祝福的短信没有了吧？心里感觉失落了吧？这会儿该想到咱了吧？得，就让咱的祝福续上吧！祝您：元宵节快乐！

酒越久越醇，朋友相交越久越真；水越流越清，世间沧桑越流越淡。祝元宵节快乐，时时好心情！

就是现在，用我最真切的思念。让风捎去满心的祝愿，给我生命中不可多得的你！愿你拥有一个幸福快乐的元宵节！

你我情意长，我要用：一缕情思一棵红豆一勺蜜糖，月圆十分我会让玉兔送去——我特别的元宵！我的特别月亮！

你知道我多喜欢你吗?! 圆粉粉的小脸蛋,咧嘴就是那么甜蜜的笑容。真的好想在你脸上狠狠地吻下去,让你融入我的身体。啊! 香甜的元宵。

汤圆甜月儿圆,红烛花灯喜照眼,元宵阖家欢。鞭炮醉烟花灿,渐无语星阑珊,月光如水照无眠,佳节春风暖。预祝元宵节愉快!

天上星,亮晶晶,元宵夜,盛满情,吃元宵,要尽心,赏花灯,要倾心,写短信,送祝福,表我心。祝你元宵佳节快乐!

挖个坑,埋点儿土,数个一二三四五,自己的地盘,自己的土地,种啥都长人民币。祝福你虎年福满天,元宵乐开怀!

万户春灯报元宵,一天瑞雪兆丰年。星月当空万烛烧,人间天上两元宵。雪月梅柳开新春,花鼓龙灯闹元宵。元宵节快乐!

新年

你如果现在是一个人,我祝你新年快乐;如果是两个人,那也新年快乐;如果是一伙人,请告诉我你们在什么地方。

新的一年,每年都有新的变化,但我的心没有变,我的誓言没有变,我要陪你一起变老。

祝愿:一元复始、万象更新;年年如意、岁岁平安;财源广进、富贵吉祥!

痛苦最好是别人的,快乐才是自己的;麻烦将是暂时的,朋友总是永恒的;爱情是用心经营的,世界上没有什么大不了的。新年快乐!

祝:领导偏袒你,警察让着你,法院向着你,官运伴着你,媳妇由着你,吃喝随便你,财运罩着你,中奖只有你!

不许动! 举起手来,认识的站左边,不认识的站右边,想笑的站中间。说你呢! 快放下,双手抱头靠墙站好,仔细给我听着:祝你新年快乐!

一朵花采了许久枯了也舍不得丢;一把伞撑了很久雨停了也想不起收;一条路走了很久天黑了也走不到头;一句话,等了好久…祝新年快乐!

祝新年一帆风顺,二龙腾飞,三羊开泰,四季平安,五福临门,六六大顺,七星高照,八方来财,九九同心,十全十美!

神说:幸福是有一颗感恩的心,健康的身体,称心的工作,一位深爱你的人,一帮信赖的朋友,你会拥有这一切! 祝新年快乐!

端午节

祝福不断连连的,真情实意绵绵的,包成粽子圆圆的,吃在嘴里黏黏的,味道总是咸咸的,化在心里甜甜的。祝甜甜的你,过个甜甜的端午!

提前送你一个粽子:幸运铺满清新的叶,快乐裹成美味的馅。闻起来是温馨,吃起来是甜蜜,咽下去是幸福,回味着是美满,端午节快乐!

因为一筐鸡蛋,所以勾践伐吴了;因为一杯雄黄酒,所以荆轲刺秦了,因为一只龙舟,所以屈原投江了;因为一个粽子,所以我骚扰你了!端午快乐!

端午好,好端午,端盘端蛋端粽子;端午好,好端午,端平端安端吉利;端午好,好端午,端福端贵端祥瑞。端午节,端出好心情,端出好生活!

端午节我端着五件礼物送给你:吃粽子,运气一纵再纵;挂葫芦,福禄尽收集;系五彩绳,生活五彩缤纷;喝雄黄酒,事业辉煌长久;戴香包,香甜将你抱。

端午节已到,送你一只香甜粽子:以芬芳的祝福为叶,以宽厚的包容为米,以温柔的叮咛做馅,再用友情的丝线缠绕,愿你品尝出人生的美好和五月五的情怀!

端午节,送你一个快乐"粽子",先帮你剥掉工作的烦恼,剥掉生活的烦恼,剥掉脸上的沉闷,好了,剩下幸福的内叶裹紧你,幸运的大米任你吃,端午快乐!

幸福就像一根根粽绳,紧紧地绑住你;快乐就像一片片粽叶,团团地围住你;祝福就像一阵阵粽子的飘香,永远环绕在你身边!祝端午节快乐!

端午将至,我要用一缕春风,两滴夏雨,三片秋叶,四朵冬雪,做成五颜六色的礼盒;打着七彩八飘的丝带,用九分真诚,十分热情,包裹成粽子送给你!

粽子飘香,端午佳节到身旁,把烦恼包进粽子里吃光,把好运装进香囊里陪在身旁,把事业承载在龙舟上奔向辉煌,把幸福酝酿在黄酒里比天长。端午快乐!

端午到了,我送你一个爱心粽子,第一层,体贴!第二层,关怀!第三层,浪漫!第四层,温馨!中间夹层,甜蜜!祝你梦中有我,天天都有一个好心情!

母亲节

洗衣做饭操持家务,终日不歇身影忙碌,默默无闻怨言从不,为儿为女生活朴素,值此母亲佳节光顾,儿女送上真挚福祝:妈妈,节日快乐!

走过千山万水,看遍红尘纷扰,历经风风雨雨,尝尽酸甜苦辣,唯有母亲的关怀不曾动摇。今天母亲节,记得回家看看,给母亲一个真情的拥抱!

有一句话,藏在心底很久;有一份情,埋在心中许久;有一个人,惦记思念好久。母亲节来临,我鼓起勇气告诉你:亲爱的母亲,愿你幸福开心!

没有水,鱼活不过朝夕;没有光,花儿不会盛开;没有你,就没有我的现在;谢谢你,我最爱的母亲。今天母亲节,祝福送给你:愿你幸福安康!

酒的美丽在于让人忘记忧愁,花的魅力在于让人看见美丽,风的魅力在于让人神清气爽,短信的魅力在于祝福你:母亲节到了,愿你和你的母亲幸福安康!

皱纹在额头爬满沧桑;白发是岁月漂白了过往;坚强是搂着孩儿柔弱的臂膀;慈爱在微笑的嘴角流淌;妈妈的呵护永生难忘。母亲节别忘把问候带到妈妈身旁。

爱是妈为孩儿的梳妆;爱是门口深情的张望;爱是粗大的手掌;爱是入睡时妈的吟唱;爱是孩儿病时的热汤;爱是母亲唠叨的过往。母亲节祝母亲们节日快乐!

儿女的成长,增加了妈妈的白发;儿女的任性,将妈妈眉头的皱纹刻画;儿行千里时,带走的是妈妈的牵挂。母亲节到了说句真心话,愿妈妈健康长寿!

多少责任,压在母亲的肩膀上;多少操劳,体现在母亲的双手上;多少疲惫,刻画在母亲的眉间。默默付出,不求回报,母亲节快到了,一起祝妈妈健康幸福。

天再高,高不过母亲的怀抱;海再深,深不过母亲的牵挂;路再远,仍想起母亲叮嘱的话。母亲节快到了,朋友无论你多忙,都要祝福妈妈,愿妈妈幸福安康。

你的泪,流在她眼里;你的笑,漾在她唇边;你的话,刻在她心上。母亲总是用生命呵护着儿女,母亲节到了,别忘了对她说:谢谢,我爱您,妈妈!

一个电话,再远的距离也是近的;一声问候,再冷的天气也是暖的;一句"谢谢",再多的劳累也是快乐的。母亲节快到了,别忘了跟妈妈说声节日快乐!

母教导,深入内心;母善语,倾听入耳;母亲行,刻入眼眸;母诲言,受用一生。母亲节,即将到来;送祝福,真心实意。祝福天下母亲:健康长寿!

中秋节

中秋佳节,无以为寄,但送此句,以表吾心:此时相望不相闻,愿逐月华流照君。

以真诚为半径,用尊重为圆心,送您一个中秋圆圆的祝福……愿:爱您的人更爱您,您爱的人更懂您!好事圆圆!好梦连连!预祝中秋快乐,月圆人更圆!

我要给你一个最难忘的中秋节,让你在每个月圆之夜,都会想起我们一起走过的日子。

洁明皓月逢佳期,挚手共享两相依,爱深情浓甜似蜜,翱之清风何求兮。誓与君相伴月缺至月圆共度此时至此生!

那一场风花雪月的事。中秋的月亮,在窗外静静地悬着。我楞楞地看着它,仿佛它是一面明镜,你我在互相注视。

中秋,思念的时节,我将真诚与祝福浓缩至短信,带着关怀与思,随电波飞向你。

金秋圆月挂天边,浪子心中思念添;寂寞嫦娥空际舞,八戒被贬为那般;我予汝心天可表,千里也能共婵娟。

有月的夜晚,有你和我的夜晚,只想轻轻的向你道声,我的佳人祝你节日快乐!

月到中秋,分外想你。看到那空中圆圆的月亮吗?那就是我想你念你牵挂你的心!

中秋月儿圆圆,故乡远在天边,亲人梦绕魂牵,爱人关爱绵绵,朋友情谊万千,祝愿此情此景,心底温暖无限!

秋意撩人,愿在初秋的夜晚你我共享,皓月当空,思意正浓!祝中秋快乐,记得留块月饼给我哦!

无论天南海北，不论相聚与离别，有份祝福永远挂在我心中，祝你一切圆满美好！

一年中秋又来到，远在他乡的我，心中只有一个信念——祝家中的亲人们永远幸福安康！

每逢佳节倍思亲，我想说，无论我身在何处，无论我人在何方，我的心永远和你们在一起！

中天皓月明世界，遍地笙歌乐团圆。祝您的事业更加成功，从本次月圆时开始，好事不断！

送一个圆圆的饼，献一颗圆圆的心，寄一份圆圆的情，圆一个圆圆的梦。中秋节快乐！

第六章　红烛美酒两映红——婚宴篇

第一节　祝词人致祝酒词的特点

俗话说，"男大当婚，女大当嫁"。结婚乃人生中的一件大喜事，新娘、新郎经历了晓露丹霞，花前月下，九夏芙蓉，三秋桂子，才盼来了这美好、激动的时刻。婚宴也是为纪念这一美好时刻而举行的庆典活动。为了让婚宴充满温馨而喜庆的气氛，祝词人的祝词显得尤为重要。每一个祝词人根据其角色的不同，祝词的内容也应具有不同的特点。

美好的祝酒词不仅能烘托气氛、温暖人心，而且还能使人深受鼓舞和启发。

司仪：

1. 司仪的祝酒词特点：含蓄、文雅、浪漫。

例如，有个司仪主持婚礼，新郎是畜牧场技术人员，新娘是纺织厂女工。他的祝词是非常经典的，现摘录如下：

"我今天接受爱神丘比特的委托，为现代的牛郎织女主持婚礼，感到十分荣幸。"

2. 司仪的祝酒词还应该灵活多变，善于即兴发挥。这样才能推波助澜，使婚礼的气氛生动、活泼。

例如，在新郎、新娘喝交杯酒时，司仪可以这样说："喝了这杯酒，生活美满全都有；喝了这杯酒，夫妻恩爱心中留；喝了这杯酒，祝福你们天长又地久！"

这一番话轻而易举就烘托出了结婚的喜庆气氛，让在场的每个人都能感受到结婚的热闹红火。

证婚人：

证婚人身份很特殊，正是因为有了证婚人的"证明"，婚恋双方的结合才

显得神圣而庄重。因此证婚人的希望与勉励对新人来说也是颇有分量的。

1. 证婚人祝酒词的主要内容：

(1)表达自己作为证婚人的高兴心情。

(2)对喜结连理的双方予以证婚,有时还要宣读双方的结婚证书。

(3)向新人致以祝福和希望。

2. 证婚人致祝酒词的特点：

(1)篇幅以简短为佳。

(2)应保持郑重的语气和态度,以使在场的人感受到婚姻的神圣。

介绍人：

介绍人是促使新郎、新娘结合的牵线之人,因此他们所致的婚礼贺词应主要偏重于对新人从认识到结合过程的介绍。

1. 介绍人致词的主要内容：

(1)表达自己作为介绍人的特别心情,向新人致以衷心的祝福。

(2)讲述婚恋双方经自己介绍由相识到相恋的过程,使宾客对新郎、新娘的基本情况有更多的了解。

(3)对新人的婚后生活提出希望和勉励。

2. 介绍人致祝酒词时特点：

(1)介绍人是促成新人姻缘的大功臣,鉴于这一特殊的身份,介绍人可以向新人婚后的生活提出更具体、更切实的要求,使他们更加珍惜来之不易的幸福。

(2)介绍人可选取两人在相知相恋过程中的一两件感人故事作以详细地讲述,既可以激发参加婚礼人的兴致,又能够使一对新人感怀往事,增进心灵的契合。

(3)语气应是亲切的、关爱的,充满感触与祝福的。

新人家长：

新人家长一般要作为主人向来宾的到来表示感谢,并向自己的子女提出祝福和希望。

新人家长致祝酒词的特点：

(1)新人家长的身份既是新人的父母,又是在座来宾的主人,因此,在致祝酒词时一定要用较多的篇幅向客人们的光临致以谢意。

（2）可以适当讲一讲自己在为儿子或女儿筹备婚事这一段时间的所思所感，以浓浓的亲情感染人。但同时也要适可而止，切不可带来"眼泪效应"。

（3）要表达一些期望，比如："希望你们从今以后，要互敬、互爱、互谅、互助，以事业为重，用自己的聪明才智和勤劳双手去创造美好的未来。同时，还要孝敬父母，爱护儿女，共同承担家庭责任，营造一个和谐美满的幸福家庭。"

新人长辈：

在婚礼当中，长辈的祝酒词是最正规、最必不可少的，是婚礼仪式上的一项很重要的程序。

新人长辈致祝酒词的特点是：谆谆教导二位新人。

单位领导：

单位领导能够在百忙之中抽出时间来参加婚礼，这本身就说明领导对新人的关心和重视。好的祝酒词不仅能给人关怀与祝福，还能够使领导与下属之间的关系更加密切，促进工作的顺利开展。

1. 单位领导祝酒词特点：

（1）表达心情，真诚祝愿。

（2）说明自己和新人的关系，恰当地赞扬新人的人品、能力以及结合后的美好前景。

（3）从工作的角度给予希望和鼓励。

2. 单位领导祝酒词应注意的问题：

（1）婚礼是充满人情味儿的交际场合，领导要放下架子，要以普通人的态度向新人贺喜。

（2）领导在祝酒词时可多讲讲新郎或新娘在工作中的良好表现，给予适当的肯定与鼓励。从而激励他们在今后的工作中更加努力。如果你以领导身份参加婚礼，你可以这样说：

"我是×××单位的办公室主任。×××进入公司6年来，一直是一位很有干劲的优秀青年。我是看着他一天天走向成熟的，所以我相信他今后一定会大有前途的。而且他聪明能干，乐于助人，很有人缘，公司上上下下都很喜欢他。如今他娶妻成家，这是他的大喜事，也是我们公司的一大喜

事,因此我代表全公司同仁祝他生活甜甜蜜蜜,新婚快快乐乐!"

二位新人:

当领导、家长、宾朋致祝酒词完毕之后,新郎和新娘自然免不了要对来宾和父母进行祝酒,把自己此时此刻的幸福和喜悦说出来与大家一起分享。新郎、新娘的祝酒词不但能够渲染气氛,而且有助于赢取领导和来宾的好感,以便在未来的工作、生活中获得更多的支持和帮助;同时,这也是两位新人交流情感与想法的一种方式。

1.新郎、新娘致祝酒词的主要内容:

(1)对大家的光临表示感谢,向致词者表示感谢。

(2)表达喜悦的心情,表达自己的决心,祝福来宾等。

2.新郎、新娘致祝酒词特点:

(1)新郎、新娘的祝酒词应体现出各自鲜明的性别特点,如新郎可表现自己对爱情的坚定、对事业的信心等,而新娘可适度表现女性独有的温柔、细致的特点,这样两人才显得般配和谐。

(2)在致祝酒词中可以有针对性地表达自己今后搞好工作、和亲朋交好的决心,以利于将来工作与生活的顺利开展。

伴郎:

作为新人朋友的伴郎,其祝酒词的特点:

(1)要告诉在座的所有来宾,新郎是一个多么优秀的青年。

(2)简单介绍一下自己和新郎认识了多久,对他了解多少,如果你们孩提时就是朋友,那就多讲些那时候的事,好让大家知道你和新郎的友谊之深厚。

(3)说明了你是新郎的最好朋友后,你可以趁机搞些幽默,扮扮洋相,讲讲你和朋友一起干过的"坏事",讲诉的事要短小而有趣,自始至终体现你和朋友的友谊之深。

(4)要以新郎最好朋友的身份告诉新娘她做了最好的选择,若是你和新娘很熟的话,也可以通过两位新人的共同爱好,说他们的结合是十分完美的。

总之,你要多多称赞他们的结合,同时表示你非常希望能继续和新郎、新娘保持友谊。

伴娘：

祝酒时间通常在所有客人都就座的时候,新郎和新娘或许希望在上菜的过程中进行祝酒,先征询一下他们的意见再进行祝酒。说祝酒词时不要太紧张,语速要慢,尽量表现得大方自然。

来宾代表：

来宾代表一般由新郎或新娘比较亲密的同事或朋友担当,因此相互之间的顾忌往往会少一些。致祝酒词的内容特点是:活泼、灵活。这对于活跃气氛有很大的作用。

1.来宾代表致祝酒词的主要内容:

(1)介绍自己与新郎、新娘的关系,并对新人的婚礼表示祝贺。

(2)称赞新郎、新娘的人品、能力、人缘等。

(3)介绍新人的生活趣事、恋爱故事等。

(4)提出祝福与希望。

2.来宾代表致祝酒词应注意的问题:

(1)致祝酒词可以不拘形式,自由发挥,争取使婚礼的气氛达到高潮。

(2)切忌在公共场合泄露两人不愿人知的事情,以免出现尴尬的场面。

随员致祝酒词特点：

作为参加婚礼的随员,你完全可以换一个角度,从当事人选择的结婚日子上着手引申展开你的话题,表达对新人的良好祝愿。

第二节　婚宴祝酒词范文欣赏

新婚宴会司仪致祝酒词

【场合】新婚宴会

【人物】新郎、新娘及双方的亲友、嘉宾

【祝词人】司仪

【关键词】让我们为幸福的恋人起舞,为快乐的爱侣歌唱,为火热的爱情举杯,愿他们的人生之路永远洒满爱的阳光!

尊敬的各位朋友,女士们、先生们:

大家好!

朋友们,今天是个好日子,一对相亲相爱的恋人,经过一个个365里路的携手并肩,经过一个个花前月下的卿卿我我,终于走到了一起。

朋友们,走到一起来,天地放光彩;走到一起来,幸福大无边。

今天阳光明媚,天上人间共同舞起美丽的霓裳;今夜星光璀璨,多情的夜晚又增添了两颗耀眼的新星。此刻,让我们为幸福的恋人起舞,为快乐的爱侣歌唱,为火热的爱情举杯,愿他们的人生之路永远洒满爱的阳光!干杯!

新婚宴会主持人致祝酒词

【场合】新婚宴会

【人物】新人、嘉宾、亲友等

【祝词人】主持人

【关键词】愿他们相敬如宾四季乐,钟情四海百年长,愿他们的爱情,永远如春日般鲜活动人!

亲爱的各位来宾、朋友们:

大家好!

今日,我们带着共同的愿望相聚在一起,在××大酒店共同庆贺××先生和××女士喜结百年之好。天赐良缘,佳偶天成。在这欣欣向荣、百花争艳的美好春光里,让我们共同向××先生和××女士致以最衷心的祝贺,同时,请让我代表新郎、新娘向各位来宾表示最诚挚的欢迎以及最衷心的感谢!

翠宇红楼相约处,高朋雅客共贺时。门书喜字合家喜,户到新人淑景新。美酒佳肴逢喜日,银筝玉管迎新人。

在这春色融融、花团锦簇的季节里,××先生和××女士跟随着春天的脚步,带着来自亲朋好友的美好祝福,共同迈向神圣美好的婚姻殿堂。他们有春天的百花做嫁衣,有莺歌千回百转的鸣唱送去祝福,他们在春日缔结了幸福的合约,也将万般春色融入了他们美好的生活。春天是充满生机的日子,春天是万象更新的季节,春天有最为馥郁的芬芳,春天有最为明丽的色彩。在未来的日子里,愿他们尽享良辰美景、赏心乐事,永远生活在融融的春日暖阳中,也愿他们相敬如宾四季乐,钟情四海百年长,愿他们的爱情,永远如春日般鲜活动人!

在此,让我们共同举杯!

为这对新人"新结同心香未落,长守山盟情永鲜,美满姻缘情深义重,和睦家庭地久天长";

为他们"海誓山盟期百岁,情投意合乐千筋";

为他们"双飞黄鹂鸣翠柳,并蒂红莲映碧波";

同时也为在座各位的光临与祝福,干杯!

新婚宴会上新郎致祝酒词

【场合】新婚宴会

【人物】新人、领导、亲朋好友

【祝词人】新郎

【关键词】无数的缘分和无数的巧合,使我们相遇,使我们相识,使我们一眼就认定对方是这辈子最值得珍惜的人。

尊敬的领导、亲爱的来宾们:

大家上午好!

今天是×××年××月××日,是我和××结为连理的日子。对于我来说,这是人生中最重要的时刻,各位亲朋好友在百忙之中拨冗前来参加我们的婚礼,对此,我代表××和全家人,向你们表示最热烈的欢迎和最诚挚的谢意。

在这个特别的日子里,我有很多话想说。作为今天的新郎官,此时此刻,我的内心十分激动,感慨万千。

首先,我想要对父亲、母亲和岳父、岳母说:您们辛苦了,感谢您们多年来对我们的培育与浇灌,使我们得以拥有如今这个美好的时刻。我们的幸福生活和你们的谆谆教诲及默默付出是分不开的,您们永远是我们这一辈

子最值得感谢,最应当感恩的人,谢谢您们!

此外,我还想感谢此时此刻站在我身旁的××。记得张爱玲曾经说过:于千万人之中遇见你所遇见的人,于千万年之中,时间无涯的荒野里,没有早一步,也没有晚一步,刚巧赶上了,也没有别的话可说,唯有轻轻一问,原来你也在这里。我想,这就是爱情。正所谓众里寻他千百度,蓦然回首,那人却在灯火阑珊处。无数的缘分和无数的巧合,使我们相遇,使我们相识,使我们一眼就认定对方是这辈子最值得珍惜的人。我要感谢上苍,更要感谢你,是你,使我的生命得以完满,是你,使我在此时此刻成为世界上最幸福的人。

在此,我要向你许下庄重的诺言:在以后的日子里,我会更加珍惜我们的感情,这一生一世,我都不会背弃我的誓言。亲爱的,希望从今往后,我们一同分享彼此的欢乐和忧愁,一同度过生命中的风风雨雨,相信有你的陪伴,我永远都不会孤单,只要有你在我的身边,任何的艰难险阻都不再可怕。

请大家祝福我们,我们也愿意把我们的幸福与大家一起分享。让我们共同举杯,为我们所有人的幸福生活,干杯!

新婚宴会上新娘致祝酒词

【场合】新婚宴会

【人物】新人及双方的亲友、领导、嘉宾

【祝词人】新娘

【关键词】人生最可贵、最难得的莫过于有人与自己相识相知相爱相守。

尊敬的各位嘉宾,亲朋好友们:

大家好!

今天是我和××结婚的大喜日子,父母、亲戚、朋友和领导在百忙当中远道而来参加我们的婚礼庆典,在此,我代表我们夫妻俩对各位来宾的到来表示深深的感谢和热烈的欢迎!

在这令人难忘的时刻,首先我要真诚地感谢双方二老,是您们把我们带到这个世界,是你们不辞辛劳地把我们养大,是您们给了我们良好的教育,是您们一直站在我们身后给予支持和呵护。现在的你们,头上已有了丝丝银发，双眼也有些模糊，脸上留下了岁月的痕迹，但是在我们心中您们永远是最美的，您们的恩情比天高、比海深！我们爱您们，爸爸、妈妈！请爸爸、妈妈放心，我会尽一个女儿应尽的义务，常回家陪你们，看望你们！也请公公、婆婆放心，我会尽一个儿媳应尽的职责，勤于持家，营造一个温馨的家庭。

其次，感谢站在身边的爱人。不知不觉中，我们走过了花开的日子，在平凡中收获累累硕果。人生最可贵、最难得的莫过于有人与自己相识相知相爱相守。爱，不分彼此；爱，没有贵贱。在铺满鲜花的道路上，我们牵手相拥，共醉一樽明月，共赏一曲瑶台。无言是我最好的表达，深情是我最诚挚的祝福，感谢××陪伴在我的左右，我会用我真挚的爱伴你走过一生的岁月！

再次，感谢各位领导的关心，是你们在工作上给予我和爱人的帮助与支持，让我们在工作的道路上奋勇向前，浓浓的恩情，我们没齿难忘，请您们放心，我们会努力工作，用实际行动创造辉煌的业绩作为回报！

最后感谢朋友们的祝福，你们是我的知心朋友，是我的闺中密友。这么多年，因为有你们的陪伴，我不再感到孤独和沮丧，快乐和幸福伴我左右，但愿我们的友谊天长地久！

现在，请让我们共同举杯，为各位的身体健康，万事如意，生活幸福，干杯！

结婚典礼二位新人致祝酒词

【场合】新婚宴会

【人物】新人及双方的亲友、领导、嘉宾

【祝词人】新郎、新娘

【关键词】执子之手，与子偕老，愿我们的爱绵长久远，历久弥新。

亲爱的各位来宾、朋友们：

大家好！

我们首先要感谢各位在百忙之中前来参加我们的婚礼，为我们俩送来温暖的祝福。

我们将立下海誓山盟,作为终身的约定。在未来的婚姻路上,我们将携手前进、相濡以沫、相知相守、永不分离。

在此,我们在各位至爱亲朋的面前,庄严地立下诺言,以此来宣告我们对爱情的信任和承诺:从今往后,无论是顺境还是逆境,富裕还是贫穷,健康还是疾病,快乐还是忧愁,我们都将毫无保留地爱着对方。我们将努力地去理解对方,完完全全地信任对方。我们将成为一个整体,互为彼此的一部分,我们将共同面对人生的风风雨雨,共同追求我们的梦想,相亲相爱,相伴一生。

在此,我们庄严宣誓:

从结婚这一天开始,我们夫妻一定会互相尊重、相敬如宾。我们会用心体会对方的感受,相互关怀、相互体谅、相互包容。

我们会孝敬对方的父母、尊敬对方的长辈、爱护对方的晚辈,我们将成为两个家庭的桥梁,共同营造和谐美满的家庭氛围。

我们将以自身的实际行动,让周围的所有人都感受到,婚姻是爱情的产物,是幸福的又一个起点。婚姻将为我们带来一个健康稳定的家庭,也向社会传递出更多的欢声和笑语。

婚姻是一个充满快乐、充满爱的地方,是一个内心得以安享闲适的地方,愿我们身边的人都为真爱所打动,愿在座的各位同我们一起缔造美好的爱的殿堂。

执子之手,与子偕老,愿我们的爱绵长久远,历久弥新。

谢谢大家!

新婚宴会新郎母亲致祝酒词

【场合】新婚宴会

【人物】新人、亲朋好友

【祝词人】新郎母亲

【关键词】他们恰如天造一对、地设一双,他们的喜结连理,使我们对婚姻生活多添了一层美好的想象。

尊敬的领导、各位来宾,亲爱的女士们、先生们、朋友们:

大家下午好!

凤凰双栖桃花岸,莺燕对舞艳阳春。

在春暖花开、喜气洋洋的阳春三月里,我的儿子××和××小姐将要完成他们此生最重要的典礼。带着春天的气息和各位亲朋好友的祝福,他们手牵着手步入了圣洁的婚姻殿堂。作为他们的母亲,此时此刻,我的内心无比激动。请让我首先祝贺两位新人新婚快乐,地久天长!同时也代表两位新人和他们的家人,向在座亲朋好友的光临,表示最热烈的欢迎和最诚挚的谢意!

我们的××正直善良,工作上勤奋刻苦,业务上精益求精。××小姐不仅善良可爱,而且温柔体贴,勤奋好学,心灵纯洁,是一位可爱的姑娘。对于这一天的到来,我们大家都饱含期待。他们恰如天造一对、地设一双,他们的喜结连理,使我们对婚姻生活多添了一层美好的想象。

作为他们的母亲,我的心中洋溢着浓浓的喜悦,愿这些喜悦化成最甜蜜最美好的祝福,为这一对佳人的幸福生活增添上更为美丽的色彩。

在这花好月圆、良宵美景之时,我衷心地祝愿这对新婚佳偶恩恩爱爱、白头偕老,在人生旅途上,互敬互爱、互勉互励、加强锻炼、增强体魄、团结协作、勇于进取、虚心学习、创造未来。

请让我们共同举起手中的酒杯,为两位新人的海阔天高双飞翼,月圆花好两心知,也为在座所有朋友们的家庭幸福美满,干杯!

新婚宴会新郎父亲致祝酒词

【场合】新婚宴会

【人物】新人、亲朋好友

【祝词人】新郎父亲

【关键词】自愧厨中无佳肴,却喜堂上有贵宾。粗肴薄酒,不成敬意,请各位开怀畅饮。

尊敬的各位来宾,各位亲朋好友:

大家好!

合欢偕伴侣,新喜结亲家。

今天我的儿子××与××在你们的见证和祝福中幸福地结为夫妻，我感到无比的激动。作为新郎的父亲，我首先代表两位新人及我们全家，向在百忙之中抽身前来参加结婚典礼的各位来宾、亲朋好友们，表示衷心的感谢和热烈的欢迎！并祝大家心想事成，身体健康，合家幸福安康！

在今天这喜庆的日子里，我还要感谢亲家，谢谢你们培养出这么优秀的好孩子，谢谢你们将这位美丽大方又有修养的女儿送到我们身边！缘分使我的儿子××与××小姐相知、相爱，并成为夫妻。在此，我想对两位新人说几句话：一次携手就是一生的誓约。希望你们从今以后，互敬、互爱、互帮、互助，以事业为重，以家庭为重，用自己的聪明才智和勤劳双手创造美好的未来，用一生的时间忠贞不渝地爱护对方，在人生的路途上心心相印，白头偕老。愿你们工作、学习和生活，步步称心，年年如意！也希望你们有了自己的小家后，常回家看看，多孝敬双方父母！

自愧厨中无佳肴，却喜堂上有贵宾。粗肴薄酒，不成敬意，请各位开怀畅饮。如有招待不周之处，敬请各位原谅。来！让我们共同举杯，祝愿二位新人白头到老，恩爱一生，在事业上更上一个台阶，同时，祝大家身体健康、合家幸福，干杯！

新婚宴会长辈致祝酒词

【场合】新婚宴会

【人物】新人、新人长辈、亲友

【祝词人】长辈

【关键词】天赐良缘、佳偶天成。

尊敬的各位来宾，女士们、先生们：

大家好！

今天是×××先生和×××小姐这对新人喜结百年之好的日子。首先，请允许我代表新人，偕同全家人对在座的各位来宾，在百忙之中前来参加×××先生和×××小姐的新婚喜宴，表示最热烈的欢迎和最衷心的谢意！

今天是个好日子，相信在座各位的心情都同我一样，和今天的天气一样美好。×××先生与×××小姐终于收获了它们爱情的果实,在这个最美好、最难忘的日子里携手步入神圣的婚姻殿堂。

话说×××先生与×××小姐相恋已经有三年时间。这三年里他们相亲相爱、互相帮助、互相理解、相互支持,使爱情成为学习、工作和生活的动力。自相恋以来,双方的学习、工作和生活的各个方面不仅没有受到阻碍,还得到了长足的发展和有目共睹的提高。正是因为有着热爱生活、渴求知识的共同理想,他们才能够手握着手,甜甜蜜蜜地走到今天。这真是天赐良缘、佳偶天成!

作为他们的长辈,我在此祝愿这对神仙眷侣永远幸福,有情人天长地久!愿他们的婚姻和和美美、甜甜蜜蜜、快快乐乐、幸福安康!

让我们举起手中的酒杯,为这对新人的喜结良缘、新婚快乐,也为在场和不在场的所有亲朋好友的身体健康,工作顺利、家庭幸福,干杯!

新婚宴会亲友致祝酒词

【场合】新婚宴会

【人物】新人、亲朋好友

【祝词人】亲友

【关键词】乾坤定奏,金地献山珍,酒美茶香,宾朋欣就座;乐赋唱随,婚宴借海味,食真礼好,新郎新娘喜开筵。

亲爱的女士们、先生们,同志们、朋友们:

大家上午好!

乾坤定奏,金地献山珍,酒美茶香,宾朋欣就座;乐赋唱随,婚宴借海味,食真礼好,新郎新娘喜开筵。今天,××先生和××小姐在这里喜结百年之好。首先,请允许我代表各位来宾向二位新人以及他们的父母和亲人献上最美好的祝福,并向在座的各位来宾致以最热烈的欢迎和最亲切的问候。

我们的新郎和新娘都来自美丽的江南水乡,新郎英俊潇洒,新娘美丽大方。造物主赐给了他们美丽的外表,他们的父母给予了他们美丽的心灵。天公作美,这对郎才女貌的天赐佳人终于走到了一起,他们的未来必定会永远如此美好,如此幸福。

新郎××先生是一位交通警察，他勤勤恳恳、忠于职守，保证了我们家乡的交通畅达。新娘××小姐是一名幼儿园老师，她亲切地对待幼儿园里的小朋友们，就像对待自己的孩子一样。孩子们都亲切地称呼她为××妈妈。

这对家人共同组建了一个家庭，我们相信，新郎官一定会以坚强的臂膀，支撑和保护起这个家，而新娘子则将成为一个贤妻良母，相夫教子，将这个家庭造成一个温暖的港湾。两位新人的幸福生活，离不开各位的支持和鼓励，下面，请这对有情人向在座各位深深地三鞠躬，以表最衷心感谢。

一鞠躬，为谢天地、谢祖国、谢父母的造就和栽培大恩；

二鞠躬，为谢亲朋、谢同事、谢同学的赏光和深情厚谊；

三鞠躬，现在夫妻双手相牵，两心相对，海誓山盟。

最后，请让我们共同举杯，祝成双鸾凤海阔天空双比翼，贺一对鸳鸯花好月圆两知心。

让我们为新郎新娘的凤落梧桐、珠联璧合，干杯！

谢谢大家！

新婚宴会嘉宾致祝酒词

【场合】新婚宴会

【人物】新人、亲朋好友

【祝词人】嘉宾

【关键词】人生就像一幕幕电影，无论喜怒哀乐，都需要去用心演绎。没有一帆风顺的生活，也没有不经历风雨的爱情。然而既然选择了爱，就要同时选择付出，选择奉献，学会包容，学会体谅。

亲爱的各位来宾、朋友们，亲爱的女士们、先生们：

大家好！

结婚是大喜的日子，是每个人生命中最重要的一个历程。婚姻就像一杯陈酿的美酒，历时越久，越是香醇。而这还得靠夫妻双方用心保藏，细细品尝。在此，我先祝愿两位新人新婚快乐，同时也对在座各位的光临表示热烈欢迎和衷心的感谢。

婚姻,是人生中的一次重要的选择。通过这个神圣的典礼,你们将自己和另一半紧紧地结合在一起。在作出这个约定时,你们都深深地相信,你们是彼此最挚爱的人,你们会相携相伴,走完一生。

在这个重要的时刻,你们都不会忘记邂逅时的美丽,约会时的浪漫,还有拥抱时的甜蜜。你们都不会忘记曾经一起走过的每一分、每一秒,不会忘记过去每一个美好的瞬间。如今步入了婚姻殿堂,你们将学会该如何好好珍惜这一份感情,审视将面临的责任。

经历了新婚的浪漫和喜悦,或许,你们会慢慢褪去新鲜感,褪去激情,不再波澜起伏,也不再荡起涟漪。或许,你们会开始注意对方的缺点。内心渐渐地感到,你们是否对婚姻和爱情有了过高的期待。于是,甜美的爱情在你们心中渐渐流逝、慢慢褪色。

然而,人生不正是如此么? 人生就像一幕幕电影,无论喜怒哀乐,都需要我们去用心演绎。没有一帆风顺的生活,也没有不经历风雨的爱情。然而既然选择了爱,就要同时选择付出,选择奉献,学会包容,学会体谅。婚姻和爱情是一门很深的学问,需要我们终其一生去学习。然而只要内心永远保留着对对方的那一份眷恋,那一份关怀,还有什么是不能够满足的呢?

我祝愿这一对小夫妻相依相偎、相爱永远!

新婚宴会新郎叔叔致祝酒词

【场合】新婚宴会
【人物】新人、亲朋好友
【祝词人】新郎叔叔
【关键词】鹤舞楼中玉笛琴弦迎淑女,凤翔台上金箫鼓瑟贺新郎

各位来宾、朋友们:

大家晚上好!

吉人吉时传吉语,新人新岁结新婚。

今天是我的侄子××先生和××小姐喜结良缘的大好日子。在这里,我承蒙两位新人的委托,担当证婚人这个神圣的角色,内心感到无比的荣幸和自豪。在庄严的礼堂中,在悠扬的歌声里,两位新人踏着坚定的步伐步入

了神圣的婚姻殿堂,作为证婚人的我想真诚地对你们说:祝你们幸福!

在此,让我们共同向两位新人致以最诚挚的祝福,同时,请允许我代表两位新人和双方的家长,向在座各位的忙中抽空前来道贺,致以最热烈的欢迎和最衷心的感谢。

各位且看,我们的新郎××先生身姿挺拔,英俊潇洒,不仅在工作上勤勤恳恳、踏实苦干,而且在为人处世上精明练达、沉稳真诚,真可谓是风流倜傥的少年郎。

而我们的新娘××小姐,聪慧可爱、美丽善良,工作上可以独当一面,生活中更是贤惠温良。她的低头含笑,可人温婉,抬起首来,更是如梨花绽放,真可谓是貌美如花的美娇娘。

鹤舞楼中玉笛琴弦迎淑女,凤翔台上金箫鼓瑟贺新郎。两位新人恰恰是天造一对,地设一双,让我们共同祝愿他们成双鸾凤海阔天空双比翼,一对鸳鸯花好月圆两知心,恩恩爱爱,白头偕老!

古来都道心有灵犀一点通。是情是缘还是爱,在冥冥之中把他们连在一起,使他们相知相守在一起,这不仅是上帝创造了这对新人,而且还要创造他们的后代,创造他们的未来。

此时此刻,新娘新郎结为恩爱夫妻,天地为证。从今以后,无论贫富,你们是并蒂莲、连理枝,要一生一心一意地爱护对方,在人生的旅程中永远同呼吸、共命运,执子之手,白头偕老。

让我们共同举起手中的酒杯,为两位新人的永结同心、忠贞不渝,为他们的幸福美满、钟爱一生,也为在座各位来宾的家庭幸福、万事如意,干杯!

新婚宴会证婚人祝酒词(一)

【场合】新婚宴会

【人物】新人、亲朋好友

【祝词人】证婚人

【关键词】如今喜结百年。这一对甜蜜的小青年,要在今天酿制他们生活中最甜美的醇酒,良辰美景、赏心乐事,一切的美好与喜悦,都将在今日成为永恒。

尊敬的各位领导、各位来宾，亲爱的女士们、先生们：

吉人吉时传吉语，新人新岁结新婚。

今天是××××年××月××日，是我的朋友××先生和××小姐举行新婚庆典的大喜日子。在这个特别的日子里，我们相聚在这里共同为他们庆贺，祝愿他们拥有一个美好的未来。作为证婚人，我异常的激动与喜悦，能见证他们双双步入婚姻的殿堂，是我无上的荣幸。在此我首先祝贺××先生和××小姐新婚快乐，愿他们拥有一个快乐而美好的明天。同时，谨让我代表新郎新娘和他们的家人，向在座各位来宾表示最热烈的欢迎和最衷心的感谢！

作为他们的朋友，同时也是他们的证婚人，我为他们的幸福感到由衷的高兴。从他们的相识到相爱，我们共同见证着他们一路走来。如今喜结百年之好，可以说终于修成了正果。这一对甜蜜的小青年，要在今天酿制他们生活中最甜美的醇酒，良辰美景、赏心乐事，一切的美好与喜悦，都将在今日成为永恒。

我们所认识的新郎××先生，不仅英俊潇洒、气度不凡，而且无论在工作上还是生活中，都勤奋踏实、任劳任怨、诚恳待人。而新娘××小姐，则是一名优秀的新时代女性，她不仅美丽动人、温柔善良，而且在工作上同样是巾帼不让须眉，得到了领导和同事们的一致好评。

在这幸福的时刻，××先生和××小姐缔结美丽的契约，结发成为终生不渝的伴侣。从今往后，无论是甜蜜还是心酸，无论是顺利还是坎坷，我希望你们在人生途中要永远地相互扶持、相互帮助，希望你们永远恩恩爱爱、和谐美满。

最后，让我们共同举杯，祝愿两位天赐佳人和和美美、幸福永远！

谢谢！

第二部分　祝酒词实例

新婚宴会证婚人致祝酒词(二)

【场合】新婚宴会

【人物】新人、亲朋好友

【祝词人】证婚人

【关键词】经过了春的孕育,夏的热恋,这对新人一起走进了收获的季节,在声声的爆竹、对对的喜字中,他们缔结了美好的婚姻,建立了幸福的家庭。

尊敬的各位来宾、朋友们:

大家早上好!

凤凰双栖桃花岸,莺燕对舞艳阳春。

在这风和日丽的日子里,我受到新郎新娘的委托,十分荣幸地担任××先生与××小姐结婚的证婚人。对此,我感到无比的欣喜与激动。××先生是我好朋友××的儿子,他和××小姐一路走来,如今终于步入了婚姻的殿堂,我们都感到万分的欣慰与喜悦。作为他们的证婚人,我首先要祝贺他们新婚快乐,同时,请允许我代表两位新人和他们的家人,向在座各位来宾表示最热烈的欢迎和最衷心的感谢!

且让我先来向各位介绍一下这对新人。新郎×××先生现在××单位从事××工作,他不仅英俊潇洒、才华横溢,而且忠厚诚实、和气善良,在工作上,他勤勤恳恳;在业务上,他勤勉刻苦钻研,他的努力得到了大家的肯定,他所取得的成绩有目共睹。新娘×××小姐现在××单位从事××工作,她不仅美丽优雅、善良可爱,而且温柔体贴、善解人意,她聪明好学,尤擅当家理财,可谓出得厅堂,入得厨房,是一位兰心蕙质、惹人喜爱的姑娘。他们可谓是天造一对,地设一双,神仙眷侣,天作之合。

经过了春的孕育,夏的热恋,这对新人一起走进了收获的季节,在声声的爆竹、对对的喜字中,他们缔结了美好的婚姻,建立了幸福的家庭。

在此,让我们共同举起手中的酒杯,为两位新人献上最真诚的祝福。为他们甜甜蜜蜜、恩恩爱爱,为他们白头偕老、地久天长,也为在座各位来宾的身体健康、万事如意,干杯!

新婚宴会证婚人致祝酒词（三）

【场合】新婚宴会

【人物】新人、亲朋好友

【祝词人】证婚人

【关键词】愿你们夫妻恩爱，白头偕老，一朝结下千种爱，百岁不移半寸心。

尊敬的各位来宾，朋友们，亲爱的女士们、先生们：

大家早上好！

今天，是×××女士和×××先生新婚大喜的日子，首先，作为证婚人，我对两位的结合致以最深切的祝福。作为他们的朋友，我荣幸地被委托担任他们的证婚人，我的心情同今天的天气一样，无比的爽朗和清新。在这里，我衷心地祝愿两位新人新婚快乐，地久天长，同时我代表两位新人和他们的家人，向在座的各位来宾致以最热烈的欢迎和最衷心的感谢！

新郎××先生今年××岁，在××单位担任××的职务。他不仅在工作上勤奋刻苦，兢兢业业，在业务上认真钻研、一丝不苟，而且为人处世诚挚热情、谦逊有礼。是领导们一致认同的有为青年，是同事朋友引以为豪的良师益友。

新娘××小姐今年××岁，在××单位担任××的职务。她不仅在工作上积极进取、认真负责，在业务上勇于探索、刻苦钻研，而且在待人接物上亲切随和、真诚善良，是邻里们公认的好邻居，长辈们公认的好姑娘，同事们公认的好伙伴。

××先生和××小姐如今走到一起，乃是天作之合、良缘无双。××生和××女士现在都已经达到法定的结婚年龄，随着时间的推移，感情也越来越深厚，他俩的结合，可谓水到渠成，瓜熟蒂落，经民政部门的批准，已经领取了结婚证。作为证婚人，我在此宣布，他们的结合是合法有效的。

作为证婚人，我在此向你们表达几点心愿，愿你们夫妻恩爱，白头偕老，一朝结下千种爱，百岁不移半寸心。在漫长的人生道路上相依相伴，相濡以沫，风雨同舟。愿你们做一对事业上的伴侣，相互学习，相互支持，相互勉

第二部分　祝酒词实例

励,在各自的岗位上都取得优异的成绩。

最后,我为二位送上四味干果:红枣、花生、桂圆、莲子,愿你们早生贵子!

新婚宴会证婚人致祝酒词(四)

【场合】新婚宴会

【人物】新人、亲朋好友

【祝词人】证婚人

【关键词】你们领取婚姻殿堂的通行证后,一定要驾驭好婚姻这部车,行好万里路;一定要精心呵护这份感情,修补好婚姻中的瑕疵,使她更加美满幸福。

尊敬的各位来宾,亲爱的女士们、先生们:

大家早上好!

风和日丽红杏添妆,春日何来丹桂飘香。

在这曼妙美好的春日,我们的朋友××先生和××小姐缔结了幸福的婚约,携手迈入了圣洁的婚姻殿堂。我受到新郎和新娘的委托,十分荣幸地担任他们的证婚人,内心无比的激动和喜悦。在这弥漫着浓浓喜气的结婚礼堂里,庄严而神圣的婚礼仪式上,我们共同见证二位新人的婚约。作为证婚人,我首先祝贺两位新人新婚快乐,同时我也代表新郎新娘和他们的家人,向在座各位来宾表示热烈的欢迎和深深的感谢!

新郎××先生今年××岁,在××单位从事××工作,担任××职务。他不仅外表长得英俊潇洒,而且忠厚老实,为人善良,不仅工作上认真负责,任劳任怨,而且在业务上刻苦钻研,成绩突出,是一位才华出众的好青年。

新娘"×小姐今年××岁,在××单位从事××工作,担任××职务。她不仅长得美丽可爱,而且具有东方女性的内在美,不仅温柔体贴,而且品质高尚,心灵纯洁,不仅能当家理财,而且手巧能干,是一位多才多艺的好姑娘。

结婚作为人生当中的一件大事,两位一定要珍惜。以前你们只是在演习,现在是正式上岗了,拿到岗位证书,一定要兢兢业业。在以后的工作和生活中,你们俩一定要互敬互爱,孝敬公婆,处理好邻里关系,干好自己的分内工作,做到生活事业双丰收。你们领取了婚姻殿堂的通行证后,一定要驾驭好婚姻这部车,行好万里路;一定要精心呵护这份感情,修补好婚姻中的瑕疵,使婚姻更加美满幸福。

最后,让我们共同举起手中的酒杯,为两位新人恩恩爱爱、地久天长,同时也为在座各位的家庭美满、幸福安康,干杯!

新婚宴会新娘父亲致祝酒词

【场合】婚宴

【人物】新郎、新娘及双方的亲友、嘉宾

【祝词人】新娘父亲

【关键词】在这个美好的日子里,我祝愿两位年轻人美满幸福、家庭和睦、恩恩爱爱、白头偕老;希望他们用勤劳、勇敢的双手,以一颗纯正、善良的心,共同去营造温馨而美好的家园。

亲爱的各位来宾,各位至亲好友:

大家晚上好!

今天是我女儿××和女婿××结婚的大喜日子。通过这个仪式,一对新人结成了夫妻,而我们两个家庭也结成了姻亲。婚姻不仅是一对新人的结合,还是两个家庭的结合,我们中华儿女自古以来都以这种方式传递和联结着血脉亲情。如今,我的女儿成了家,我也看到了家族延续的希望,可以说,我和爱人一直以来的心愿终于实现了。孩子们,我希望你们能够看到长辈们对你们的期望,好好地过日子,好好地建立和壮大我们的大家庭,将一个家族的传统延续和传播下去。

作为你们的父亲,我今天感到加倍的激动和欣喜。在此,我首先衷心地祝福你们新婚快乐!同时,也代表全家人,向在座前来道贺的各位亲朋好友表示热烈的欢迎和深深的谢意。

今天,是一个不寻常的日子,在我们伟大祖国九百六十万平方公里富饶广袤的土地上,又组成了一个新的家庭。这个家庭连接着两个家族的情感,承继着先辈们的期望,这个家庭,定会引起我们长辈的抚今追昔,也会激起

在座青年人的热烈追求与希冀。这个小康之家,分享着时代的赋予,父母的期待,还有亲朋好友们慷慨无私的扶持与帮助,这个家庭的成立,有着十分重要的意义,值得我们倍加珍惜。

在这个美好的日子里,我祝愿两位年轻人美满幸福、家庭和睦、恩恩爱爱、白头偕老。希望他们用勤劳的双手,以一颗纯正、善良勇敢的心,共同去营造温馨而美好的家园。家庭永远是最好的避风港,和你的家人一起,去创造幸福美满的生活,去迎接光辉灿烂的明天吧。

让我们共同举起手中的酒杯,为两位年轻人喜结连理,也为两个家庭珠联璧合,干杯!

谢谢大家!

新婚宴会新娘母亲致祝酒词(一)

【场合】婚宴

【人物】新郎、新娘及双方的亲友、嘉宾

【祝词人】新娘母亲

【关键词】在这喜庆的日子里,我希望两位新人,精心呵护自己的爱情,打造一个温馨浪漫的家庭,创造灿若朝霞的幸福明天。

尊敬的各位来宾、各位至亲好友:

大家好!

今天,是我×家女儿与×家之子举行结婚典礼的喜庆日子。首先,请允许我代表新人及双方的家长,对各位嘉宾在百忙之中抽身前来参加婚宴表示热烈的欢迎。你们的到来为婚礼增加喜庆气氛,给两位新人送来珍贵的祝福,非常感谢大家。

此时此刻,我的心情很复杂。看着女儿从嗷嗷待哺的小婴儿成长为懂事、乖巧的大女孩,如今成为人妻,将展开人生的新旅程,身为母亲,我既有喜悦也有感伤。喜悦的是她终于找到了自己的白马王子,找到了可以相伴一生的人。感伤的是她不再与我们一起生活,朝夕相见。儿女的长大意味着父母的衰老,希望女儿结婚后,常回家看看,让我们享受天伦之乐。

常言道"一个女婿半个儿",从今天开始,我们又多了一个儿子。我的女婿××是个出色的年轻人。他为人真诚、憨厚、责任感强,并且有能力、有理想。工作认真负责,积极进取。我相信这么出色的孩子会善待我女儿一生,珍爱她直到永远,把女儿托付于他,我放心。在此,我要感谢亲家,谢谢他们培养出如此优秀的孩子。

在这喜庆的日子里,我希望两位新人,精心呵护自己的爱情,打造一个温馨浪漫的家庭,创造灿若朝霞的幸福明天。祝福他们家庭和睦,事业常旺,白头偕老,幸福美满。

嘉宾之意不在酒,在于给一对新人送上真诚的祝福,在此,请让我再次对各位的到来表示万分的感谢。此外,还要感谢主持人幽默风趣、口吐莲花的主持,使今天的结婚盛典更加隆重、热烈、温馨、祥和。

祝大家身体健康、阖家欢乐、工作顺心、万事如意!

谢谢大家的光临!

新婚宴会新郎母亲致祝酒词(二)

【场合】婚宴

【人物】新郎、新娘及双方的亲友、嘉宾

【祝词人】新郎母亲

【关键词】用爱温暖彼此的心,生活上少一些抱怨,多一些微笑,少一些苦恼,多一些乐趣。

尊敬的各位来宾:

大家好!

今天我儿子与××小姐在你们的见证和祝福中幸福地结为夫妻,我感到无比激动。作为新郎的母亲,我首先代表新郎、新娘对各位从百忙之中赶来参加他们的结婚典礼,表示衷心的感谢和热烈的欢迎!

今天,是一个不寻常的日子,因为在我们的祝福中,又组成一个新的家庭。此时此刻,我要大声地向各位亲朋好友们宣布,我的儿子遇上了生命中最适合的伴侣,他终于找到了心目中的公主!记得儿子曾经对我说过,他一定要找一个美丽善良,又温柔大方的女孩,今天,大家看到了我的儿媳××,正是这样一个人,我替儿子感到高兴!在这里,我要特别感谢新娘父母,谢

谢你们对我儿子的信任，××会用爱守护××一生，也请你们放心，你们的女儿，也是我们的女儿，我们待她会像自己女儿一样，呵护她、体谅她、支持她！

缘分使我的儿子与××小姐相知、相爱，到今天成为夫妻。从今以后，希望他们能互敬、互爱、互谅、互助，用自己的聪明才智和勤劳的双手去创造自己美好的未来。用爱温暖彼此的心，生活上少一些抱怨，多一些微笑，少一些苦恼，多一些乐趣！这也是我们做父母的对你们最大的希望。

同时，我万分感激从四面八方赶来参加婚礼的各位亲戚朋友，在十几年的岁月中，你们曾经无私的关心、支持、帮助过我的家庭。你们是我最尊重和铭记的人，我也希望你们在以后的岁月里继续关照、爱护、提携两个孩子，我们更感谢主持人的幽默热情的主持，使今天的结婚盛典更加隆重，热烈、温馨、祥和。

祝愿二位新人新婚愉快，幸福美满，白头到老，同时也希望大家在这里吃好、喝好！如有招待不周的地方，敬请各位嘉宾多多包涵。请大家共同举杯，祝各位身体健康、合家幸福，干杯！

谢谢大家的光临！

新婚宴会新娘母亲致祝酒词（三）

【场合】婚宴

【人物】新郎、新娘及双方的亲友、嘉宾

【祝词人】新娘母亲

【关键词】我衷心祝愿一对新人在今后的人生旅途中认真学习，努力工作、感恩社会、善待他人、相亲相爱、幸福一生！

敬的各位领导、各位嘉宾，亲爱的女士们、先生们、朋友们：

大家好！

今天是小女××和女婿××喜结百年之好的大喜日子。作为新娘的母亲，我感到异常的激动与喜悦。在这欢乐祥和的气氛中，在这高朋满座的婚礼现场，我想对我的女儿和女婿献上最衷心的祝福：祝你们新婚快乐！同时，谨让我代表两位新人和全家人，向在座亲朋好友的光临，表示最热烈的欢迎和最衷心的感谢。

两位孩子慢慢成长,如今终于成立了自己的家庭。这对于作为父母的我们来说,可以说是了却了一桩心愿。在这个特别的日子里,我想要对在座的各位亲朋好友表示特别的感谢,感谢你们长期以来对两位年轻人的关心和爱护、帮助和扶持,感谢你们共同见证了他们的成长,如今成为他们新婚典礼的见证人。两位年轻人的生活才刚刚开始,他们未来将要走的路还很长,恳请各位在将来一如既往地关爱和扶持这一对年轻人。他们未来生活的顺利和幸福,离不开各位的关心和帮助。

此外,我还想对未来的女婿说:从今天开始,我们正式地把我们最心爱的女儿交到了你的手中,希望你将来能够细心地照顾她,呵护她,希望你们以后恩恩爱爱、相濡以沫,共同度过人生的风雨,共同努力去营造一个幸福的家庭。

最后,我衷心祝愿一对新人在今后的人生旅途中认真学习,努力工作、感恩社会、善待他人、相亲相爱、幸福一生!

衷心祝愿各位领导、各位嘉宾、各位亲朋好友在新的一年里,合家安康、工作顺利、事业腾飞、万事如意! 谢谢大家! 干杯!

新婚宴会伴郎致祝酒词

【场合】婚宴

【人物】新人、亲友、嘉宾

【祝词人】伴郎

【关键词】时间拉不开友谊的手,岁月填不满友谊的酒。

亲爱的各位来宾、朋友们:

在今天大喜的日子,我代表××届××班同学向两位新人表示祝贺,祝二位百年好合,天长地久。

作为新郎的同学和好友,今天担任伴郎一职,我感到十分荣幸。同窗十载,岁月的年轮记载着我们许多美好的回忆。曾经在上课时以笔为语、以纸为言,谈论我们感兴趣的话题,曾经在宿舍内把酒问天,挥斥方遒,曾经"逃课"去泡网吧,回来时在老师严肃的目光下相视一笑,正襟危坐。可无论我

们怎样的"不努力",每次考试都名列前茅。

有一次和××闲聊,他说如果谈恋爱一定会去追××。如今,他成功了,如愿以偿地娶到了美丽而柔婉的××。他对爱情的执著和忠诚感染着身边的同学。

"名花已然袖中藏,满城春光无颜色。"结婚是幸福和责任的开始,也是一种更深的爱的开始,请你们将这份幸福和爱好好地延续下去,直到天涯海角、海枯石烂,直到白发苍苍、牙齿掉光!今晚璀璨的灯光将为你们作证,今晚羞涩地躲在云朵儿后的月老将为你们作证,今晚二百位捧着一颗真诚祝福之心的亲朋好友们将为你们共同作证。

面包会有的,牛奶也会有的。希望在未来的日子里,阳光洒满你们的小屋,快乐充满你们的心房。小两口的日子越过越红火,快乐常常。

最后,让我们共同举杯,祝愿这对佳人白头偕老,永结同心!干杯!

谢谢!

新婚宴会伴娘致祝酒词

【场合】婚宴

【人物】新人、亲友、嘉宾

【祝词人】伴娘

【关键词】愿你们心心相印、永结同心、相亲相爱、百年好合、永浴爱河、白头偕老、百年琴瑟、花好月圆、福禄鸳鸯。

亲爱的女士们、先生们、朋友们:

大家下午好!

伴随着阵阵和风,我们感受到了春天的气息。在这美好怡人的时刻,我们的朋友××先生和××小姐缔结了神圣的婚约,完成了他们生命中最重要的典礼。作为新娘××小姐的朋友,此时此刻,我感到由衷的激动与喜悦。

在这里,我首先祝贺新郎和新娘新婚快乐、和和美美、地久天长。同时,请允许我代表两位新人和他们的家人,向在座各位来宾的亲切光临表示最热烈的欢迎和最衷心的感谢!

凤凰双栖桃花岸,莺燕对舞艳阳春。

各位嘉宾,我是新娘的好朋友××,今天,很荣幸作为××小姐的伴娘,我手捧着鲜花,拉着新娘的头纱,伴随着音乐,缓缓走入婚礼的殿堂。

我所认识的新娘××小姐,不仅美丽可爱,而且贤惠端庄,在家里是父母的好女儿,在单位里是大家的好同事。而新郎××先生则是一位谦谦君子,他的一言一行,都受到朋友和同事们的好评。这一对新人简直是天造一对,地设一双,天赐佳偶,天作之合。

在这激动人心的时刻,我想对温柔娴静的新娘和正直善良的新郎说,愿你们心心相印、永结同心、相亲相爱、百年好合、永浴爱河、白头偕老、百年琴瑟、花好月圆、福禄鸳鸯;你们是天缘巧合、美满良缘、郎才女貌、瓜瓞延绵、情投意合、夫唱妇随、珠联璧合、凤凰于飞、美满家园;祝你们相敬如宾、同德同心、如鼓琴瑟、花开并蒂、缘订三生、鸳鸯璧合、恩恩爱爱、白头到老!

在此,请让我们共同举杯,为××先生和××小姐的恩恩爱爱、和谐美满,也为在座各位好友亲朋的幸福安康,干杯!

谢谢!

新婚宴会新郎单位领导致祝酒词

【场合】婚宴

【人物】新郎、新娘及双方的亲友、嘉宾

【祝词人】新郎单位领导

【关键词】今晚璀璨的灯光将为你们作证,今晚月老将为你们作证,今晚双方父母为你们见证,今晚在座的××位捧着一颗真诚祝福之心的亲朋好友们将为你们共同作证。

尊敬的女士们、先生们:

大家好!

祥云绕屋宇,喜气盈门庭。今天是我公司员工××先生和××小姐新婚大喜的日子,作为公司领导,我首先代表公司全体员工恭祝这对新人新婚幸福,百年好合!白头到老!早生贵子!

站在这里，我不禁想起了一句诗："名花已然袖中藏，满城春光无颜色。"结婚是幸福、责任和一种更深的爱的开始，请你们将这份幸福和爱好好地延续下去，直到天涯海角、海枯石烂，直到白发苍苍、牙齿掉光！今晚璀璨的灯光将为你们作证，今晚月老将为你们作证，今晚双方父母为你们见证，今晚在座的××位捧着一颗真诚祝福之心的亲朋好友们将为你们共同作证。另外，借此机会，我要对××的新娘说几句，××，眼光不错，××在我们单位是业务上的骨干，兢兢业业，每次都能认真出色地完成上级领导分配的任务，是领导眼中的好苗子。在生活中我相信你比我更了解他：他是个稳重、心细、宽容、体贴的好小伙，我相信你们的婚姻是天作之合，以后的人生会因为有彼此的陪伴而更加快乐，幸福！

希望两位新人在今后的生活中，孝敬父母，尊敬长辈，细心呵护他们的健康。不能因为工作、生活疏忽了父母，要时刻感恩于父母，让他们时刻感受到你们带来的快乐、幸福！

鸳鸯对舞，鸾凤和鸣。祝愿你们永结同心，执手白头，祝愿你们的爱情如莲子般坚贞，可逾千年万载不变，祝愿你们在未来的岁月里甘苦与共，笑对人生，祝愿你们婚后能互爱互敬、互怜互谅，岁月愈久，感情愈深，祝愿你们的未来生活多姿多彩，儿女聪颖美丽，永远幸福！最后，我送给两位新人四句祝福，"相亲相爱好伴侣，同德同心美姻缘。花烛笑迎比翼鸟，洞房喜开并头莲"。

来，让我们共同举杯，让幸福的美酒漫过酒杯，祝愿你俩钟爱一生，同心永结，恩恩爱爱，白头偕老！祝愿在座的各位事业顺心，万事如意，干杯！谢谢！

新婚宴会新娘单位领导致祝酒词（一）

【场合】新婚宴会

【人物】新人、亲朋好友

【祝词人】新娘单位领导

【关键词】祝愿眼前的一清一环：亲亲密密，环环相扣，同心永结，天长地久。

尊敬的各位亲友、各位来宾：

大家好！

今天既是瑞雪纷飞的新年伊始，又是×××和×××二位同志新婚大喜的良辰吉日，我们大家来参加这二位同志的新婚典礼，心里非常高兴。

大家知道，新郎是一年前刚毕业的大学生，他才华横溢，脱俗不凡，真是"腹有诗书气自华"，深受学生爱戴、同行亲近、姑娘青睐。从名字就可知道他是一位心清如水、热情奔放的小伙子。而他在那清如山泉的心田里，早已倒映着一个小玉环的情影。

新娘也像她的名字一样，是一只小巧玲珑、纯洁无瑕的玉环，她的质朴、自然、诚挚和温柔，特别是她那"回眸一笑百媚生"的无比魅力，我敢说，风华正茂的小伙子见了，没有不为之倾倒的。不过，也只有×××才有这个缘分，我为这样迷人的姑娘爱上了这位帅气而风趣的数学教师而自豪。

别看新娘只是我们粮站的职工，却能用她那美丽的玉环把×××老师的心牢牢地圈住，请相信，我们的这位华罗庚的门徒必将用白头偕老的功夫来计算她这只环的价值。

让我们共同祝愿眼前的一清一环：亲亲密密，环环相扣，同心永结，天长地久。

谢谢！

新婚宴会新娘单位领导致祝酒词（二）

【场合】婚宴

【人物】新人及所有的亲朋好友

【祝词人】新娘单位领导

【关键词】在这喜庆的日子里，愿你俩百年恩爱双心结，千里姻缘一线牵，海枯石烂同心永结，地阔天高比翼齐飞，相亲相爱幸福永，同德同心！

朋友们：

在这美好的日子里，在这大好时光的今天，我代表新娘公司在此讲几句话。据了解，新郎先生思想进步、工作积极、勤奋好学，英俊潇洒是社会不可多得的人才。就是这位出类拔萃的小伙子，以他非凡的实力，打开了一位漂亮姑娘爱情的心扉。这位幸运的姑娘就是我们公司的××。××温柔可爱、漂亮大方、为人友善、博学多才，是一个典型的东方现代女性的光辉形象。××和××的结合真可谓是天生的一对，地造的一双。我代表×公司全体员工忠心地祝福你们：金石同心、爱之永恒、百年好合、比翼双飞！

××月××日，这是个吉祥的日子。天上人间最幸福的一对将在今天喜结良缘。新娘××终于找到了自己的如意郎君，当××告诉我们这个喜庆的消息时，整个办公室都沸腾了，大家都为××的幸福感到高兴。算起来，××在我们公司已经工作了×年，作为她的领导对她的为人处世也是非常了解的。在公司里，××对工作一丝不苟、兢兢业业，总能出色地完成上级领导分配的任务，对待同事，更是体贴入微，同事有什么困难了，她尽其所能地帮助，有不错的人缘，总体来说是个懂事、美丽、大方、善良的好姑娘。

××，在我们领导、同事的眼中也是个棒小伙，不仅英俊潇洒，而且心地善良、才华出众。在我们公司里总能见到新郎的身影，在路上也偶尔能见到二位幸福的背影，可谓是模范情侣，让我们单位多少人都羡慕，今天，二位的长达×年的恋爱，修成正果，恭喜你们步入爱的殿堂！

展望新的生活，踏上新的征途，一个家庭好比一叶小舟，在社会的海洋里，总会有浅滩暗礁激流，只有你们携手并肩共同奋斗，前进路上才会有理想的绿洲。用忠诚与信赖，共同把爱的根基浇铸。

十年修得同船渡，百年修得共枕眠。无数的偶然堆积而成的必然，怎能不是三生石上精心镌刻的结果呢？用真心呵护这份缘吧。在这喜庆的日子里，愿你俩百年恩爱双心结，千里姻缘一线牵，海枯石烂同心永结，地阔天高比翼齐飞，相亲相爱幸福永，同德同心幸福长！

现在，我提议，首先向我们的新娘新郎敬上三杯酒。

第一杯酒，祝愿你们白头偕老，永结同心！干杯！

第二杯酒，祝愿你们早生贵子！干杯！

第三杯酒，祝愿你们幸福永远！干杯！

新婚宴会新娘伯父致祝酒词

【场合】婚宴

【人物】新郎、新娘及双方的亲友、嘉宾

【祝词人】新娘伯父

【关键词】婚姻是叫两个个性不同、性别不同、兴趣不同,本来过两种生活的人去共过一种生活,同吃、同住、同玩。

尊敬的各位来宾,各位朋友:

大家好!

我是新娘的大伯,在这里我代表她所有的长辈首先祝他们小夫妻生活甜美,白头到老!

在这盛大、隆重的喜庆场合,我本应多为你们祝福,多讲几句使你们高兴、愉快的话,可你们还小,不完全知道婚姻生活究竟是怎么一回事,因此作为过来人,我想借着这个说话的机会给你们一点忠告。

婚姻生活就如在大海中航行,而你们俩没有一点航海的经验。这一片汪洋,风浪、风波总会有的,如果你们还在做梦,认为婚姻生活总会一帆风顺,那就快些醒来吧。婚姻是叫两个个性不同、性别不同、兴趣不同,本来过两种生活的人去共过一种生活,同吃、同住、同玩。世上哪有口味、习惯、嗜好都完全相同的人,所以假定你们不吵架,就一点人情味也没有了。

我的侄女,我诚实地告诉你,婚姻生活不是完全沐浴在蜜汁里,你得趁早打破少女时的桃色的痴梦,竖起你的脊梁,决心做一个温柔贤惠的妻子,同时还要担负起家庭事务的重担。我的侄郎,或许你不久就会发现别人的太太更加漂亮。要清楚,你的新娘并不是仙女,她只是一个可爱的女子,能帮你度过人生的种种磨难。唯有她,才是你一生可遇不可求的稀世珍宝。而世上这样的珍宝不多,所以你要加倍地爱惜和保护她。

我已经浪费了你们许多宝贵的快乐的时光,但我还要说一句长辈的愿望之话:希望你们互相信任,互相扶持,共同走完完美的人生之路。

最后,让我们共同举杯,祝愿二位新人恩爱一生,早生贵子!

新婚宴会新郎同学致祝酒词

【场合】婚宴

【人物】新郎、新娘及双方的亲友、嘉宾

【祝词人】新郎同学

【关键词】他们两人低头私语、甜蜜非常,早把电影和我这个"第三者"忘

得一干二净了。

尊敬的各位朋友：

大家好！

今天是××大喜的日子，说起来×兄和我有很深的缘分，我们从幼儿园开始直到现在，不但是同学、同事还是同宿舍的挚友，因为我们毕业后分到一个单位又在同一宿舍住。

每次同学聚会，谈到婚姻问题，××总说他会最晚结婚，没想到他会是第一个踏进结婚礼堂的幸运儿。

前些天在街上偶然遇见他们，×兄把他的未婚妻介绍给我，当时就觉得他们是天生的一对。后来我们一起去看电影，他们两人低头私语、甜蜜非常，早把电影和我这个"第三者"忘得一干二净了。

×小姐——不，×太太，我要坦诚对你公开×先生的一个坏习惯，那就是晚上爱熬夜，我们同宿舍的人常深受其害。不可否认的，他是位很好的人。假如×兄的这一坏习惯能得到改进，你的功劳就非常之大了。

最后祝福两位健康、幸福，并且再说一声恭喜恭喜！

新婚宴会战友致祝酒词

【场合】新婚宴会
【人物】新人、亲朋好友
【祝词人】战友
【关键词】他们两位郎有才、女有貌，真是天造一对、地设一双。他们两位的结合，真可谓是天作之合、珠联璧合。

尊敬的各位来宾、朋友们：

大家早上好！今天是××××年××月××日，是我们的好战友、好同志××和新娘子××小姐结婚的大喜日子。我们大家带着兴奋、喜悦的心情共同来参加他们的婚礼。在座的所有朋友们都笑逐颜开、喜上眉梢，我们都为这对新人感到由衷的高兴。在这里，我首先代表全体战友们祝贺××同志新婚快乐。同时，谨让我代表两位新人和他们的家人，向在座各位朋友们的光临表示最热烈的欢迎和最衷心的感谢。

我们的战友××同志是一位杰出的青年,他在团里的出色表现是有目共睹的。作为我们××连的连长,他时时刻刻起着模范带头作用,不管是实战的演练,还是战术的模拟,他都成绩优异、名列前茅。在生活中,他还像兄长一样关心着我们,照顾着我们,让我们这些离家在外的人们,依然能够感受到家的温暖。对我们来说,他不仅是好连长、好战友,还是好兄长、好朋友。

今天,××同志能够找到××小姐这样一位美丽善良、温柔贤惠的好妻子,是我们所有步兵连战士的骄傲。而××小姐能够与××同志这样优秀杰出的青年结为伴侣,也是慧眼识英才。他们两位郎有才、女有貌,真是天造一对、地设一双。他们两位的结合,真可谓是天作之合、珠联璧合。

在这里,我们真诚地为新郎××和新娘××献上最真挚、最衷心、最美好的祝愿,祝你们新婚快乐!祝愿你们白头偕老、琴瑟和鸣,祝愿你们恩恩爱爱、卿卿我我,祝愿你们家庭美满,生活幸福,祝愿你们这对军哥军嫂共同为祖国的国防建设再建功勋。

让我们举起手中的酒杯,共同为这对幸福的新人,干杯!

新婚宴会同窗好友致祝酒词

【场合】结婚典礼
【人物】新人、亲朋好友
【祝词人】同窗好友
【关键词】不愿似鸳鸯卿卿我我戏浅水,有志学鸿雁朝朝夕夕搏长风。

亲爱的女士们、先生们、朋友们:

大家晚上好!

世纪开元气象新,红梅报春结良缘。

今天是××××年××月××日,是××先生和××小姐喜结百年之好的大喜日子。作为新郎和新娘的同窗好友,我此时此刻感到特别地激动与兴奋,在这里,我首先祝贺两位新人新婚快乐,同时,谨让我代表新郎新娘和他们的家人,向在座各位亲朋好友百忙中前来光临,表示最热烈的欢迎和

最衷心的感谢!

昔日同窗好友,终于到了大喜之时,几年前一同嬉笑的同伴居然已经走进了人生的另一个状态,实在欷歔。回想当年共同生活的日子,我们一同啃书本、写论文,一同逃课,一同出游,在四年的大学生活中建立下了深厚的情谊。在此,我想要对新郎××和未来的嫂子说一声:祝你们天长地久,幸福到永远。

我们的新郎和新娘作为大学里的同窗,有着最深厚的情感基础,如今,他们共同创业,必定能够在不远的将来撑起一片共同的蓝天。不愿似鸳鸯卿卿我我戏浅水,有志学鸿雁朝朝夕夕搏长风。愿他们在漫漫人生路上相依相伴,相濡以沫,休戚与共,风雨同舟。愿你们像荷花并蒂相映红,如海燕双飞试比高。

最后,让我们共同举杯,为新郎新娘的新婚快乐、幸福美满、恩恩爱爱、白头偕老,也为在座各位的家庭幸福安康,干杯!

新婚宴会男嘉宾致祝酒词(一)

【场合】婚宴

【人物】新人、亲朋好友、来宾

【祝词人】男嘉宾

【关键词】所谓美满幸福的家庭,是指以爱情为基础,能够有效处理家庭成员之间、家庭与社会之间关系的和睦家庭。

尊敬的各位来宾,各位朋友,女士们、先生们:

大家好!

很荣幸参加××先生和××小姐的结婚典礼,此时此刻,我既被他们的幸福所感染,又被他们的真爱所打动。婚礼是一个人一生之中最渴望、最幸福的时刻,看到他们与自己所爱的人牵手步入神圣的殿堂,看到他们甜蜜的微笑、幸福的泪花,真的让我很感动,同时也让我有所思考:什么是幸福美满的家庭? 它包含哪些内容?

所谓美满幸福家庭,是指以爱情为基础,能够有效处理家庭成员之间、家庭与社会之间关系的和睦家庭。无论是婚姻还是家庭,都因爱而缔结,因爱而发展。爱是家庭的轴心,家庭是爱的摇篮。夫妻之间是真爱,父亲爱儿女谓之父爱,母亲爱儿女谓之母爱,子女爱父母谓之敬爱,兄弟姊妹之爱可谓友爱。爱是联络家人感情、沟通思想、相互理解体贴的手段和方法,也是使社会健康发展的重要条件。现在的人越来越懂得:只有在自尊自爱的基础上才能去爱别人。一个连自己都不会爱的人,如何能爱别人? 只有正确理解了自尊观念的人,他的爱才是真诚的、深刻的、厚实的。尊老使老人心安快乐,爱幼使儿童天真活泼。尊老爱幼、夫妇和顺,家庭成员间才能和谐生活,家庭才能稳定。所以,只有以爱为基础的家庭才是道德的、和谐的幸福家庭。

在此,我真诚地祝愿两位新人能以真爱为基础,共同打造一个温馨浪漫、幸福洋溢的家庭。也希望在今后的人生旅途上,你们能彼此鼓励,互相扶持,终生不渝。

最后,让我们举起酒杯! 再次祝愿二位新人新婚快乐!

谢谢!

新婚宴会男嘉宾致祝酒词(二)

【场合】婚宴

【人物】新人、亲朋好友

【祝词人】男嘉宾

【关键词】于茫茫人海中找到他(她),分明是千年前的一段缘;无数个偶然堆积而成的必然,怎能不是三生石上精心镌刻的结果呢?

亲爱的女士们、先生们、朋友们:

大家好!

好事春风湖上亭,柳条藤蔓系爱情。

今天是同事××儿子的大喜日子,我得以参加盛会,万分荣幸。在此,我谨向他们表示衷心的恭贺和美好的祝愿,向养育他们成长成才的双方父母、亲朋和前来贺喜的各位来宾、好友致以真诚的谢意与问候!

俗话说:十年修得同船渡,百年修得共枕眠。二位新人可谓郎才女貌,佳偶天成。于茫茫人海中找到他(她),分明是千年前的一段缘,无数个偶然

147

堆积而成的必然,怎能不是三生石上精心镌刻的结果呢?真心呵护这份缘吧!

我希望你们的婚姻像"××大厦"一样天长地久!祝愿你们像一首诗,总是温馨浪漫、充满激情。有人说新婚像幅画,我祝愿你们这幅画,总是山清水秀、风和日丽。但是,面对真实生活需要知道,婚姻不仅仅是诗,也不仅仅是画,更多的是锅碗瓢盆、柴米油盐酱醋茶。

各位来宾,相聚都是知心友,开怀畅饮舒心酒。让我们举起手中的酒杯,一起祝福这对新人新婚快乐,百年好合,永结同心。同时祝愿各位亲朋好友抱着平安,拥着健康,揣着幸福,搂着温馨,带着甜蜜,伴着浪漫,牵着财运,拽着吉祥,迈入幸福之门。干杯!

新婚宴会女嘉宾致祝酒词

【场合】新婚宴会

【人物】新人、亲朋好友

【祝词人】女嘉宾

【关键词】婚姻是神秘的,幸福的生活等待着你亲自去开启。

亲爱的各位女士们、先生们,朋友们:

大家晚上好!

牡丹丛中蝴蝶双舞,荷花塘内鸳鸯对歌。

今天是××××年××月××日,是××先生与××小姐牵手结对的大好日子。作为你们的朋友,我很高兴看到你们携手步入神圣的婚姻殿堂。在这洋溢着浓浓喜气的礼堂里,在这温馨浪漫的殿堂中,我衷心地祝贺你们新婚快乐!祝愿你们共同营造起一个幸福美满的小家庭。同时,也谨让我代表两位新人和他们的家人,向在座各位亲朋好友的光临,表示热烈的欢迎和深深的谢意!

三个月之前,我和新娘××小姐一样,站在鲜花簇拥的礼堂里,接受来自亲友们的祝福,带着紧张的心情准备进行结婚典礼这个人生中最重要的仪式。回想当初,那温暖的一幕幕至今仍历历在目。

如今,我已拥有了三个月的婚姻体验,我以一个"过来人"的身份在这里和新娘子谈谈作为新嫁娘,身为人妻的种种。

曾经,我和每一个女孩子一样对婚姻充满了幻想。婚姻的大门对我来说既森严又神秘,但又因着它的神秘而充满了浪漫和梦幻的色彩。之前,我一直认为,结婚就是王子骑着白马,带着身着白纱的公主一同奔向遥远而又幸福的地方。而如今,我切切实实地体验到了婚姻生活。它和我想象中有很大或者可以说简直是天差地别。为妻三个月,我才明白嫁一个人,就是:刚蒙蒙亮的清早,在一阵清脆的闹钟声里,揉揉惺忪的睡眼,爬起床,第一缕晨光,悄悄地去做好早饭,然后柔声地叫醒还在睡梦中的他。这种感受,既新奇又陌生,然而在我履行这一切为人妻的义务时,总是隐隐地感受到一种沉甸甸的满足感。我想,这大概就是家的温暖吧。

婚姻生活是一门深奥的学问,需要用一生去仔细学习和体会。踏入婚姻门槛只有三个月的我,还未全然感受到婚姻的滋味,此时此刻的我内心充满了好奇,对于这其中的每一种感受,都想细细地去品尝,去体味。

××小姐,即将成为人妻的你,此时一定也充满了期待吧。婚姻是神秘的,幸福的生活等待着你亲自去开启。在这里,我祝你好运,希望你能够充够充分尝尽其中的滋味,达成你生命的完满!干杯!

谢谢大家!

新婚宴会新郎母亲的朋友致祝酒词

【场合】婚宴

【人物】新婚夫妇及亲朋好友

【祝词人】新郎母亲的朋友

【关键词】祝愿这对新人抱着平安,拥着健康,揣着幸福,搂着温馨,带着甜蜜,伴着浪漫,迈入幸福之门。

女士们、先生们、朋友们:

大家好!

今天是在××和××结婚的大喜日子,说实话,当我听到这个消息时,高兴地哼着小曲,扭起了秧歌,我实在太高兴了。首先,我代表××的父母,向前来贺喜的各位来宾、好友表示真诚的谢意与问候!

××，这孩子虽说不是我的儿子，但他已经胜似我的儿子。新郎××是一个既稳重，又有才华的好孩子。××年前，我和××的家同住一个大院，那时候，××就表现出了同龄孩子所没有的懂事，家里有什么脏活累活他都争着干，不让妈妈受一点苦、一点累。不仅仅在自己家，我家有什么活，他也帮着干。而且这孩子特听话，学习上一直名列前茅。上大学后回家的次数很少，但他对父母的关心一点也不减。大学期间自己打工挣学费，说是给家里减轻负担。毕业后，他从事的工作更是不错，现在在××××单位就职，收入稳定，前途光明。

新娘，我是今天第一次见到。不光人长得漂亮，听她说话、做事，我就发现她是个贤惠人。××，阿姨告诉你，你的眼光没错，××是万里挑一的好小伙。你们俩郎才女貌、天生一对，阿姨祝福你们！俗话说：十年修得同船渡，百年修得共枕眠。阿姨希望你们结婚以后生活上，互敬、互爱、互助、互信、互谅、互让、互勉、互慰，工作上，爱岗敬业，完善工作能力，勤恳工作，以勤为本，以勤为荣，营造出和谐和睦、富裕殷实的小家庭。也希望你们孝敬父母，尊敬长辈，善待老人，工作之余常回家看看，为老人分忧解难。

现在，请大家举起酒杯，祝愿这对新人抱着平安，拥着健康，揣着幸福，搂着温馨，带着甜蜜，伴着浪漫，迈入幸福之门！愿在座的各位身体健康，阖家欢乐！干杯！

新婚宴会远房亲戚致祝酒词

【场合】新婚宴会

【人物】新人、亲朋好友

【祝词人】远房亲戚

【关键词】看到你们与自己所钟爱的人携手步入了圣洁的婚姻殿堂，看到你们挂在脸上的幸福的笑容，以及激动的泪花，我们的心中盛满了祝福，盛满了感动。

亲爱的女士们、先生们、朋友们：

大家晚上好！

今天是××××年××月××日，是个特别的日子。在这幸福的日子里，××先生和××小姐手携着手，踏着轻快而悠扬的婚礼进行曲，在众人的殷切注视下，带着美好的祝愿，迈入了神圣的婚姻殿堂。在这里，我首先向新郎和新娘衷心地道一声：祝你们新婚快乐！同时，谨让我代表两位新人和他们的家人，向在座各位来宾朋友们的亲切光临，表示最热烈的欢迎和最衷心的感谢。

作为你们的远方亲戚，我很高兴能参加你们的婚礼，更加荣幸的是能够在这里向你们表达祝福。你们是一对幸福的恋人，你们之间的真爱深深地感染着周围的人。我们都被你们的情谊所深深地打动。

婚礼之后，新郎××先生即将踏上支援边疆建设的旅程，而新娘××小姐则在这里默默地打理家庭，照顾老人，耐心地等待丈夫的归来。如今，你们勇敢地举行了这次婚礼，是彼此之间真挚的爱给了你们如此之大的勇气。

看到你们与自己所钟爱的人携手步入了圣洁的婚姻殿堂，看到你们挂在脸上的幸福的笑容，以及激动的泪花，我们的心中盛满了祝福，盛满了感动，感谢你们为祖国边疆建设所作的付出，感谢你们以自身的实际行动，告诉了我们什么是真爱。

一想到这浪漫婚礼之后，新郎和心上人就要天各一方，我便不由得心生敬佩。相信你们的真爱，一定能够打动上天，相信你们在未来，一定会获得美满而甜蜜的幸福。

朋友们，让我们共同举起手中的酒杯，为××先生和××小姐情比金坚的爱情，为他们拥有幸福而美好的明天，干杯！

谢谢大家！

金婚典礼女儿致祝酒词

【场合】金婚典礼

【人物】父母亲、亲朋好友

【祝词人】女儿

【关键词】五十年来，他们经历了多少风风雨雨、世事变迁。然而，唯一不变的，是他们相濡以沫的真情。

亲爱的爸爸、妈妈，各位亲朋好友、父老乡亲：

大家下午好！

今天是我的父亲母亲结婚50周年的金婚纪念日，首先，我代表全家人向各位的到来表示最热烈的欢迎和最衷心的感谢！

爸爸、妈妈在50年前缔结幸福的婚约，50年来，他们经历了多少风风雨雨、世事变迁，然而，唯一不变的，是他们相濡以沫的真情。

这50年来，他们品尝过无数次成功的喜悦和失败的泪水。这无数次的考验使妈妈从一个纯真的少女成长为一个伟大的母亲，而爸爸则从一个血气方刚的青年成长为家庭的支柱。他们用心维护和经营着这个家庭，尽心尽力地哺育和培养我们这四个儿女。

如今，儿女们都长大了，也各自成立了自己的家庭，父母布满沧桑的脸庞上也充满了慰藉的深情。他们是模范的夫妇，也是伟大的父母，他们所做的一切，将是我们后代学习的楷模。

父母携手走过50年的春华秋实，花开花落，如今迎来了金婚的庆典，我们祝愿他们的爱情长长久久、和和美美，愿父母晚年健康快乐。在未来的道路上，相依相伴，共同缔造更加美好的明天！

请让我们共同举杯，为父亲、母亲的金婚快乐，为他们的身体健康，为他们的幸福快乐，也为在座各位的幸福安康，干杯！

钻石婚典礼主持人致祝酒词

【场合】钻石婚纪念日

【人物】一对老夫妇、亲朋好友

【祝词人】主持人

【关键词】60年来，他们举案齐眉，相敬如宾，经过这么长的岁月，仍然相依相伴，相互扶持，正所谓"最浪漫的事，就是和你一起慢慢变老"，这是多么温馨美好的一种情愫。

尊敬的来宾、朋友们，亲爱的女士们、先生们：

大家晚上好！

今天，是××先生和××女士结婚60周年的钻石婚纪念日。"白发同偕百岁，红心共映千秋。"两位老人携手走过了60年的风风雨雨，共同迎来了如今这个大好日子,真是让人无比欣羡,亦无比感动。让我们首先向他们致以最衷心的祝福,祝愿他们和和美美、健健康康,钻石婚快乐!同时,我也代表两位老人和他们的家人,向在座各位来宾的亲切光临,表示最热烈的欢迎和最诚挚的谢意。

60年,是多么漫长的一段岁月,其中珍藏了多少的苦辣酸甜,多少的动人的回忆!60年前,两位老人结发成为夫妻,从那一刻起,他们就在心中许下了白头偕老的誓言。60年来,他们严守承诺,真诚地对待婚姻,用心地经营爱情。尽管韶华老去,但是永远不老的,是他们如钻石般熠熠闪光的真爱,如钻石般永不磨灭的誓言。他们以实际行动,用60年的时间,谱写了一曲最动人的乐章。

钻石恒久远,爱情比金坚。60年来,他们举案齐眉,相敬如宾,经过这么长的岁月,仍然相依相伴,相互扶持,正所谓"最浪漫的事,就是和你一起慢慢变老",这是多么温馨美好的一种情愫。六十载风雨同舟,他们的爱情经过风雨的洗礼,愈发显得光辉靓丽。

天上月圆,人间月半,月月月圆逢月半,除夕年尾,正月年头,年年年尾接年头。

人生六十古来稀,60年的钻石婚,稀罕复可贵。试问天底下有多少爱侣能够有这么大的福气。十年修来同船渡,百年修来共枕眠,60年的婚姻,需要经历多少个轮回的修行。60年牵手情,人生稀少,真是可喜可贺。

今天,在这美好的时刻,高朋满座,两位老人儿孙满堂,人生最大的幸福亦不过如此。愿这样的盛况年年在、月月有,愿这一片喜庆祥和永远地围绕在我们身边。

值此钻石婚宴会之际,我再次恭祝两位老人福如东海长流水,寿比南山不老松。让我们举起手中的酒杯,为两位老人的健康幸福,也为人世间忠贞不渝的爱情,干杯!

军人婚宴团长致祝酒词

【场合】部队婚宴

【人物】新人、部队领导、嘉宾、战友

【祝词人】团长

【关键词】真正美好的婚姻应该是事业的最有力的支柱,而非阻碍。

亲爱的各位领导,同志们:

大家晚上好!

今天,我们绿色的军营披上了红色的盛装。又一对新人,在我们的共同见证下完成了他们生命中最重要的仪式。在此,谨让我代表各位战友向两位新人致以最真诚的新婚祝福,祝愿他们新婚快乐!

新郎××是我们团的一名优秀的战士,他在训练上争当标兵,在学习上处处领先,是我们的好战友、好同志和好朋友。新娘××是来自××市的一名人民教师,她不仅在工作中兢兢业业,取得了有目共睹的成绩,在生活中勤劳和善,受到了周围人的好评。

人们常说:军人的职业意味着牺牲,军人的妻子意味着奉献。而新娘××却深深理解身为一名军人的责任和使命。她体谅丈夫的工作,不惧距离的遥远,还给予了他许许多多的支持和鼓励。我们相信,新娘一定能够成为一名合格的军嫂。作为××的团长和战友,就姑且让我倚老卖老,以一名"过来人"的身份向你们提出几点希望吧。

首先,我希望你们在今后的婚姻生活中能够恩恩爱爱、和睦相处。婚姻是一门很大的学问,需要小两口一起用心去摸索,去学习。我希望你们之间相互包容、相互体谅,早日领会婚姻和爱情的真谛。

其次,我希望你们在婚姻的甜蜜中不忘事业的责任。真正美好的婚姻应该是事业的最有力的支柱,而非阻碍。身为军人和教师,你们更应当明白自己肩头上的责任。愿你们相互学习、相互鼓励,在事业上如荷花并蒂,如海燕双飞。

最后,老调重弹,我希望你们谨遵计划生育的基本国策,争当人民的楷模。

让我们举起手中的酒杯,为这对新人的恩恩爱爱百年好合,欢欢喜喜千朝同乐,干杯!

再婚婚宴新人同事致祝酒词

【场合】再婚宴会

【人物】新人、嘉宾、亲友、同事

【祝词人】同事

【关键词】两个历经沧桑的人,将更加懂得珍惜,更加明白该如何好好经营自己的婚姻和爱情。

亲爱的女士们、先生们、各位来宾朋友:

大家晚上好!

今天是××先生和××小姐喜结良缘的大喜日子,在此,我首先向他们致以最衷心的祝福,此外,谨让我代表两位新人,向在座的各位远道而来的亲朋好友们表示热烈的欢迎和深深的谢意。

在这美丽的春光中,××先生和××小姐乘着和煦的春阳和柔和的春风,满心欢喜地步入了婚姻的殿堂。他们像所有的新人一样沉浸在新婚的幸福中,向往着婚姻生活的美好。同时,他们比其他的新人们又多了一份珍惜感悟。

××先生曾经有过一段并不成功的婚姻,如今,他收拾起离婚后的失落心情,朝气蓬勃地迎来了人生的第二春,我们都分外地为他感到高兴。××小姐知书达理、性情温婉,由于性格较为内向,一度错过了最佳的择偶期,如今,她遇到了成熟稳重,脾气、性情都十分投合的××先生,终于得到了幸福的归宿。

有人认为第二次的婚姻难免不够完满,然而他们哪里知道它所独具的优势和魅力。正所谓迟来的春天也是春天,两个历经沧桑的人,将更加懂得珍惜,更加明白该如何好好经营自己的婚姻和爱情。再婚的男士沉稳内敛,具有很强的责任感。他懂得关心和照顾自己的妻子和家人,遇到矛盾时知道该如何化解。我们的朋友××先生就是一个典型的例子。他不仅事业有成,还具成熟男性的魅力。沉静温柔的××小姐遇到了××先生,不仅受到

了无微不至的关怀，还从他身上懂得了什么是爱。而××先生在经历了之前的不幸之后最需要的恰恰是来自××小姐的温婉的呵护和体贴。你们说，这不正是天造一对、地设一双么！

××先生和××小姐有幸在多年的寻寻觅觅之后找到了自己的另一半，我们在此再次祝愿他们恩恩爱爱、地久天长。

亲爱的朋友们，让我们共同举杯，为××先生和××小姐的新婚快乐，也为在座各位的幸福吉祥，干杯！

第三节 婚宴祝语总结

一世良缘同地久，百年佳偶共天长。

映日红莲开并蒂，同心伴侣喜双飞。

日丽风和桃李笑，珠联璧合凤凰飞。

蓬门且喜来珠履，侣伴从今到白头。

连理枝喜结大地，比翼鸟欢翔长天。

祝你们永结同心，百年好合！新婚愉快，甜甜蜜蜜！夫妻恩恩爱爱到永远！

他是词，你是谱，你俩就是一首和谐的歌。天作之合，鸾凤和鸣。

两情相悦的最高境界是相对两无厌，祝福一对新人真心相爱，相约永久恭贺新婚之喜！

你们本就是天生一对，地造一双，而今共偕连理，今后更需彼此宽容、互相照顾，祝福你们！

让这缠绵的诗句，敲响幸福的钟声。愿你俩永浴爱河，白头偕老！

由相知而相爱，由相爱而更加相知。人们常说的神仙眷侣就是你们了！祝相爱年年岁岁，相知岁岁年年！

相亲相爱幸福永，同德同心幸福长。愿你俩情比海深！

愿你俩恩恩爱爱，意笃情深，此生爱情永恒，爱心与日俱增！

海枯石烂同心永结，地阔天高比翼齐飞。

好事连连，好梦圆圆，合家欢乐，双燕齐飞。

美丽的新娘好比玫瑰红酒,新郎就是那酒杯。恭喜你,酒与杯从此形影不离!祝福你,酒与杯恩恩爱爱!

灯下一对幸福侣,洞房两朵爱情花。金屋笙歌偕彩凤,洞房花烛喜乘龙。

愿快乐的歌声永远伴你们同行,愿你们婚后的生活洋溢着喜悦与欢快,永浴于无穷的快乐年华。谨祝新婚快乐!

愿你俩用爱去挽着对方,彼此互相体谅和关怀,共同分享今后的苦与乐。敬祝百年好合,永结同心!

第七章　今日同饮庆功酒——庆功篇

第一节　庆功祝酒词的写作

"今日同饮庆功酒,壮志未酬誓不休。"——京剧《智取威虎山》

单位、群体或个人在一定时期的工作或特殊事件中作出了重要贡献,事迹突出,成为榜样,其上级领导为了宣传典型,弘扬先进精神,从而号召有关单位进行学习,这时就会举办庆功宴会,对其给以表彰奖励。

庆功、表彰祝酒词一般是机关、团体和企事业单位领导在庆功大会、表彰大会上发表讲话时使用的。其主要特点就是"热烈、欢快、隆重",这类祝酒词的文字要朴素、简洁,言词要热烈,内容要充分体现出被庆功的事项和被表彰者的功劳。

庆功祝酒词一般由称呼、开头、正文组成。

称呼:宜用亲切的尊称,如"亲爱的朋友"、"尊敬的领导"等。

开头:点明庆功宴会的主题。

正文:也是庆功祝酒词的主要内容,一般由事迹、评价、表彰决定和号召学习四部分组成。

庆功祝酒词的要求:(1)内容要充实。在正文部分,如果要叙述表彰对象的主要事迹并进行评价,对事迹的叙述要实事求是,客观真实,概括地反映出受表彰对象的主要先进事迹;对先进事迹的评价更要恰如其分,切忌说过头话。学习的内容是对具体事迹的本质概括,要以具体事迹为基础,概括反映其先进本质,不能凭空想象或移花接木。(2)语言要庄重、精练。在语言上要能够体现严肃、庄重、振奋、鼓舞士气的特点。

第二节　庆功宴祝酒词范文欣赏

升学宴会祝酒词

【场合】家庭庆功宴

【人物】家庭成员、亲朋好友

【祝词人】哥哥

【关键词】一个人只会关注别人，却不注意自己。聪明的人就是会反省错误，吸取教训，然后坚决忘掉过去，从零开始，以更大的劲头、更热忱的心态去弥补损失，而不是一味地指责别人。

亲爱的弟弟：

　　哥哥恭喜你考上大学！也感到非常的高兴。今天，借着这个庆功宴，哥哥有些话想对你说。生活中，我们习惯把自己的短处隐藏起来，口中念念有词地说着别人的缺点。用不同的眼睛看自己和别人。殊不知在交际中，我们对待别人的态度直接影响别人对我们的态度。当你指出周围人的不足时，就可能觉得处处有人与自己作对，这时不妨反省一下自己平时的态度和行为，从心理上做出改变。

　　首先，要有自知之明。要了解自己行为的得失，则必须用"自知"的镜子来自照。反省如同一面明镜，在反省的明镜中，自己的本来面目将显现无余。一个人眼睛不要总是盯着别人，重要的是要先认识自己，从反省中认识自己，从自知的镜子中了解自己的真面目。

　　其次，要知过能改。一个人有过错不要紧，只要能改就好，如果有过错而不肯改，这就是大过错。有些人犯了错，却不肯承认，因为他怕因此而失了面子。如果能够消除傲慢的习气，就会生出悔过自新的勇气来。时常反省自己的过失，发现了错误，就要痛痛快快的及时改正。这就像害了盲肠炎的病人，就要把那段病肠割掉，以除后患。一个人有了过失，也要用反省、忏悔的快刀把它切除。

第二部分　祝酒词实例

马来西亚有句谚语："天上的繁星再多也数得清,自己脸上的煤烟却看不见",意思就是:一个人只会关注别人,却不注意自己。聪明的人就是会反省错误,吸取教训,然后坚决忘掉过去,从零开始,以更大的劲头、更热忱的心态去弥补损失,而不是一味地指责别人。

弟弟,希望你能记住哥哥今天说的话。在大学的生活中,要努力提高自己,不要一味挑剔他人。打磨最优秀的自己,你才能走好未来的路。

来,哥哥敬你一杯,祝你学业有成、身体健康、吉祥如意,干杯!

子女升学祝酒词(一)

【场合】庆祝宴会

【人物】家人、亲朋好友、同学

【祝词人】母亲

【关键词】难忘今宵,今宵一醉陪君子! 敬请各位开怀畅饮,祝愿大家万事如意!

各位来宾,女士们、先生们:

今夜灯火辉煌,喜气满堂。所有的辉煌和喜气,都源于在座各位的光临和捧场! 请允许我代表全家,对各位的光临表示热烈的欢迎和衷心的感谢!

我儿子××今年参加高考,已被××大学××专业录取,将于本月中旬前往报到。这成绩凝聚着他十年寒窗的心血,可谓来之不易,我们全家为他感到高兴。多年以来,各位亲朋和长辈给予××热情的关怀、积极的鼓励和无私的帮助,为他的健康成长铺平了道路。今天,我们谨以薄酒一杯表示诚挚的谢意。

考取大学是人生旅程的重要里程碑。我相信××一定不会辜负在座各位的殷切厚望,定会勤学知识,苦练本领,获得回报长辈、回报社会的修养和资本。借此机会,我也想对儿子××鼓励一声:加油!

满怀感激,感激化作杯中酒;难忘今宵,今宵一醉陪君子! 敬请各位开怀畅饮,祝愿大家万事如意!

谢谢!

子女升学祝酒词(二)

【场合】酒宴

【人物】师生、亲朋好友

【祝词人】母亲

【关键词】女儿,妈妈看见了你挑灯夜读的忙碌身影,看见了你日复一日的付出,感受到你坚毅执著的信念。

亲爱的老师、同学、朋友们:

大家好!我是××同学的母亲,首先,我代表全家对各位的到来致以诚挚的祝福和热烈的欢迎。同时,由衷地对大家说一句:"感谢老师、同学,多年来对我女儿的关心和帮助,谢谢你们!"

当我收到女儿的录取通知书时,感到非常高兴,我为有这样一个女儿感到光荣!女儿,妈妈看见了你挑灯夜读的忙碌身影,看见了你日复一日的付出,感受到你坚毅执著的信念。"一分付出,一分收获",女儿,你终于如愿以偿考取了理想中的大学。妈妈恭喜你!

俗话说"一日为师,终身为父"。如果没有各位老师的辛勤耕耘,没有各位老师的细心呵护,就没有我女儿今天的成绩,在此,我代表我的女儿向各位老师敬上三杯酒。第一杯酒,感谢老师恩深情重!第二杯酒,祝贺老师身体健康!第三杯酒,祝愿老师事业顺心,合家欢乐!

再次,我想对××的同学表示衷心的感谢。同学间互相鼓励,互相安慰,纯真的友谊是你们彼此之间必不可少的加油站。祝你们的学业如日中天,祝你们的友谊天长地久!

女儿,你考取了×××大学,从此开始新的旅程,但也意味着你将远离父母,远离家乡,独自走上人生的旅程。妈妈相信你,你能应对一切!

今天的酒宴,只是一点微不足道的谢意。现在我邀请大家共同举杯,为今天的欢聚,为我的女儿考上理想的大学,为我们的友谊,为所有人的健康、快乐,干杯!

家族晚辈升学祝酒词

【场合】学子宴

【人物】家人、老师、同学

【祝词人】长辈

【关键词】今天的学子宴将是一个新朋老友相聚的宴会。

女士们,先生们,各位嘉宾,各位亲友:

大家晚上好!

在这五谷丰登的金秋时节,大家带着对高考骄子的祝福,欢聚在这里。热烈祝贺××同学以优异的成绩考入他理想的××大学。

今天的学子宴是一个新朋老友相聚的宴会,是一个传递喜悦的宴会。请允许我代表××全家向百忙中赶来参加这次晚宴的各位亲友致以最诚挚的谢意!

俗话说:"穷人家的孩子早当家。"××从小立志成才,凭着聪明的头脑和勤奋的学习,从小学到高中一直在全校名列前茅。经过十余载的寒窗苦读,××今天终于实现了他的梦想,此时此刻××同学心情很激动、很复杂,纵有千言万语不知从何表达,最好的语言不如最实际的行动。下面请××向父母和在座的各位深深地鞠上三躬,一鞠躬感谢父母的含辛茹苦!二鞠躬感谢恩师的教诲,同窗的帮助!三鞠躬,感谢亲朋好友的关爱和支持!

今天是孩子的升学宴会,也是××家族诚请大家的感恩酒会。身为长辈,请允许我代表××全家再次感谢大家能够在百忙中前来参加这个答谢宴会,朋友们,让我们斟满酒,共举杯,衷心祝愿××同学百尺竿头,更进一步,学业有成,早日成为国家的栋梁!同时,也诚挚地祝愿所有的来宾和朋友们工作顺利,生活美满,身体健康,万事如意!举起这杯酒,幸福在心头,让我们与××全家共同分享这美好的时光。

企业庆功会祝酒词(一)

【场合】庆祝宴会

【人物】领导、嘉宾

【祝词人】××进出口公司总经理×××

【关键词】祝愿贵厂更加兴旺发达!

尊敬的各位领导、各位来宾,女士们、先生们:

大家好!

首先,请允许我代表××进出口公司全体员工,并以我个人的名义,向贵厂成立××周年表示热烈的祝贺!

贵厂技术力量雄厚,已建成年产×米的××生产线,生产着××多种适销对路的产品。贵厂成绩卓越,生产高速发展,与建厂初期相比,200×年工业总产值增长3倍,销售收入增长5倍,"××"纱洗真丝获×××年全国消费者信得过产品金奖,"××'牌麦尔登呢获×××年国家银质奖,"××"牌精纺华达呢获×××年国家金质奖。贵厂建厂××年,取得了巨大的成就,为繁荣我国经济作出了贡献,可喜可贺!

最后,祝愿贵厂更加兴旺发达!也祝愿××进出口公司全体员工身体健康!干杯!

企业庆功宴祝酒词(二)

【场合】"三生公司"年终庆功宴

【人物】公司领导、全体职工

【祝词人】公司高级经理

【关键词】让我们在这里举杯祝福,唱出心中的赞歌,舞动醉酒的探戈。心相连,风雨并肩,未来不再遥远!

朋友们、兄弟姐妹们:

大家好:

当我踏上这方绚丽的舞台,我想对你们说:我"三生"有幸!也许我们从

未谋面,也许我们并不知道彼此姓甚名谁,是"三生"将你、将他、将我邀约在这里,从此我们同在一个屋檐下,不说两家话。我们用爱心共同构建了这个以"三生"为大本营的家,它是一个崭新的家族和部落,一个全新的集体和团队。它让我们拥有一个共同的名字,那就是——姓三,叫生。指不定下次见面我们就会这样招呼:Hello! Sansheng,goodmorning!

时尚、浪漫、亲切、引领潮流、追赶潮头,这就是怀揣梦想的三生人,我们将从这里起航扬帆远行! 是啊! 甜蜜的梦啊! 谁都不会错过,我们手拉手啊想说的太多!

过去的××××年是一段大喜大悲、风雨兼程的日子,南方冰雪、汶川地震,由金融危机衍生的经济危机,股市崩盘、楼市缩水,国际国内经济每况愈下,旷日持久地被金融海啸的寒流团团围困。

然而,我们"三生"人迎来的是一个风和日丽的暖春,一个接一个的高级经理应运而生,从一星到三星,如日中天,所向披靡!

在过去的日子里,成的成,败的败,无论成还是败,"三生"人都会海纳百川,最大限度地宽容和包容,欢迎你,接纳你,只要你勇敢地迈出这艰难的第一步,路就在脚下,好戏就在明天!

论成败,人生豪迈,大不了从头再来!

与"三生"携手,我们痴情不改! 与"三生"结伴,我们义无反顾! 与"三生"同行,我们无怨无悔!

来吧! 亲爱的朋友们! 让我们在这里举杯祝福,唱出心中的赞歌,舞动醉酒的探戈。心相连,风雨并肩,未来不再遥远! 干杯!

企业庆功宴祝酒词(三)

【场合】在阶段性庆功酒会

【人物】公司领导、员工代表

【祝词人】公司经理

【关键词】

各位同事:

首先,我要说今天的成功来源于我们大家的团队协作,我们为了同一个目标,互相包容,各自发挥所长。你们知道我什么也不懂,所以让我做这种发号施令的角色,谢谢!

从下周开始,我们的主要任务是"深化应用",争取早日通过 SG186 验收。同时,我们要做的另一件事是深化、升华我们的感情。过去的 14 个月太忙了,任务一个接着一个,很多事情我们没有来得及做。张总是个预言家,他说我们的工作要"五加二、白加黑",我开始还有点不相信,现在我彻底明白了什么叫缺氧不缺精神。阶段性成功已经取得,从下周开始,我们要多关心家人、朋友、同事,还有我们的关键用户,分享关爱、知识。

让我们举杯,为公司和感情的升华而干杯!

企业庆功宴祝酒词(四)

【场合】×××化工有限公司庆功宴

【人物】公司领导、员工代表

【祝词人】公司董事长

【关键词】一文一武、一张一弛、密切配合、通力协作、乐于奋斗。

各位同事,不! 各位英雄,各位创造奇迹的人们:

今日设宴为各位庆功! 首先,我向糠醛分厂取得了四、五、六三个月,月月高产,三破记录,并首次突破 190 吨大关的伟大胜利表示衷心的祝贺。我为你们的辉煌业绩感到自豪,我为糠醛分厂这样的英雄团队和糠醛员工这样的英雄而骄傲。

同样的天、同样的地、同样的设备、同样的工艺,为什么有不一样的业绩? 因为有不一样的体制、不一样的企业文化和不一样的思想行为。

我们糠醛分厂有一个团结奋斗、专注执著、不断超越、敢拼能胜的优秀领导班子:上有×××、×××两位厂长,一文一武、一张一弛、密切配合、通力协作、乐于奋斗;中有生产部×××、×××主任,埋头苦干、勤恳如牛、紧跟时代、奋斗不已;下有兵头将末的各位班组长们以及其他职能部门的负责人,你们是糠醛分厂这个英雄团队的精英,你们是企业的台柱子! 我因你们而自豪,你们因企业而荣光。我对未来更加充满信心,对事业更加豪情万丈。我对糠醛事业更加热爱,我们不仅仅在家乡搞建设,我们还要到外地建

165

厂创业,要把糠醛事业进行到底。

现在我提议,为了美好的明天,干杯!

项目开工庆祝会祝酒词

【场合】宴会

【人物】××市领导、×建筑集团施工人员代表、市民代表等

【祝词人】××市领导代表

【关键词】建设××大桥是我市招商引资取得的重大成果,这一工程的开工有力地促进×市富民、便民、强市目标的实现,它将成为全市经济发展进程中的一个重要里程碑。

尊敬的各位领导、各位来宾,同志们、朋友们:

大家下午好!

今天,我们在这里隆重举行×市××大桥开工典礼,这是全市××万人民期待已久的大喜事! 在此,我谨代表××市委、××市人民政府,向莅临活动的各位领导、各位来宾表示热烈的欢迎! 向本次活动的组织者表示衷心的感谢!

建设××大桥是我市招商引资取得的重大成果,这一工程的开工有力地促进×市富民、便民、强市目标的实现,它将成为全市经济发展进程中的一个重要里程碑。××大桥计划施工×月,预计投资×××万元,全长××公里,直通××地到××地,解决以往绕行、交通不便等问题,造福人民。

这一工程的建设,直接考验着各级各部门施政能力、××人民的全局意识、奉献意识以及施工单位质量、信誉意识。但我相信,我们可以应对考验,在这里,我希望各级各部门,尤其是施工单位一定要本着对历史负责、对人民负责的精神,把工程建设好,造福全市人民。

最后,我们共同举杯,为××大桥能圆满竣工! 干杯!

图书馆工程竣工祝酒词

【场合】宴会

【人物】××大学领导及老师 ××建筑集团施工人员代表、地方领导

【祝词人】××大学领导代表

【关键词】百年大计,质量第一。

各位领导、各位来宾、同志们:

大家好!

今天是××××年××月××日,在市政府、市教委等有关部门的关怀、指导下,在设计、建筑、监理及使用单位通力合作共同努力下,××大学图书馆新馆竣工了! 首先,请允许我代表××大学的全体师生员工,向你们表示衷心的感谢! 其次,向前来视察、光临的各位领导、各位来宾,表示热烈的欢迎!

我校图书馆新馆于××××年×月×日奠基,历时×个月,总建筑面积达××平方米,为一座"×"形建筑,坐×朝×,正面×层,局部×层,中部×层,后部×层,是校园内的一座主建筑物。预计藏书×××万册,解决了××大学老馆面积不足、设备落后、图书保存条件差,管理系统落后等缺点,创造了优良的学习环境,为广大师生提供了丰富的文献资料,方便教学及研究工作的顺利进行。

在施工过程中,××建筑集团第一分公司的施工人员,本着"百年大计,质量第一"的方针,严格管理,精心施工,克服各种困难,使该项工程一举夺得"×××××"、"××××"等×项大奖。在此,我代表学校领导及全体师生,对他们的辛勤劳动表示感谢!

目前,我们仍在继续努力,完成新图书馆的配套设施和后期整理工作。我相信,有在座各位的支持与合作,一座设备自动化、管理现代化的新图书馆,必将有力地推动我校的教学和科研工作迈向新的境界。

最后,我提议,为××大学灿烂的明天,为各位的身体健康、事业有成,干杯!

供电局春节庆功祝酒词

【场合】单位年终庆典

【人物】供电局领导、职工代表

【祝词人】局长

【关键词】

各位领导、同志们、朋友们：

今晚，我们欢聚在风景秀丽、幽静怡人的×××，共度迎接新年的美好时刻。此时，抚今追昔，我们感慨万千；展望前程，我们心潮澎湃。

回顾过去的一年，我们在争创一流、电网改造中取得了突破性进展；电费回收、增供扩销呈现出近年最好势头，我局售电量实现 30 亿这一历史性突破已成定局；我们在体制改革中成绩斐然，体制创新走在省直属供电企业的前列；我局的双文明建设所取得的突破和收获，得到了省公司主管部门的高度赞扬和充分肯定；××××公司充分利用经济开发区财政扶持的优惠政策，用不可分配资金进行再投入，建成风格各异、优雅别致的 6 栋别墅和 1 座水能办公楼，扩大了固定资产规模，为×××的可持续性发展和进一步拓宽经营领域提供了有力的保障。以上这些累累硕果，都与全体干部职工所付出的艰辛和努力密不可分，与我们顽强拼搏、开拓创新、无私奉献的敬业精神密切相关。这种艰辛和努力将功垂局史，这种敬业精神令人敬佩。在此，我代表局党政班子全体成员向为我局建设和发展做出贡献的全体干部、职工以及你们的家属表示亲切的问候和衷心的感谢！

同志们，新的一年即将来临，我们在品尝美酒，分享胜利喜悦的同时，还要清醒地认识到：我国加入世贸组织后，电力企业将面对广泛的机遇和严峻的挑战。我们必须抓住新机遇，迎接新挑战，以高度的使命感和责任感来推进我局的改革和发展，承担起历史赋予我们的神圣使命。

新的一年，我们将肩负着实现国家一流供电企业这一奋斗目标，担负着继续推进体制改革、加快电网建设和老旧设备改造步伐，承担着进一步强化班组建设、提高现代化管理水平、建设优秀企业文化等一系列光荣而艰巨的重任。我们将继续以邓小平理论为指导，按照"三个代表"的要求，紧紧围绕国电公司及省公司关于明年工作的总体部署,在管理创新、机制创新、科技创新上发挥聪明才智,用我们勤劳的双手去创造无愧于时代的光辉业绩。

朋友们,再过几个小时,和着新年的钟声,我们将携手跨入崭新的一年。我坚信,有省公司党组的正确领导,有全局广大干部职工的众志成城,我们的目标一定会实现,我们的企业一定会不断发展壮大,XX电业局一定能铸就新的、更加壮美的辉煌。

最后,让我们共饮庆功美酒,祝愿各位新年快乐,身体健康,家庭幸福,事业成功!

第三节　庆功祝语总结

祝你圆满完成学业,掌声和鲜花永远属于你!

水滴穿石精不舍,海阔天高贵有恒。

"先天下之忧而忧,后天下之乐而乐",做个有志、有识之士。

一片绿叶,饱含着它对根的情谊;一句贺词,浓缩了我对你的祝福。祝愿你在以后的日子中,创造更多的辉煌。

成功的花,人们只惊羡她现时的鲜艳,往往忽略了当初她的芽儿曾浸透了奋斗的泪泉。我赞赏您的成功,更钦佩您在艰难的小道上曲折前行的精神。

一些貌似偶然的机缘,往往使一个人生命的分量和色彩都发生变化。您的成功,似偶然,实不偶然,它闪耀着您的生命焕发出来的绚丽光彩。

自爱,使你端庄;自尊,使你高雅;自立,使你自由;自强,使你奋发;自信,使你坚定……这一切将使你在成功的道路上遥遥领先。

成功不是将来才有的,而是从决定去做的那一刻起,持续累积而成,您以实际的行动向我们证明了成功需要积累。

成功的秘诀,在于对目标坚忍不拔。恭喜您凭着坚强的意志终于迎来了成功。

把黄昏当成黎明,时间会源源而来;把成功当做起步,成绩就会不断涌现。祝你在以后的学习中奋勇直前、秀中夺魁。

观念决定方向,思路决定出路,胸怀决定规模。您具备了这些条件,所以成功属于您!祝福您,我的朋友。

祝贺会议顺利召开!

恭贺项目顺利竣工!

恭喜贵公司顺利通过质量认证!

惨淡经营历千辛,一举成名天下闻,虎啸龙吟展宏图,盘马弯弓创新功!——热烈祝贺贵厂产品荣获国家级优质奖!

每一个成功企业都有一个开始。勇于开始,才能找到成功的路。祝愿贵公司"从头再来"、再创佳绩。

第八章 醉翁之意不在酒——职场篇

第一节 职场酒宴礼仪

人在职场走，哪能不喝酒！

如今，职场人士经常要陪同上司或代表企业参加各种交际应酬酒会宴席，因此，熟悉和掌握酒宴礼仪规范是十分重要的，从某种意义上讲，你此时代表的是整个企业的形象。不注意酒宴的规矩，便会有失身份或闹出笑话。

祝酒时，应先与主人碰杯，如陪同上司赴宴，应随上司之后与对方碰杯，碰杯时应目视对方以示敬意。

斟酒时，应一手执瓶身，另一手轻扶瓶侧，脸带笑容，将酒慢慢倒入对方杯中，啤酒斟满，让泡沫溢至杯口；甜酒一般只倒至杯的八成；白酒或烈性洋酒宜倒至杯的三分之二处。

当别人为你斟酒时，你应一手持杯，一手扶住杯底，微笑并轻声道谢。

酒宴的所有物品都不可顺手牵羊拿走，如你想留下精美的菜单做纪念，应在征得主人同意后取走，但可食用的东西是绝对不能开口索要的。

职业女性在酒宴上最好不要吸烟。

当服务员或主人夹给你不喜欢吃的食物时，不要拒绝，应取少量放在自己盘内，说声："谢谢，我的够了。"喝酒亦如此，不想再添酒时稍稍做个手势表示一下，切不可用手蒙住杯口或将酒杯倒扣在桌上。

不要在酒宴上评论菜肴不好，这会使人难堪。

不要在酒宴上评论别人或附和别人对某人的议论。

不要在酒宴上独坐孤芳自赏，或频频看表，显得心不在焉。

不要逞强好胜与异性对酒，或者借酒意打情骂俏。

第二节　职场祝酒词范文欣赏

优秀员工颁奖宴会祝酒词

【场合】颁奖宴会

【人物】公司全体人员

【祝词人】优秀员工

【关键词】在营业员这平凡的岗位上,也一样能创造出一片精彩的天空。

各位领导、同志们:

大家好! 一个人生存于这个世界,每时每刻都要面对选择,是选择艰苦还是选择享乐,是选择慷慨还是选择吝啬,是选择坚强还是选择懦弱,就是这众多的选择构成了我们人生的实体。

回首昨日,我将永远珍视我的选择——做一名平凡的营业员。

在营业员这平凡的岗位上,也一样能创造出一片精彩的天空。

我的岗位不仅仅是我履行自己责任的地方,更是对顾客奉献爱心的舞台。于是我天天给自己加油鼓劲:不管我受多大委屈,绝不能让顾客受一点委屈;不管顾客用什么脸色对我,我对顾客永远都是一张笑脸。

我深信,××将以科学的管理机制、优秀的企业文化、良好的产品、全新的服务来勇敢自信地面对今后的挑战! 我们的队伍也将以最专业、最高效、最真诚的服务面对千千万万的新老顾客!

让我们共同举杯,向企业祈福! 干杯!

欢迎嘉宾祝酒词

【场合】联谊宴会

【人物】公司领导、嘉宾

【祝词人】公司领导

【关键词】前面是平安,后面是幸福;吉祥是领子,如意是袖子,快乐是扣子,每一天都心想事成!

各位领导、各位嘉宾,亲爱的朋友们:

大家好!

"一语天然万古新,豪华落尽见真淳",我非常荣幸的代表××公司,欢迎各位领导、各位嘉宾,以及常来常往的朋友。

世界上最干净的水是深山淙淙流淌的清泉,商界最难能可贵的是相互之间的提携。

我感谢各位为我们之间牢不可破的友谊付出的辛勤劳动和心血,同时也感谢各位盛情厚意前来参加此次宴会。美好的时光,欢乐的心情,伴随着悦耳动听的音乐和欢声笑语,祝福各位亲爱的朋友:前面是平安,后面是幸福;吉祥是领子,如意是袖子,快乐是扣子,每一天都心想事成!

为了灿烂的明天,干杯!

公司中秋节联欢晚会上的祝酒词

【场合】聚餐宴会

【人物】公司全体员工及各方嘉宾等

【祝词人】公司领导

【关键词】家乡明月爱无限,它乡皓月也多情!齐欢唱,同颂今宵明月!

尊敬的各位来宾,××的新老朋友们:

大家晚上好!

非常欢迎您能够参加今天在这里举办的"迎中秋××新老朋友联欢会"活动,值此中秋佳节到来之际,首先请允许我代表××集团和全体××同仁,对参加此次活动的各位嘉宾和顾客朋友们表示最衷心的感谢和最热烈的欢迎。

在这个收获喜悦的季节里,××也已走过了××个年头,在这××年里××的每一步成长都离不开大家的支持,××的每一项荣誉都融入了大家的真情与厚爱。

在这里我们怀着一颗感恩的心感谢大家,感谢这么多年来一直都在关

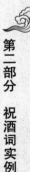

注着××,支持着××的叔叔们,××人就像您的儿子、女儿一样被您支持着、爱护着,而我们××人也一定会尽到做儿女的责任,把××的事业做的更大、更强! 更会把××市中老年人的健康作为自己的头等大事来做。一定不会辜负父老对××的期望!

再过几天就是一年一度的中秋佳节了,月已圆,人欢聚,同举杯,共欢庆! 家乡明月爱无限,它乡皓月也多情! 齐欢唱,同颂今宵明月!

让我们举起酒杯来,祝福大家阖家欢乐、生活美满、天天快乐,年年健康! 干杯!

办公室主任就职祝酒词

【场合】就职宴会

【人物】县镇府人员

【祝词人】新办公室主任

【关键词】堂堂正正做人,勤勤恳恳干事。

尊敬的各位领导:

今天,会议审议通过了我任县政府办公室主任的提请,这是各位领导对我的信任、支持和厚爱。在此,我向大家表示衷心的感谢!

我深知办公室主任这一职务,既是一份责任,更是一份义务。因此,工作中必须勤奋敬业、恪尽职守,用优异的工作业绩来报答党的关怀、代表的信任和人民的重托。

堂堂正正做人,勤勤恳恳干事,是我恪守的行动准则。为此,我将严格遵守关于廉政建设的有关规定,坚持"自重、自省、自警、自励",永葆共产党员的先进性。在严于律己的同时,我还要宽以待人,与班子成员多沟通、多商量、多交心,依靠集体的智慧和力量,全力开创办公室工作的新局面。

在以后的工作中,我将用我满腔的赤诚和热忱,回报组织的厚爱、人民的信任,为××的加快发展贡献出自己的一份力量。

最后,祝愿大家事业顺利,身体健康,万事如意! 干杯!

公安局长就职祝酒词

【场合】就任宴会

【人物】全局人员、来宾

【祝词人】新任公安局长

【关键词】我一定始终牢记肩上所担负的历史使命,坦诚做人、清白做官,向党和人民交出一份合格的答卷。

同志们:

今天同大家见面,我心里特别高兴,也感到十分荣幸。××局是一个有素质、有能力、有战斗力的群体,是一个讲团结、讲大局、讲奉献的群体。今天我能成为这个优秀群体中的一员,内心非常高兴。

组织对我的信任,将是促进我奋发向上、努力工作的动力。我将竭尽全力,认真履行职责,按照市委领导跟我谈话时提出的要求和希望,努力把全市公安工作做好,不辜负市委和全区人民的重托。

公安事业是一项崇高的事业。从一名行政干部交流到公安局工作,对我来说领域崭新、跨度很大、压力不小。因为目前我对公安工作的业务不熟悉,对公安机关的人员也不熟悉。同时在这五年里以×××同志为局长的全体民警为××的公安工作打下了很好的基础,所以我们对起点要求就更高了,压力也非常大。

我深知这个岗位的责任重大,我殷切地期望得到本局的全体同志尤其是那些老同志和老公安的支持和帮助。我一定始终牢记肩上所担负的历史使命,坦诚做人、清白做官,向党和人民交出一份合格的答卷。

在此,祝愿所有的来宾朋友阖家欢乐,幸福安康,事业进步,万事顺达!干杯!

谢谢大家!

文艺演出中领导致词

【场合】公司文艺演出

【人物】公司领导、公司员工及艺术团成员等

【祝词人】公司领导

【关键词】希望合作区艺术团的所有演员在今后的生活中能够一如既往的支持我们工作，为我们公司的建设、发展，谏言献策，支持和协助我们做好服务工作。

女士们、先生们：

大家好！

首先，请允许我代表××公司全体员工向前来我公司慰问演出的合作区艺术分团的老领导、老同志及所有成员表示最热烈的欢迎和衷心的感谢！

我先向艺术团的成员简单介绍一下我公司基本情况，××公司组建成立于××年……

这些年来，××公司的经济建设有很大的发展，城市对热能、电能的需求也日益增加，为了保证城市经济快速发展对热能、电能的需求，今年我公司在市委、市政府的大力支持下，又积极进行××扩建工程的前期工作，该工程建厂规模是我们这个电厂的十倍，预计工程总投资××亿元；工程竣工后将新增发电量××kwh；新增供热能力为××万平方米。

××公司在短短的几年时间内取得了一系列的成就，我认为这不仅是我们全体员工共同努力的结果，还与在座艺术团的全体演员的大力支持和帮助是分不开的，为此请允许我再一次向你们表示真诚的感谢！

今天前来我公司慰问演出的合作区艺术团的成员曾经都是××市里各行业的老领导、老同志，是你们为了××市的经济建设、边疆繁荣奉献了自己的青春和智慧，如今你们离开工作岗位，又登上了文艺舞台，为了繁荣我市的文化生活、提高城市品位再次发挥自己的余热。

希望合作区艺术团的全体演员在今后的演出中，继续发扬持之以恒、勤学苦练的团队精神和学习精神，再接再厉，以精彩的节目向世人展现离退休人员的风采。同时也希望合作区艺术团的所有演员在今后的生活中能够一如既往的支持我们工作，为我们公司的建设、发展，谏言献策，支持和协助我们做好服务工作。

最后，我预祝合作区艺术团在我公司演出圆满成功！

第三节　职场祝语总结

没有一个人能够独立存在于这个世界上，没有一件事能完全脱离全社会而成功。在这个发展如此迅速的信息社会里，我们要更加认识合作的重要性。

团结起来，齐心合力便是"愚公移山"。

困难不可怕，可怕的是没有战胜困难的决心。

做对的事情比把事情做对重要。

只有把自己的身心同壮丽的事业联系起来，生活才会变得充实而有意义。

竞争中总会有风险，敢于承担风险和责任，就能在竞争中获得胜利。

在进取者眼中，生活就是建功立业。你在人生的征途中兼程而进，迎接你的将是胜利的歌声。

在朋友的基础上做生意，那朋友就会丢失；在生意的基础上交朋友，那会没有生意做。

大海般广阔、高山般严峻的生活，总是默默选择自己的主人。您这样的奋斗者、开拓者，是一定会中选的。

贵厂用户至上，质量第一，锐意创新，步步领先，堪称同行典范。祝事业日新，宏图大展。

祝您的事业和生活像那中秋的圆月一样，亮亮堂堂，圆圆满满！

在这花好月圆、举国欢庆的日子里，公司总裁代表公司各级领导，向工作在各个项目组和总部的员工们，致以节日的问候和诚挚的祝福。

工作是美好的。愿我们在工作中找到人生的价值、人生的欢乐、人生的幸福！

· 高山上的人总比平原上的人先看到日出。您高瞻远瞩，您的事业必然

第二部分　祝酒词实例

177

前景辉煌,祝您鹏程万里!

从冰雪到绿草,那是冬天走向春天的路;从失败到成功,那是您冒着风雪,踏着冰层闯出来的路。祝愿贵公司在您的领导下创造更美好的未来。

愿你像蜜蜂一般,从生活的百花园里吸出不同的香汁,酿成独创的甜蜜。

第九章　一杯浊酒喜相逢——聚会篇

第一节　聚会宴上的礼仪

有朋自远方来,不亦乐乎!

人生聚散一杯酒,聚会是人们以社交为目的的交际活动,它形式自然、内容灵活、品位高雅,可以帮助人们增进彼此了解,加强沟通。

根据人们在聚会中所讨论的中心话题或进行的主要活动来区别,聚会可以分成许多种类。具体而言,内容丰富、包罗万象的聚会,叫做综合性聚会;亲朋好友、同学、同事之间以保持联络为目的的聚会,叫做交际性聚会;主要为了接待来访者,意在相互了解、加深认识的聚会,叫做联谊性聚会;以休闲、娱乐为主要活动形式的聚会,叫做休闲性聚会。

了解聚会时的餐饮礼仪,往往会在餐饮过程中营造欢愉的气氛,在餐饮文化交流中增进友谊。

开宴:按照主人安排座次入席,主动和其他客人礼让,并从椅子左边入座。等主人、同席和长者招呼以后才能动筷。

祝酒:主持人应热情致词欢迎应邀者光临,并讲明举办聚会的目的和内容。

饮酒:主人敬酒时,应起身回敬;不善饮酒可向主人说明,换饮其他饮料,但不管是饮酒,还是其他饮料,均要慢斟细酌,不可"咕咚咕咚""牛饮"。

此外,虽然酒会上备有各种美味酒水,但切记参加酒会要饮酒有度,不要开怀畅饮,也不应猜拳行令,大呼小叫,或对别人劝酒,因为那样会给人以缺乏教养之感。

同时,参加酒会一定要熟悉自己的酒量,适度取酒,切不可贪恋杯盏,引起醉酒,导致行为失态、语言失禁。

比如,在老同学聚会中,很多人都想大发豪情,一醉方休。假如醉酒闹事,不但会让大家扫兴,而且还会成为同学中的笑柄。中年人士同时还要想想,自己能不能喝酒？在被当年豪情冲击的同时,也要顾及自己的身体健康。

第二节　聚会祝酒词范文欣赏

战友聚会祝酒词

【场合】节日宴会

【人物】战友、部队老领导

【祝词人】连长

【关键词】过去的年华恍然如梦,如今,我们相聚在××,畅叙往情,我想,通过这次老战友聚会,明天,将更为灿烂辉煌。

亲爱的战友们:

大家中午好!

值此建军节即将来临之际,我们××届战友在此欢聚一堂。

想当初,我们在激动和喜悦中,拥抱了渴望已久的荣幸,实现了当兵梦,从军以来,我们把父老乡亲的叮咛,变成脚踏实地的行动,把领导的教诲、战友的关爱、朋友的提醒化为激励追求的动能,才有军旅岁月一个又一个成功。

回望军旅,苦乐与共的岁月铸造了你我深厚的友情。训练场上,你我摔打意志,林荫小路我们倾吐肺腑,比武练兵,我们互显身手,熠熠闪光的军功章,记录了我们的青春,这一切是我们永生难忘的回忆。

杨柳依依,我们折枝送友,举杯壮怀,我们相拥告别,在岁岁年年《送战友》的歌声中,在告别军旗的场景中,我们迈着成熟的步伐,带着梦幻带着期待带着祝福,走上了不同的工作岗位。在市场经济的大潮中,我们用军人敢于面对挑战,敢于攻坚克难,敢于争先创优的特有气质,拼搏弄潮,闯出了一条又一条闪光的道路。如今大都事业有成,在我们中间,有身居要职的领导,有财运亨通具有开拓精神的厂长、经理,有其他岗位的社会中坚。

过去的年华恍然如梦,如今,我们相聚在××,畅叙往情,我想,通过这次老战友聚会,明天,将更为灿烂辉煌。

最后,我提议共同举杯,为我们相聚快乐,为我们的家庭幸福,为我们的友谊长存,干杯!

知青聚会祝酒词

【场合】聚会宴会

【人物】老知青伙伴

【祝词人】当年的老领导

【关键词】今天,我们欢聚一堂,为欢乐者的欢乐而喜悦,为成功者的成功而高歌,为不幸者的不幸而惋惜,为奋斗者的奋斗而加油!

亲爱的同志们:

大家好!

我用这样朴素的称呼开头,是否能唤起大家当初的回忆?

往事难追忆,青春已不再。今天,我们四十多名××届××农场的知青聚集在一起,纪念下乡三十周年,我代表热心参与筹划此次活动的战友,衷心的感谢各位战友的来临。

三十年过去了,难忘那里的一草一木,一人一物,难忘那里的职工、知青们的音容笑貌、悲欢离合。也许,我们是生不逢时的一代,因为我们为共和国的成长承载了太多的沧桑;当我们长身体的时候,碰上了国民经济困难时期,碰上了上山下乡,当我们结婚的时候,碰上了计划生育,当我们扶老携幼的时候,又碰上了企业改革,下岗失业……

然而我们是不折不挠的一代,我们曾经用辛勤的汗水浇灌了××农场的山林和果园,我们曾经彻夜不眠地补习文化、提高素养,我们更用燃烧的热情去面对人情冷暖、世态炎凉……

今天,我们欢聚一堂,为欢乐者的欢乐而喜悦,为成功者的成功而高歌,为不幸者的不幸而惋惜,为奋斗者的奋斗而加油!

我提议,请大家举杯,为了我们在××农场的蹉跎岁月中的磨炼,为了我们在返城后二十多年永不放弃的拼搏,为了三十年来魂牵梦绕的知青情结,为了滋养我们的那片黄土地的兴旺发达,为了我们的再相聚,干杯!

同事聚餐祝酒词

【场合】年终同事聚餐

【人物】公司全体员工

【祝词人】公司领导

【关键词】一份耕耘,一份收获,我们将用我们勤奋和智慧创造明天的美好生活!

各位同事、各位朋友:

在2007年的新春佳节即将到来之时,我谨代表××公司领导班子,向全公司同仁及大家的父母和家庭,致以新年最诚挚的问候和祝福。祝大家在新的一年,家庭幸福,身体健康!工作愉快,心想事成!

时光如梭,××公司就走过了十二个春秋!在过去的时间里,××××在在座各位的共同努力下,业务逐年稳步上升,代理产品逐渐增多,在残酷的市场竞争中公司没有大起大落,而是健康稳步发展,并树立了在国内科学仪器界独特的市场地位,业务走上了一个又一个新台阶,我们体会到了成功的喜悦,当然我们也曾经经历过失败,但无论如何,××××能有今天,是离不开在座各位对我们事业的忠诚和付出的辛勤汗水,在这里,我代表我本人以及最亲密的合作伙伴,××先生,共同说一句:谢谢大家!

××即将进入第十三个财政年度,步入更加稳定的发展时期,公司已经明确定位,以集体所有制民营科技企业的模式进行规范管理和运作,并努力实现在五年内逐步改制成为按照现代企业管理制度管理的,规范运作的股份合作制公司,并逐渐寻找新的发展机会和市场目标,在管理层建设上,我们将会从公司员工中提拔中层和高层管理干部,以使得××能够持续、健康、稳定地发展,并使每一位员工能够将××视为自己事业的归宿,最大限度地、自由地发挥自己的创造力。

祝大家在新的一年中勇于开拓,勇于创造,肯于付出,用自己的勤劳的智慧,创造和实现自身价值,做一个无愧的××人,让我们继续努力,我们的未来一定会充满希望,一份耕耘,一份收获,我们将用我们勤奋和智慧创造明天的美好生活!

现在我提议:

为大家的健康,为××的事业。

干杯!

教师家属聚会祝酒词

【场合】聚会酒宴

【人物】校领导、教师及家属

【祝词人】校长

【关键词】学校像一艘巨轮,在新课改的大潮中乘风破浪,坚定地驶向太阳升起的地方。

各位老师、同仁家属:

大家晚上好!

在这秋高气爽、明月当空的夜晚,我们欢聚在这明亮的学校礼堂中,举行我校教师家属招待会活动,我谨代表××大学千余名师生向光临今晚聚会的来宾表示热烈的欢迎和衷心的感谢,并祝愿今天所有到来的嘉宾幸福美满,万事如意!

回首往事,我们感慨万千。经过二十多年的艰苦创业和顽强拼搏,××大学取得了辉煌的业绩。如今的学校像一艘巨轮,在新课改的大潮中乘风破浪,坚定地驶向太阳升起的地方。

我深信,学校的每一项成绩的取得,都离不开各位家属的默默支持和真情付出。在今后的日子里我坚信,有各位家属一如既往的支持和真情付出,××大学定将枝繁叶茂,硕果累累,取得更骄人的成绩。

最后我提议,为了我们家庭更加幸福,为了学校更加辉煌,干杯!

第二部分 祝酒词实例

朋友小聚祝酒词

【场合】联谊会酒宴

【人物】朋友

【祝词人】主持人

【关键词】如今,梦想离我们还很遥远。然而追求梦想的途中,我们不能够放弃美丽的风景和得以休憩的驿站。

亲爱的朋友们:

大家好!朋友间偶尔的小聚,总是为生活平添许多色彩。如今,我们都有自己的工作,不再像懵懂的少年郎那样悠闲,有大把大把的时间在校园里瞎逛。如今,我们很久才能见一次面,谈谈工作,谈谈生活,分享各自的心事,不时还畅想一下未来。每次的友人聚会上,我都能感受到弥漫的温情,似乎忙碌的生活和工作有了休憩的驿站。

今天,借着这难得的时机,我很想畅谈一下心中的想法。这些年来,我们相知相遇,一起走过。在学校里,我们一同听取老师的教诲,他们教导我们,人们来到这个世界不是为了从中拿走什么,而是要努力着为这个世界带来什么。我们一度共同接受了这种想法,并把老师们的梦想当成自己的梦想。我们像最蓬勃而富有朝气的青年,积极进取,努力向上。可随着年龄的增长,我们都经历过迷惘。对于之前的一切信念,我们开始怀疑,开始动摇。在这个过程中,我们相互分享所有的焦虑,以及迷茫。我们慢慢地从中获得了"独立的人格,自有的思想"。如今,我们开始为自己的梦想打拼。

在追求梦想的过程中,我们经历了无数的坎坷和困扰。人生的道路总是充满波折,然而依靠信念我们依旧崎岖前行。经历人生的起起落落,我们更加懂得了友情的可贵。

如今,梦想离我们还很遥远。然而追求梦想的途中,我们不能放弃美丽的风景和得以休憩的驿站。朋友们,我们一路体恤着对方的心,相依相伴走来,即便未来将奔赴不同的方向,我们之间的情谊,也不会有丝毫的减损。

亲爱的朋友们,让我们一同喝下这杯酒,为了我们的梦想,也为我们永恒不变的友谊,干杯!

年终单位聚会祝酒词

【场合】单位年终聚会

【人物】各部门领导、成员

【祝词人】员工代表

【关键词】拥有真诚友谊的人，比百万富翁或亿万富翁更富有——即使更多的金钱也不能改变这一事实。

尊敬的单位领导、各位同仁：

大家好！

古罗马演说家西塞罗曾经说过，人类从无所不能的上帝那里得到的最美好、最珍贵的礼物就是友谊。大约四个世纪以前，英国学者培根曾说道："友谊能使欢乐加倍，把悲伤减少一半。"在今天，友谊比以往更具重要性，因为今天的生活压力太大了，我们更需要友谊的滋润。这里所说的并不是那种"酒肉朋友"，而是忠诚、患难与共、相互扶持的友谊。

拥有真诚友谊的人，比百万富翁或亿万富翁更富有——即使更多的金钱也不能改变这一事实。这也许听起来有点像老生常谈，却是一个不容置疑的真理。失去好朋友的损失比失去金钱要大得多，失去金钱你可以再赚回来，而失去好朋友你只能追悔莫及。朋友永远是我们所拥有的最大财富。

拥有真挚热心的朋友是一件让人幸福的事，真挚的朋友会抓住每个机会赞扬我们的优点，无私地支持我们。他们会帮助我们克服自身的缺陷与不足，阻止伤害我们的流言飞语或无耻谎言，此外，他们还会努力地扭转他人对我们的消极印象，给我们公正的评价，并想方设法地消除由于某些误解，或者是由于我们在某些场合造成的恶劣的第一印象而导致的偏见。总之，朋友在漫漫的人生之路上总是推动着我们前进，总是在关键的时刻助我们一臂之力。

没有朋友的人在这个世上将显得非常孤立和可怜。有了好朋友，不但精神上可以得到慰藉，而且身心上可以得到愉悦，道德上可以得到升华。单单从经营事业的角度来看，朋友帮助的价值，已经不可轻视了。一个人的成功应该由他所交的朋友的数量和质量来衡量。

第二部分 祝酒词实例

185

很高兴,我们拥有彼此,无论在工作上还是事业上,互相帮助。来,让我们为了这份纯真的友谊,为我们的友谊长存,干杯!

老乡聚会祝酒词(一)

【场合】聚会酒宴

【人物】老乡会成员

【祝词人】老乡会代表

【关键词】这杯酒绝非陈年佳酿,更谈不上玉液琼浆,但它溶进了我们全体同乡的情和意,喝下去,就会感到无比的浓美、芳香!

各位老乡、朋友们:

在这秋色怡人、合家团圆的美好时刻,我们××的老乡在此团聚了。本次聚会的组织者××同志,为了这次难得的相逢尽心尽力,付出了宝贵的时间。我代表全体老乡对她表示衷心的感谢,也向所有参与今天聚会的老乡致以真心的祝福!

"独在异乡为异客,每逢佳节倍思亲。"但是现在,我们聚在一起,有着彼此的帮助与祝愿,即使身在他乡,也不会感到孤寂与冷漠。只要我们真诚地对待彼此,相信我们之间的情感将会日益深厚。今天,我们在这里欢聚一堂,我提议,为我们这次的相聚和来日的重逢热烈鼓掌!

亲爱的同乡们,亲爱的朋友们,让我们把酒杯斟满,让美酒漫过杯边,让我们留下对同乡会的美好回忆,让我们留下对同乡的亲切关怀,让我们彼此的情谊留在心间,让我们将这杯酒一饮而尽!

无眠的夜晚追溯着我们家乡父老的培养,准备着明天的起飞,璀璨的星光穿越时空,倾诉着家乡的依恋……这杯酒绝非陈年佳酿,更谈不上玉液琼浆,但它溶进了我们全体同乡的情和意,喝下去,就会感到无比的浓美、芳香!

来,让我们共同举起这杯饱含千言万语的酒:

祝大家家庭美满,爱情甜蜜,事业成功,前程似锦!愿我们的友谊,地久天长!干杯!

老乡聚会祝酒词(二)

【场合】联谊宴会

【人物】领导、乡友

【祝词人】某发言人

【关键词】最牵挂的是故土,最浓郁的是乡情。

尊敬的各位领导、各位乡友:

大家晚上好!

在 2008 年春节即将到来之际,我们在这里隆重举行联谊酒会,荣幸地邀请各位领导和各位乡友欢聚一堂,畅叙乡情,共谋发展,其情切切,其乐融融。各位乡友离开故土,经风沐雨,挥洒才华,闯出了一片天地,干出了一番事业,充分展示了××骄人的风采;在建功立业的同时,你们情系故园山水,关注家乡发展,通过各种方式为家乡作出了巨大贡献!

最牵挂的是故土,最浓郁的是乡情。让我们用浓浓的乡情,架起友谊和发展的桥梁,同心协力,共创我们家乡更加美好的明天!

现在,我提议,让我们共同举杯,敞开我们的心扉,鼓起胸中的豪情,祝各位领导和各位乡友新年愉快,身体健康,阖家欢乐,万事如意;祝各位乡友的事业蒸蒸日上;祝××的明天更加灿烂辉煌! 干杯!

第三节　聚会祝语总结

有些记忆不会因时光流逝而褪色,有些人不会因不常见面而忘记,在我心里你是我永远的朋友。

酒越久越醇,朋友相交越久越真;水越流越清,世间沧桑越流越淡,不是每个人都能以心交心的,真正的朋友是不计较名与利的坦诚相待,友谊的真谛在于理解和帮助,在开遍友谊之花的征途中,迈开青春的脚步,谱出青春的旋律吧!

千难万险中得来的东西最为珍贵,患难与共中结下的友谊必将长驻你我的心间。

通过这次老战友聚会,我们把酒言欢,灿烂明天,辉煌未来。

人们常说,战友与同学的友谊是世界上两种最诚挚、最永恒的友谊,我们拥有其一,不应该感到幸福吗?

在这阳光灿烂的节日里,我祝你心情愉悦喜洋洋,家人团聚暖洋洋,爱情甜蜜如艳阳,绝无伤心太平洋。

这是我们相识后的第一个春节,我要献上一声特别的祝福:愿你心似我心,共以真诚铸友情。

祝福是份真心意,不用千言,不用万语,默默地唱首心曲。愿你岁岁平安、如意!

给你我无尽的祝福,让它们成为我们永恒友谊的新的纪念。

茫茫人海,让你我瞬间相聚又瞬间相离,然而你我的心永远相知与默契。

友谊能使人与人的情感和精神相通,把人与人的心灵结合在一起。

愿我们的友谊像雪球,在纯洁的雪地里越滚越远,越滚越大。

愿我们的风帆总是向着一个方向——友谊久长。

近在咫尺有时也难碰见,纵在天涯海角亦能相聚——结识你,真是天赐良机。

第十章　酒逢知己千杯少——答谢篇

第一节　答谢词写作特点

答谢词由两部分组成,一是主人致欢迎词或欢送词后,客人所发表的对主人的热情接待和关照表示谢意的讲话;二是客人在举行必要的答谢活动中所发表的感谢主人的盛情款待的讲话。

答谢词的重点在于表达出对主人的热情好客的真挚感谢之情。

答谢词的开头,应先向主人致以感谢之意。

主体部分:先是用具体的事例对主人所做的一切安排给予高度评价,对主人的盛情款待表示衷心的感谢,对访问取得的收获给予充分肯定。然后谈一些自己的感想和心情。

答谢词的结尾,主要是再次表示感谢,并对双方关系的进一步发展表示诚挚的祝福。

第二节　答谢宴祝酒词范文欣赏

答谢宴会祝酒词(一)

【场合】客户答谢会

【人物】企业客户及企业主要领导

【祝词人】企业领导

【关键词】我们将以百倍的努力和良好的服务以及崭新的精神风貌服务于你们,我相信经过相互支持;友好合作,我们一定能实现双赢的目标。

尊敬的各位来宾,女士们、先生们:

大家好!

在我们满怀豪情迎接新的一年之际,我们以最真诚的感谢、最真挚的祝福在这里举办迎新春答谢客户酒会。首先我代表××大厦向一直给予我们支持和厚爱的新老客户朋友们表示谢意,并祝你们在新的一年里身体健康、工作顺利、生意兴隆、万事如意!

过去的一年是××大厦快速发展的一年,我们在集团公司的领导下,在各位客户公司老总的支持下,经过我们全体员工的共同努力,取得了一定的成绩:全面强化了基础管理工作,荣获了市物业管理先进单位光荣称号。

2009年客户对大厦各项服务满意率又有了新的上升,各项服务水平又有了新的提高。在新的一年里,我们将继续努力,不断取得新的突破,来回报广大客户的厚爱,为你们事业的成功尽我们的微薄之力。我们将以百倍的努力和良好的服务以及崭新的精神风貌服务于你们,我相信经过相互支持、友好合作,我们一定能实现双赢的目标。让我们携手奔向美好的明天!让我们共同举杯,祝福全厦客户及各公司员工新年快乐、万事如意,祝各位事业辉煌、如日中天!祝各单位百业俱兴、宏业大展、前程无限、吉年大发!

干杯!

答谢宴会祝酒词(二)

【场合】客户答谢会

【人物】某项目负责人

【祝词人】企业领导

【关键词】今晚的宴席没有官宴、商宴的豪华奢侈,菜肴酒水比起各位经常出席的宴会来讲也显得有些简单寒酸,但请各位相信:它代表着本人的一片真诚!

尊敬的各位领导,亲爱的××技术站的各位朋友:

大家好!

非常感谢各位能在百忙之中抽出时间光临本人在此举办的答谢晚宴。

今晚的宴席没有官宴、商宴的豪华奢侈,菜肴酒水比起各位经常出席的宴会来讲也显得有些简单寒酸,但请各位相信:它代表着本人的一片真诚!

历时四个多月的试验项目在各位领导的关心下,在××技术站各位朋友的主持参与下,到今天已基本结束,可以说取得了丰硕的成果。这是各位领导关心支持的结果,是各位朋友辛苦努力的结果。我们不会忘记领导们的安排协调和选点指导,不会忘记各位朋友们起早贪黑的辛劳……所以,这第一杯酒要真诚地感谢各位领导和朋友们对本次试验所给予的大力支持和帮助。

请大家举起酒杯,接受本人真诚的谢意,并庆贺我们试验的圆满成功!干杯!谢谢!

答谢宴会祝酒词(三)

【场合】房地产商答谢会

【人物】房地产公司领导、合作伙伴、嘉宾

【祝词人】房地产公司领导

【关键词】这×年的时间只是历史中的一瞬间,只是漫长人生旅程中的一小段,但是××地产却经历了无数风雨,并最终取得了可喜的成绩。

尊敬的各位来宾、女士们、先生们:

晚上好!

在这个银装素裹的美好冬日,看到这么多的朋友光临今天××地产20××年答谢会的现场,我非常激动。今晚我们欢聚一堂,高朋满座,除了众多与××地产有良好关系的嘉宾以外,还有很多合作伙伴。在此,请允许我代表××地产对各位来宾表示最衷心的感谢和最热烈的欢迎!

××地产成立已有×个年头,这×年的时间只是历史中的一瞬间,只是漫长人生旅程中的一小段,但是××地产却经历了无数风雨,并最终取得了可喜的成绩。今年××地产开发的××项目,首期开盘取得了骄人的成绩,销售量达到了××亿,这一点与××地产每一个员工的努力分不开,也离不开在座各位对×××地产的支持与厚爱,谢谢大家。

在新的一年里,××地产将会做出更多的努力,希望能够跟在座的各位

朋友携手共进,共创辉煌,谢谢大家!

借此机会给与会的各位来宾、同仁、朋友们拜个早年,祝大家新春快乐、事业发达、万事如意! 为新的一年能有新的进步干杯!

谢谢大家!

毕业答谢宴祝酒词

【场合】答谢酒宴

【人物】师生、同学、家长

【祝词人】××同学的同窗

【关键词】我忘不了我们为一道题争得脸红脖子粗,忘不了在烈日下的操练,忘不了高兴时的欢笑,忘不了委屈的哭泣,更忘不了我们之间深厚的友谊……

尊敬的家长,亲爱的老师们、同学们:

大家下午好!

今天我又见着了我亲爱的老师,亲爱的同学,又见着了我那牛气冲天的兄弟××同学,为什么说他牛呢? 因为他以××高分考上了××大学××系,成为我们学校的光荣,老师的高徒,同学的榜样,家长的骄傲。我常常拍着胸脯向人炫耀,××与我是同班同学,是我哥们! ××,每次提到你,我都感到非常得意!

回头想想在××高中的三年,我们一起奋斗,一起度过了快乐的高中生涯,这里面包含了艰辛的付出,真情的倾诉,幸福的聆听……一切的一切仿佛就在昨天,回忆起来还是那么的真切。我忘不了我们为一道题争得脸红脖子粗,忘不了在烈日下的操练,忘不了高兴时的欢笑,忘不了委屈的哭泣,更忘不了我们之间深厚的友谊……

在这里,我要代表××和全班同学,感谢我们亲爱的老师,感谢你们为我们所做的一切,没有你们就没有我们现在取得的成绩。谢谢你们! 此外,还要衷心地感谢我们的父母默默无闻的付出,亲爱的爸爸,妈妈,谢谢你们!

"海阔凭鱼跃,天高任鸟飞!"希望××同学不辜负众望,好好学习,天天向上,争取以一流的成绩,为父母争脸,为在座的老师和同学争光。

最后,祝亲爱的老师,各位叔叔阿姨,事业顺心,身体健康!祝我们的才子××宏图大展!干杯!

感恩宴祝酒词

【场合】升学宴会

【人物】老师、同学、亲友等

【祝词人】学生本人

【关键词】加减乘除,算不尽你们对学生作出的奉献;诗词歌赋,颂不完学生对你们的崇敬!

尊敬的长辈、老师、同学及亲朋好友们:

大家晚上好!

在这个金秋送爽、丹桂飘香的日子,我的心情是万分的激动。所谓人生有四喜:"久旱逢甘雨,他乡遇故知,洞房花烛夜,金榜题名时。"我终于考上了大学,成功地迈出了人生最重要的一步。今晚,承蒙大家的深情厚谊,来参加这次宴会,在此我代表我们全家对各位的到来表示最热烈的欢迎和最衷心的感谢!

首先,我要感谢我的老师。是他们传授我知识,是他们细心地辅导帮助我,是他们用美的阳光普照,用美的雨露滋润,才使我有今天的成绩。加减乘除,算不尽你们对学生作出的奉献:诗词歌赋,颂不完学生对你们的崇敬!尽管我不是你们最出色的学生,而你们却是我最尊敬的老师。今晚,请允许我把我诚挚的敬意和赞美献给在座的老师们,谢谢你们! 其次,我还要特别感谢我的父母,是他们十几年如一日地照料着我,悉心呵护着我,让我茁壮地成长。尽管他们平时都很忙,但是却一直默默地支持着我,关心着我,鼓励着我,是我成长路上最坚实的后盾。无论他们的爱是深沉还是溢于言表,这份深情我都将铭记终生。在这里,我想对他们说声:"爸爸妈妈,你们辛苦了!"

最后,我还要感谢我的亲戚们,是你们给了我亲情的滋润,你们的鼓励与期待,我都铭记于心。我还要感谢我的同学们,你们的关心与帮助,让我领略到了友谊的芬芳。没有你们,也绝不会有我的今天。当然,我要感谢的

人还有很多,由于时间有限,我不能一一言谢,但你们的关爱和支持,我都珍藏在心。谢谢你们!

下面,我敬大家一杯酒,祝愿大家一帆风顺、二龙腾飞、三阳开泰、四季平安、五福临门、六六大顺、七星高照、八方走运、九九同心!干杯!

第三节　答谢祝语总结

走在沙漠中的人希望有甘甜的泉水,在逆境中拼搏的人渴望有诚挚的友谊。

珍藏昨天难忘的记忆,培育明天真诚的友谊。

千难万险中得来的东西最为贵,患难与共中结下的友谊必将常驻你我的心间。

你的诞生带给我希望,而我希望带给你幸福。

曾经有机会目睹他最软弱最糟糕的时刻,你仍然能够微笑接受他的不完美,并且和他共同拥有这个秘密,这段爱情才能够长久一些。

在我们生命中出现的人,一些给我们上课,一些让我们痊愈,有的用来分担分享,有的用来真爱。

生命最大的恐惧,不过是来自于心底那个不去发现的黑暗,但是灵魂告诉我们,只要还有心跳,就一定有勇气。

这个世界最易碎的就是男人的酒杯,政客的承诺,少女的梦想,钢丝上的爱情,现代社会的善良和高贵的心。

我以为呵出一口气,能化作晴天的云,没想到竟在眼角凝结成雨滴。在这个寒冷的冬夜里,爱情像一种奢侈品,让相爱的人更幸福,让落单的人禁不起。

第十一章　但愿人长久——饯行篇

第一节　饯行祝酒词写作特点

送行酒贵在情真意切，将离愁别绪与祝福共同寓于酒中。而饯行祝酒词就是主人在欢送仪式或宴会上向来宾发表的表示欢送的演讲，其主要功用与迎宾词除应用的时间、场合不同，并无实质性的区别。除内容外，写法也与迎宾词大致相同。

饯行祝酒词有两个显著特点：

1. 惜别之情

俗话说"相见时难别亦难"，中国人重情谊这一千古不变的民族传统精神在今天更显得金贵。欢送词要表达亲朋远行时的感受，所以依依惜别之情要溢于言表。当然格调不可过于低沉，尤其是公共事务的交往更应把握好分别时所用言词的分寸。

2. 口语话

同迎宾词一样，口语性也是欢送词的一个显著特点。遣词造句也应注意使用生活化的语言，在致欢送词时，一定要注意了解来宾来访期间的活动情况，访问所取得的进展，如交换意见，达成共识，签署了什么样的联合公报，发表了什么样的声明，有哪些科技、经济、贸易、文化及其他方面的合作等。得悉了这些情况，欢送词的内容就会丰富而准确。

第二节　饯行祝酒词范文欣赏

为同事送行祝酒词(一)

【场合】同事调离宴会

【人物】同事、亲朋好友

【祝词人】企业领导

【关键词】《三国演义》开篇就讲"天下大势,分久必合,合久必分"。人生小事当然也是这个道理。

朋友们:

今天我们怀着既高兴又有一些淡淡伤感的心情聚集在一起,为×××君送行。说高兴是因为×××君选择了一个他认为更适合自己发展的好单位;说伤感是因为×××君与我们共事期间,彼此建立了深厚的友谊,此次分别将天各一方,聚少离多,依依不舍是每个人心中的共同感受!

×××君××年毕业就进入我们单位,到现在已经20个年头了。20年中,他从一个刚出校门的学生成长为一名优秀的科研工作者、中层管理者、高级工程师、技术专家。20年在人类的历史长河中是短短的一瞬,可在人生的漫漫征程中可是一段值得珍惜的时光。×××君在这20年中,见证了我们单位由小到大、由弱到强的历史,同时也在这片热土上奉献了青春、洒下了汗水、作出了积极的贡献。这其中,有胜利的喜悦、有失败的痛苦,但是大家风雨同舟走过来了,现在回头看看我们走过的路,感到由衷的欣慰。虽然我们不愿意离别,但还是衷心祝愿×××君到新的工作岗位上闯出一片天地,干出一番事业,老朋友们、老同事们永远支持你!

《三国演义》开篇就讲"天下大势,分久必合,合久必分"。人生小事当然也是这个道理。铁打的营盘流水的兵,人才流动也是一个单位兴旺发达的标志。我们单位成立以来,进进出出的人也实在不少,有的来了又走,有的走了又来。无论以什么原因走了的,他们都没有忘记自己曾经为之努力奉献的这片热土，都在以不同的方式关注、支持我们单位的建设和发展。我们单位之所以取得今天的成绩，与我们那些分布在五湖四海的曾经的同事们的支持是分不开的。我们也真诚地希望×××君到新的单位、新的岗位上以后，时刻关注我们单位的发展，在力所能及的情况下，一如既往地支持我们单位的发展。

天下没有不散的筵席，有的同志要到新的单位发展了，我们要让他走得舒心、放心；为了我们共同的事业还要继续在一起工作的同事们要工作得称心、开心。让我们在不同的工作岗位上共同为祖国的发展尽心尽力，书写我们人生的壮丽篇章。让我们大家共同举杯，衷心地祝愿×××君到新的工作岗位上以后，工作顺利，身体健康，合家幸福，万事如意，干杯！

为同事送行祝酒词（二）

【场合】欢送同事出国学习的酒会

【人物】同事朋友、领导

【祝词人】企业领导

【关键词】莫愁前路无知己，天下谁人不识君。

亲爱的朋友们：

大家晚上好！今天是一个令人欣喜而又值得纪念的日子，因为经过公司的决定，×××同志将要出国发展学习。这既让我们为×××能有这样的机会而感到高兴，也使我们对多年共事相处的同事即将离开而感到难舍难分。

×××同志多年来作为公司的一名员工，他为人忠厚，思想作风正派；忠诚企业，爱岗敬业，遵守公司各项规章制度；服从分配，尊重领导，与同事之间关系和睦融洽。俗话说没有什么人是不可缺少的，这话通常是对的，但是对于我们来说，没有谁能够取代×××的位置。尽管我们将会非常想念他，但我们祝愿他在未来的日子里得到他应有的最大幸福。

在这里我代表公司的领导和全体人员对×××所作出的努力表示衷心感谢。同时公司也希望全体人员学习×××同志这种敬业勤业精神，努力做好各自的工作。

"莫愁前路无知己，天下谁人不识君。"在此我们也希望×××继续关心我们的企业，并与同事之间多多联系。最后，让我们举杯，祝×××同志旅途顺利，早日学成归来，干杯！

欢送丈夫出国祝酒词

【场合】饯行宴会

【人物】家人、朋友、同学

【祝词人】妻子

【关键词】亲爱的，希望你牢记，不论遇到什么困难，自信和乐观是使人进取和追求的动力，坚韧和顽强是成功的阶梯，成功者最重要的是具有敢于拼搏的决心和勇气。任何时候，我都会与你携手共赴人生的盛宴。

各位来宾、各位朋友：

我和我老公十分感谢各位在他即将远涉重洋奔赴××之际，用家乡的美酒为他饯行。友情的酒洒向前程的路，一定能使一切坎坷化为坦途，真诚的祝福化作缕缕春风，送他春风得意，一路畅行！

同时我也希望我老公在赴××的日子里，常常记起我们在一起生活的快乐时光，那一件件琐事，一颗颗爱的水滴，汇合成情的海洋，一个个互相关爱的细节，组合成美丽的陆地，一片片深情，一句句爱语，把我们的心紧紧地连在一起，让思念的羽翼，带着温馨的祝福随时飞向彼此的心底。

亲爱的，希望你牢记，不论遇到什么困难，自信和乐观是使人进取和追求的动力，坚韧和顽强是成功的阶梯，成功者最重要的是具有敢于拼搏的决心和勇气。任何时候，我都会与你携手共赴人生的盛宴。

朋友们，让我们共同举杯：为我老公在这个时刻即将走向新的征程，为各位的事业有成，干杯！

欢送妻子出国深造祝酒词

【场合】饯行宴会

【人物】来宾、亲朋好友、家人

【祝词人】丈夫

【关键词】我会全身心地支持你的这次来之不易的学习机会，支持你完成自己的梦想，并且做好你强大的后盾。

亲爱的老婆，各位亲友：

大家好！

今天的夜色十分美丽，但是我的心情却不那么美丽。今晚，我举行宴会，为的是给我即将远行的爱人饯行。我的爱人×××就要到外国学习了，一方面，我为她学业有成感到十分荣幸和高兴；另一方面，我也为即将和她分别而感到深深的不舍。

但是，我的高兴明显大过了那份不舍，虽然我们要分开一年之久，但是我仍能清楚地认识到，这一年的分别是非常值得的，因为她能够换来我老婆的自我提升、完成她出国深造的梦想，我觉得十分值得！因此，我要在这里向我的老婆表达我此刻的心情：老婆，你放心地去吧，我虽然会十分思念你，但我更会十二分地支持你！

这是她人生中一个非常重要的机遇。这样的机会，并不是每个人都有，因此，我十分替她高兴。并且，我会做好家中的后勤工作，打理好家里的方方面面，老人，小孩，我都会悉心地照顾周全，让我的老婆毫无后顾之忧，在国外专心地完成这次学习，并进行一次愉悦的异国之旅。

美国是一个气候宜人的国家，因此，我还希望老婆能够在那里愉快地度过一年的时光，结交新的朋友，感受新的文化，收获新的知识和人生体验。当然，我也要再次叮嘱，远在他乡，一定要注意保护自己，万事小心。在忙碌的工作和学习之余，也不要忘记了，常往家里打电话，告诉我你的近况，也聊以慰籍我的思念之情。

总之，我想让你明白，我会全身心地支持你的这次来之不易的学习机会，支持你完成自己的梦想，并且做好你强大的后盾。

在此,我提议,我们共饮三杯,分别祝愿我的老婆,在这次的异国之旅中,圆满完成自己的学习计划、丰富自己的人生阅历、领略美丽的异国风情!祝她此行顺利!干杯!

欢送员工出国深造祝酒词

【场合】送行宴会

【人物】领导、同事们

【祝词人】某公司领导

【关键词】莫愁前路无知己,天下谁人不识君。

亲爱的朋友们:

大家晚上好!

今天是一个令人欣喜而又值得纪念的日子,因为经过公司的决定,××同志将要出国去深造。这既让我们为××同志能有这样的机会而感到高兴,也使我们对多年共事相处的同事即将离开而感到难舍难分。

××同志多年来作为公司的一名员工,他为人忠厚、思想作风正派,忠诚企业、爱岗敬业、遵守公司各项规章制度,服从分配、尊重领导、与同事之间关系和睦融洽。俗话说,没有什么人是不可缺少的,这话通常是对的,但是对于我们来说,没有谁能够取代××的位置。尽管我们将会非常想念他,但我们祝愿他在未来的日子里得到他应有的最大幸福。

在这里我代表公司的领导和全体人员对××同志所作出的努力表示衷心感谢。同时公司也希望全体人员学习××同志这种敬业精神,努力做好各自的工作。

"莫愁前路无知己,天下谁人不识君"。在此我们也希望×同志仍继续关心我们的企业,并与同事之间多多联系。

最后,让我们举杯,祝××同志旅途顺利,早日学成归来!干杯!

送朋友去外地工作祝酒词

【场合】饯行宴会

【人物】来宾、亲朋好友

【祝词人】朋友

【关键词】你和我们一起走过的这些日子,相信都会成为我们宝贵的记忆,无论你走到哪里,你都是我们的好兄弟。

各位朋友,各位兄弟:

今天,我们聚在这里,为我们的好兄弟、好朋友××送行。就在前几天,我们接到了××即将去北方工作的消息,既为他高兴,又感到深深的不舍。我们这些人,从儿时开始就认识,一块在这个城市生活了许多年,一同分享高兴的事情、分担难过的事情,我们已经把彼此当做了自己无法分割的一部分。突然听说其中一个即将远行,我们的心中当然不是滋味。但是,凡事都有两面,我们的兄弟远行的理由毕竟是令人可喜的。他凭借着自己的能力,在北京一家知名的公司谋到一份不错的工作,这当然是值得庆贺的,并且值得远赴他乡。因此,我们今天在这里,不光是为我们的兄弟饯行,更是要为他这成功的一步祝贺。

今天的这场酒,饱含了我们对××的祝福。××,你和我们一起走过的这些日子,相信都会成为我们宝贵的记忆,无论你走到哪里,你都是我们的好兄弟。另外,我还想对你说,在我眼里,你始终是一个肯干、肯钻研、肯吃苦的人,并且是一个会思考的聪明人,即使你即将要去人才济济的首都北京,我还是要告诉你,无论走到哪里,都不要低估了自己的能力,祝福你!无论你将来遇到了什么困难,都要有足够的自信,努力一把,相信自己能够挺过去。

另外,我们还想告诉你,即使你是个顶天立地的男子汉,但是只身在外,总是会遇到这样那样意想不到的难事,或者不平之事。遇事时,一定不要冲动,要理智思考,当忍则忍,不该退步时,也要懂得主动出击。我们希望你记住,无论如何,我们都是你坚强的后盾。

一个人在外谋生,不要只顾工作,一定要注意在生活上照顾好自己,只

有拥有健康的身体,才能有精力做好其他的事情。等下次你回来的时候,希望我们看到的,是个更加健壮的你。

想说的话太多,就都放在这杯酒中吧。祝福也好,不舍也罢,都在这杯酒中,希望你能品出其中滋味,记得兄弟们今天的心声,再回来的时候,我们再次相聚!干杯!

欢送青年农民赴外就业祝酒词

【场合】送行宴会

【人物】青年农民、市级领导、嘉宾

【祝词人】某领导

【关键词】希望你们能够不断培养锻炼自己的创业意识和创业能力,将来回到家乡,用掌握的技能和积累的资本投入家乡的建设中,为家乡的经济发展作出贡献。

尊敬的各位领导、各位朋友:

大家晚上好!

今天我们聚集一堂,隆重举行第×批青年农民赴××、××就业务工仪式。在这里,我谨代表××市委、市政府、××市阳光工程领导小组,为你们能够大胆地走出家门,走上新的创业之路表示祝贺和诚挚的祝愿!

自农村劳动力转移培训阳光工程正式启动以来,通过政府推动、政策促动、宣传带动和城乡互动,全市上下认识足、起步早、动作快,尤其是通过市阳光办组织实施"千名农村劳动力培训转移月"活动的开展,一批又一批经过引导性和专业性培训,有组织、成批次的农村富余劳动力实现了离土、离粮、离农、离乡,走上了新的非农工作岗位。

各位即将外出的青年农民朋友,你们不仅代表××市的形象,更是我市农村劳动力转移的希望。希望你们通过外出务工,能够不断开阔视野,增长才能、转变观念,希望你们进厂后能够严格要求自己,讲究文明礼貌,遵守法律和厂纪、厂规;希望你们能够认真参加厂里的各种专业性技能培训,学到一技之长;希望你们能够按合同履行自己的义务,同时维护自身的合法权益;希望你们能够做好充分的思想准备,克服外出打工可能出现的想家、不习惯等困难和问题,安心干好工作,希望你们能够不断培养锻炼自己的创业意识和创业能力,将来回到家乡,用掌握的技能和积累的资本投入家乡的建设中,为家乡的经济发展作出贡献。通过你们的努力创出××劳动力品牌,开创劳动力转移的新天地。

最后,让我们共同举杯,祝愿即将走出家门的青年人,工作顺利、生活愉快。干杯!

欢送应征入伍的新兵祝酒词

【场合】送行宴会

【人物】部队领导、新兵、家属

【祝词人】某部队领导

【关键词】国家兴亡,匹夫有责。

同志们:

今天,我们在这里隆重举行仪式,热烈欢送今冬应征入伍的新兵。首先,我谨代表市委、市政府、市人武部向光荣应征入伍的全体新兵表示热烈的祝贺!向积极送子参军、支持国防建设的新兵家长们表示崇高的敬意!向来自祖国四面八方,为我市征兵工作付出辛勤汗水的接兵部队同志们表示亲切的问候!

中国人民解放军是中国共产党领导和缔造的执行政治任务的武装集团,是人民民主专政的坚强柱石,是国家安全、社会稳定和祖国统一的重要保障。向人民军队输送大批优质合格兵员,既是全面完成十六大提出的"加强国防建设,增强国防实力"任务的现实需要,也是提升我军战斗力,加速推进军事斗争准备,打赢未来信息化战争的客观要求。因此,作为祖国新一代青年,保卫祖国、保卫社会主义现代化建设责无旁贷。

国家兴亡,匹夫有责。新兵同志们,祖国已经向你们发出召唤,人民军队已敞开胸怀在迎接你们的到来,让我们携起手来,在以胡锦涛为总书记的党中央领导下,按照"政治合格,军事过硬,作风优良,纪律严明,保障有力"的总要求,共同为国防建设添砖加瓦,为保卫祖国、建设祖国贡献自己的青春和力量。最后,祝新兵同志们在新的人生征途上一路平安、一帆风顺,在

部队不断取得进步,为国防事业建功立业。家乡的各级领导和父老乡亲在等待着你们的捷报。

最后,让我们共同举杯,为祖国的安定繁荣,干杯!

欢送扶贫工作队回城

【场合】送别酒宴

【人物】工作队全体成员、全体村民

【祝词人】村长

【关键词】你们想人民之所想,急人民之所急,为群众排忧解难,为人民创业造福。

尊敬的省扶贫工作队领导和全体队员们:

你们,即将起程回去了,我们大家都很不舍得你们走,大家含着热泪为你们送行! 送你们一个最忠诚的祝福,送上我们一份难舍难分的真情!

一年前,你们离开城市,告别亲人,来到××这个偏僻的山村。给我们带来了党的关怀,给我们带来了改革的春风。你们,就是春风,吹绿了××的山水;你们,就是春天,温暖了××人民的心。是你们,伸出热情的双手,扶我们走上脱贫致富的道路;是你们,身体力行,带领我们在社会主义大道上奔腾!

你们,是党的好干部,和我们心连心。崎岖的山路呵,留下你们奔波劳累的脚印;低矮的农家呵,有你们访贫问苦的身影。为改变××贫穷落后的面貌,你们日夜操劳,忘我工作,辛苦耕耘。看,那一条条崭新的公路,在你们的支援下修建而成,它将接通外面的世界,给××带来幸福和文明;看,那一座座新建的桥梁,是在你们的帮助下竣工,它沟通了干部和群众的心灵。你们想人民之所想,急人民之所急,为群众排忧解难,为人民创业造福。在××这块土地上,你们洒下了心血和汗水,立下了不可磨灭的功勋! 你们的功劳和业绩将载入××的史册,你们的深情厚意长留在我们心中!

今天,你们走了。带走的是冬天的寒冷,留下的是温暖和希望之春。在此分别之际,且让我敬你们一杯,千言万语汇成一句话:感谢你们,感谢你们! 祝你们一路平安,一路顺风! 干杯!

欢送代表团祝酒词

【场合】送别酒宴
【人物】领导、代表团成员
【祝词人】××公司领导
【关键词】来日方长,后会有期。

尊敬的女士们、先生们:

首先,我代表××公司的全体人员,对你们访问的圆满成功表示热烈的祝贺。

明天,你们就要离开××公司了,在即将分别的时刻,我们的心情依依不舍。大家相处的时间是短暂的,但我们之间的友好情谊是长久的。我国有句古语:"来日方长,后会有期。"我们欢迎各位女士、先生在方便的时候再次来××作客,相信我们的友好合作会日益加强。

莺歌燕舞,杨柳依依,好山好水好心情,祝大家一路顺风,万事如意!

干杯!

欢送老校长宴会祝酒词

【场合】欢送酒宴
【人物】校长、老师、学生
【祝词人】新校长
【关键词】衷心地希望××校长今后继续支持关心××中学的发展,也希望××中学与××中学结为更加友好的兄弟学校,更希望您在百忙中抽空回家看看,因为这里有您青春的倩影,这里是您倾注过心血和汗水的第二故乡。

亲爱的同志们:

今天,我们怀着依依惜别的心情在这里欢送××校长去××中学任校长兼书记!

××同志在××中学工作十年期间,工作认认真真、勤勤恳恳,分管教

育、教学工作成绩突出,实绩优异,为学校的发展作出了很大贡献,让我们代表三千多名师生以热烈的掌声向××校长表示衷心的感谢! 同时,我也衷心地希望××校长今后继续支持关心××中学的发展,也希望××中学与××中学结为更加友好的兄弟学校,更希望您在百忙中抽空回家看看,因为这里有您青春的倩影,这里是您倾注过心血和汗水的第二故乡。

下面,我提议,为了××校长全家的健康幸福、为了我们之间的友谊天长地久,干杯!

欢送女儿上大学祝酒词

【场合】欢送酒宴

【人物】学生及家人、来宾

【祝词人】母亲

【关键词】青春像一只银铃,系在心坎,只有不停奔跑,它才会发出悦耳的声响。

尊敬的各位领导、亲爱的朋友们:

大家好!

今天的宴会大厅因为你们的光临而蓬荜生辉,在此,我首先代表全家人发自肺腑地说一句:感谢大家多年以来对我的女儿的关心和帮助,欢迎大家的光临,谢谢你们!

这是一个阳光灿烂的季节,这是一个捷报频传、收获喜讯的时刻。正是通过冬的储备、春的播种、夏的耕耘、秋的收获,才换来今天大家与我们全家人的同喜同乐。感谢老师! 感谢亲朋好友! 感谢所有的兄弟姐妹! 愿友谊地久天长!

女儿,妈妈也请你记住:青春像一只银铃,系在心坎,只有不停奔跑,它才会发出悦耳的声响。立足于青春这块处女地,在大学的殿堂里,以科学知识为良种,用勤奋做犁锄,施上意志凝结成的肥料,去再创一个比今天这季节更令人赞美的金黄与芳香。

今天的酒宴,只是一点微不足道的谢意。现在我邀请大家共同举杯,为今天的欢聚,为我的女儿考上理想的大学,为我们的友谊,还为我们和我们的家人的健康和快乐干杯！

欢送外甥上大学祝酒词

【场合】欢送酒宴

【人物】学生和家人、亲朋好友

【祝词人】舅舅

【关键词】海阔凭鱼跃，天高任鸟飞！

尊敬的各位亲朋好友：

在这金秋送爽、丹桂飘香的日子，我们欢聚一堂，恭贺我的外甥××金榜题名，考上××大学。承蒙来宾们的深情厚谊，我首先代表我姐夫、姐姐及外甥对各位的到来，表示最热诚的欢迎和最衷心的感谢！

所谓人生四大喜事："久旱逢甘露，他乡遇故知，洞房花烛夜，金榜题名时。"我们恭喜××成功地迈出了人生的重要一步。

亲朋好友们，十年寒窗苦，在高考考场过五关斩六将的外甥此时此刻的心情是什么？正所谓"春风得意马蹄疾，一日看尽长安花。"

我提议，第一杯酒，为我的外甥饯行！他即将远离亲人，远离家乡去挑战人生，请接受我们共同的祝福：海阔凭鱼跃，天高任鸟飞！

第二杯酒，祝愿××全家一帆风顺、二龙腾飞、三阳开泰、四季平安、五福临门、六六大顺、七星高照、八方走运、九九同心！

第三杯酒，祝各位亲朋好友身体健康，事事皆顺！

朋友们，干杯！

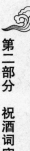

大学毕业祝酒词(一)

【场合】欢送酒宴
【人物】领导、老师、学生
【祝词人】同学
【关键词】十年寒窗苦,今朝凌云志。

各位同学:

今宵我们又欢聚一堂。只是,今宵的聚首是为了离别,就要离别了,我们每个人的心里都有很多话要讲。

四年前,我们从祖国的大江南北、四面八方来到了大学的箐箐校园。四年的同窗生活中,我们同心并肩,一起走过了许多风风雨雨的日子。

还记得,大海边,我们中秋聚首赏明月;

还记得,田径场,我们奋力拼搏争荣誉;

还记得,教室里,我们埋头苦读修人生。

……

还记得,校园里,我们点点滴滴的纯真故事。正是这点点滴滴,情深、意长、味重,我们一生都忘记不了。在十年、二十年、三十年之后,当我们细细地回想这一切时,我们仍会记得校园里的良师益友,仍会记得那流金岁月里的成长故事。

要分别了,我想起了古人的十里长亭别友人,那里头是一丝丝的忧愁和悲壮。但我们拥有更多的快乐和更多的豪情,"十年寒窗苦,今朝凌云志",我们就要怀着成熟的人生理念、丰富的专业技能踏上工作的岗位了。曾经有一首歌中唱到"再过20年,我们来相会",今天,让我们也来相约20年。20年后,希望我们在座的各位中既有IT界的精英、又有军队里的将才、更有企业界的巨子,我深信我们大家都将会在各自的岗位上作出一番骄人的业绩。

有语云:无酒,何以逢知己;无酒,何以诉离情;无酒,何以壮行色。让我们举起杯,为了我们这四年的相聚;为了我们的相约20年;为了我们辉煌灿烂的明天,干杯!

大学毕业送行祝酒词（二）

【场合】大学毕业宴会

【人物】学校领导、毕业生代表

【祝词人】院系老师

【关键词】倘若我们连做一些不平凡业绩的想法都没有，那么，这种所谓的"平淡"、"平凡"，说到底，不过是甘于平庸的代名词而已。

各位老师、同学们：

大家好！

报纸上曾登载过这样一则科技消息：树有年轮，人类也有年轮，社会也有年轮。新春佳节是中国人年轮发生变化的标志性的时刻；我们老师和学生的年轮，是以学年的开始和结束为标志的。尤其是学生毕业的时候，最明显地体现出来。在座毕业班的同学将开始构建自己新的年轮，走向新的辉煌。为此，我作为一名普通老师，向大家表示热烈的祝贺！我想借此机会提出两点希望：

一、要乐观地对待人生，永远保持青春的活力。人生犹如一列在丘陵地带行驶的火车，有时穿行在平坦的原野，有时又在隧道或斜坡上运行，但不管怎样，心中总应该是光明的、坦然的，正如杰出的女革命家卢森堡所说的："不论我到哪儿，只要我活着，天空、云彩和生命的美会跟我同在。"同学们毕业后会遇到各种各样的情况，认为生活的道路铺满鲜花、锦绣，固然有点天真浪漫，但是，把现实生活看得过于冷峻，又反而不利于心理的平衡。我们正处在一个伟大的变革的时代，对于你们跨世纪的青年来说，更是大有用武之地，没有理由不对生活和以后的命运充满自信！

二、不要用"平平淡淡总是真"这样的话来谈自己的奋斗信念。"平平淡淡总是真"是大家非常熟悉的流行歌曲中的句子。对生活中有些事情，要看得平淡一点、淡泊一点，但是，倘若我们连做一些不平凡业绩的想法都没有，那么，这种所谓的"平淡"、"平凡"，说到底，不过是甘于平庸的代名词而已。毕业是一个人生阶段的终结，然而又是一个新的历程的开端，同学们再不是"天之骄子"了，应当成为矫健的雄鹰。记得一位战斗英雄说过这样的话：

第二部分　祝酒词实例

"在战场上,即使我倒下去了,我的目光也要看着前面。"我们也需要有这种不断进取的精神。

同学们! 每一个人都有自己的母亲,每一个现代学子都有自己的母校。我们感谢第一个把"母亲"和"毕业学校"联系在一起的人,我们感谢第一个用"母亲"来形容毕业学校的智者。历史文化名城中的这所高等院校即将成为在座毕业生的母校了,我相信同学们一定不会忘记这个母校,不会忘记这个"母系"。"系"这个字,在另外一种场合又可读做"ji",也就是扣住、拴住的意思。我相信毕业班的同学们会用一根纯真的感情红线,把这所高等院校,把我们××系永远系在心中、扣在心里、拴在心上!

祝毕业班的同学们大展宏图,万事如意! 干杯!

大学毕业送行祝酒词(三)

【场合】大学毕业告别宴会
【人物】老师、本系毕业生
【祝词人】辅导员
【关键词】求知的你们是如此的美丽,美丽得让我永世难忘;求知的你们是如此的潇洒,潇洒得让生命具有别样的乐趣。

亲爱的同学们:

祝贺你们顺利完成了三年的学习!

当你们带着求学的梦想坐在课堂上,我就知道大家早就等待着这一天的到来。有你们的学海遨游,有你们的满载而归,才有我们做老师的宽慰与快乐。今天我们没有唱田汉创作的千万人唱过无数次的《毕业歌》,今天我们没有载歌载舞的盛大庆典,但并不代表我们没有激动与兴奋。当夏日的海风扑面而来,当夏日的蝉儿再一次在教室旁的树阴里放歌,当我们师生再一次共同举杯,这时,我从心底里感到了你们的热情和真诚。三年的风风雨雨,我知道你们一定有很多很多的话要说,三年的酸甜苦辣,我知道它已化成了你们人生中一段难忘的回忆。

同学们,请举起面前的酒杯,尽管我们明天没有天涯海角的离别,我们仍感到一丝恋恋不舍。求知的你们是如此的美丽,美丽得让我永世难忘;求知的你们是如此的潇洒,潇洒得让生命具有别样的乐趣。尽管求学的日子没有跋山涉水的风光迷人,尽管攀登书山曾让你一度愁眉紧锁,尽管一道道难题亦似乎让你们走进山重水复的迷宫,但你们分明看到了柳暗花明、豁然开朗的世界。爬上书山,一览众山小的感觉定让内心一振,所有的疲惫顿时荡然无存,七色的云彩在天边展示出动人的情影。

同学们,你们永远是老师最为亮丽的风景。老师只是暂时的摆渡者,前面的路还更长更远,我们会关注着你们前行的身影,等待着你们的佳音。只要抱着"黄沙百战穿金甲,不破楼兰终不还"的决心,相信你们的理想定能实现!"乘风破浪会有时,直挂云帆济沧海"的那一天定会到来!

同学,尽管我平时不胜酒力,但今天一定要干了这一杯!为了曾经的过去,也为了你们更为美好的未来,干杯!

大学毕业送行祝酒词(四)

【场合】大学毕业欢送会

【人物】学校领导、教师代表、学生代表

【祝词人】毕业生

【关键词】

各位领导、老师和同学们:

大家晚上好!

首先让我代表班主任王老师和全班同学对各位领导和老师的到来表示热烈的欢迎!

时光如流水般转瞬即逝,四年的大学生活即将结束,此时此刻我们的心情非常激动!四年来,伴随着恩师的教诲,我们知道了怎样做人、学习;四年来,伴随着朋友的关怀,我们知道了怎样交往、生活。然而此刻我们即将离开这美丽的校园、慈爱的老师和友好的同学。

但是,我们不会忘记母校,这个曾给予我们知识和能力的殿堂;我们不会忘记,为了我们的成长而辛勤耕耘的领导和老师;我们更不会忘记,在校四年我们所结下的深厚情谊。

然而,时光无情。离别的心是隐痛的,分别的情是伤感的。但有一句话说得好,今天的分离是为了明天更好的相聚。

一粒种子总要找到一片适合自己生长的土壤,因为只有在那里它才能开出更加鲜艳的花朵;一滴水总是要回归大海,因为只有在波涛汹涌的大海中它才能绽放出生命的光彩。我们又何尝不是?学校只是暂时的港湾,前方的路还很长,我们还需要去跋涉,去征服。

大学生活的故事与心情对于每个人来说都是一首唱不完的歌,而明天又有太多太多的故事需要我们去书写。我想只要我们心中拥有一片希望的田野,勤奋耕耘,终将收获一片翠绿。

今晚时光美好,今晚感情真挚,今晚酒色醇香。此时此刻我提议:让我们共同举杯,为我们美好的明天而干杯吧!

希望各位今晚都能玩得开心,聊得畅快!

最后祝大家在以后的日子里都能快乐伴随每一天。谢谢!

第三节　饯行祝语总结

桃花潭水深千尺,不及××送我情。

无尽的人海中,我们相聚又分离,但愿我们的友谊冲破时空,随岁月不断增长。

相见难,阔别多少载;别亦难,烟雨濛濛水潺潺。汽笛声声喊再见,祝您一帆风顺抵彼岸!

相聚总是短暂,分别却是久长,愿我们的心能紧紧相随,永不分离!

纵然你将远去异域,友谊相系暖自我心底。

愿甜蜜伴你度过一天中的每一时,愿平安同你走过一时中的每一分,愿快乐陪你度过一分中的每一秒。

即将分别,要说的话太多太多,千言万语化作一句——勿忘我。

愿我的临别赠言是一把伞,能为你遮挡征途上的烈日与风雨。

如果分离是必需的,以前的日子愿你珍重,以后的日子愿你保重。

愿友学习青松志,祝你前途比梅红。

如今又要离去的友人,至诚地祝福你拥有更美好的前程,以及光辉灿烂的人生。

把离别的情谊化成深深的祝福,祝福我们的学长一路走好,前途似锦!

前途是光明的,道路是曲折的。

人生的浪尖只通过一个,未来的道路还很长,了解自己,把握自己,才是成功之道!

人生何处不相逢,今天的握手告别,必将迎来日后的再次相聚,让我们为了各自的理想擦干眼角的泪,上路!

短暂的别离,是为了永久的相聚,让我们期盼,那份永恒的喜悦。

你的生命刚刚翻开了第一页,愿初升的太阳照耀你诗一般美丽的岁月。明天属于你们!

美好的回忆溶进深深的祝福,温馨的思念带去默默的祈祷:多多保重,如愿而归。

生命的小船在青春的港口再次起航,我们就要挥手告别,船儿满载着理想和希望。

第十二章　花市灯如昼——庆典篇

第一节　庆典祝酒词写作特点

一年一度秋风劲,岁岁朝朝酒飘香。

机关单位成立、企业投产、业绩飞跃、工程奠基、学校校庆……在这些场合中隆重的庆祝宴会是少不了的。在祝酒词中,领导一般多表达感谢和回顾展望之情,来宾则表示祝贺。

称呼要视对象而定,首先要点明活动缘由,再向宾客、员工、嘉宾等致以热烈的祝贺和欢迎。其次,总结过去取得的成绩,对宾客、员工等给予肯定和赞扬。最后,谈自己的感想和心情,对未来的憧憬和期望。目标既要鼓舞人心,又不可空泛,不切实际。

第二节　庆典祝酒词范文欣赏

企业庆典祝酒词

【场合】企业投产仪式

【人物】企业领导、来宾

【祝词人】县领导

【关键词】机声轰鸣催起步,干劲火热绘新图。美好的日子,真挚的感情,总需美酒相伴。

尊敬的各位领导、各位来宾,女士们、先生们:

值此××有限公司年50万吨玉米综合加工项目投产剪彩暨5万吨谷氨酸、10万吨总溶剂、玉米研发中心奠基之际，我们满怀喜悦之情，请来了××人的贵宾，盼来了××人的朋友，迎来了××人的功臣。在此，我代表××县四大班子和全县50万人民，向各位的光临表示热烈的欢迎和衷心的感谢！

××是一个相对贫弱的县份，但勤劳朴实、激情创业的××人不甘落后。特别是近三年来，全县上下把"四大主导产业"作为经济工作的主旋律，和衷共济，拼搏奋进，毫不动摇增信心，义无反顾抓发展，使××跻身于全国竞争力提升速度最快的百县之一。

新项目的剪彩和奠基，使该企业踏上了新的更高的发展阶段，但其今后的发展，仍离不开各位领导、各位来宾的鼎力支持和无私帮助。

机声轰鸣催起步，干劲火热绘新图。美好的日子、真挚的感情，总需美酒相伴。下面，我提议：为了××富裕、美好的明天，为了××公司宏伟的发展蓝图，为了各位来宾工作顺利、身体健康、家庭幸福，干杯！

人才市场开业宴会祝酒词

【场合】庆典宴会
【人物】领导、嘉宾
【祝词人】人才市场领导
【关键词】我劝天公重抖擞，不拘一格降人才。

各位领导，各位来宾晚上好！

在这春暖花开的季节，我们××人才市场隆重开业了。在此，我谨代表公司上下全体同仁，向远道而来的各位来宾、各位朋友表示最热烈的欢迎和最衷心的感谢！

回顾历史我们可以发现，人力资源市场在我国的发展只有短短的××年。20世纪80年代，在全国改革开放的浪潮中。为解决人才奇缺问题，国家实行了自由择业方式，由原来计划经济时期国家统一分配，转变为市场经济时期的"才企互动，双向选择"。自此，人力资源这个概念正式被引入我国，人力资源市场的发展，也就是从这个时候开始萌芽的。如今，它正如一个人的成长一般，已经从牙牙学语的孩提时期，走到了生气勃勃的青年时

代,并大踏步向前迈进。

100多年前,诗人龚自珍的一句"我劝天公重抖擞,不拘一格降人才",至今想来仍令人倍感振奋。也许正是顺应了高速发展的经济对企业和人才之间的双向互动的需要,才有了人才市场的诞生和发展,才有今天××人才市场的顺利开业。在此我代表××人才市场全体员工向各位来宾表示深深的感谢!谢谢在座的各个企事业单位,以及广大求职英才们的大力支持。

在此,我们公司郑重承诺,我们将以市场为依托,以客户需求为导向,用最优良的服务来回报社会各界人士。

现在,让我们共同举杯,为了人才市场的繁荣,为了建设祖国更好的未来,为了各位来宾的身体健康、事业有成,干杯!

喜迁新居祝酒词

【场合】酒宴

【人物】亲朋好友

【祝词人】女主人

【关键词】这个家虽然谈不上富丽堂皇,但它不失恬静、明亮,且不失舒适与温馨。更重要的是,这个家洋溢着、充满着爱!

女士们、先生们:

晚上好!

首先,我要代表我的家人,对各位的光临表示由衷的谢意!谢谢、谢谢你们。

俗话说,人逢喜事精神爽。本人目前就沉浸在这乔迁之喜中。

以前,由于心居寒舍,身处陋室,实在是不敢言酒,更不敢邀朋友以畅饮。因那寒舍太寒酸了,怕朋友们误解主人待客不诚;那陋室太简陋了,真怕委屈了如归的嘉宾。

今天不同了,因为今天我已经有了一个能真正称得上是"家"的家了。这个家虽然谈不上富丽堂皇,但它不失恬静、明亮,且不失舒适与温馨。更重要的是,这个家洋溢着、充满着爱!有了这样一个恬静、明亮、舒适、温馨的家,能不高兴吗,心情能不舒畅吗?

所以,特意备下这席美酒,也要把我乔迁的喜气分享给大家,更要借这席美酒为同事、朋友对我乔迁的祝贺表示最真诚的谢意,还要借这席美酒,祝各位生活美满、工作顺利、前程似锦!各位请举杯!

酒店开业宴会祝酒词

【场合】庆典宴会

【人物】市领导、酒店领导、嘉宾

【祝词人】总经理

【关键词】在百业竞争万马奔腾的今天,特色就是优势,优势就是财富。

尊敬的领导、来宾,各位业界同人和朋友们:

大家好!

很高兴在今天这个特别的日子里,我们相聚一堂,共同庆祝××大酒店隆重开业!

首先,请允许我代表××大酒店的全体员工,向今天到场的领导、董事长和所有的来宾朋友们表示衷心的感谢和热烈的欢迎!××大酒店位于××市中心地带,集商铺、办公、酒店、餐饮、休闲、娱乐于一身,是按照四星级旅游涉外饭店标准投资兴建的新型综合性豪华商务酒店。

御井招来云外客,泉清引出洞中仙。在百业竞争万马奔腾的今天,特色就是优势,优势就是财富。××大酒店若想在激烈的市场竞争中占据一席之地,乃至达到领先地位,一定要有自己的特色,创造自己的品牌。此外,还需要科学管理、准确定位,用一流的服务创造一流的效益,真正做到"诚招天下客,信引四方宾"。

今后发展中,我们全体成员将团结一致,众志成城,共同为××大酒店的发展作出最大努力。正如我们的董事长所说,××大酒店是"我们××人智慧和汗水的结晶"。它的筹划和诞生,倾注了我们××人的所有心血,凝聚了××全新的信念。欣慰的是,有这么多的朋友默默地关心和支持着我们,陪伴我们一路走来。其中,有××市领导的高度重视和政策指导,有我们××集团高层的殷切关怀和鼎力扶持,有社会各界朋友的热心帮助等,让我们感激不已。

第二部分 祝酒词实例

217

为此,我将携全体工作人员,用良好的业绩来回报各界,为××市进一步的繁荣昌盛添上辉煌灿烂的一笔,不辜负领导、董事长和社会各界的期望!

最后,我要特别感谢××市领导的莅临指导,感谢董事长于百忙之中亲临开业现场致词!再次感谢各位朋友的光临!

谢谢大家!

爱心活动祝酒词

【场合】爱心宴会

【人物】企业全体人员、来宾

【祝词人】企业领导

【关键词】爱心行动在一定程度上弥补了竞争社会的缺陷,让更多的人体会到社会的温暖,给不幸者点燃了希望的火炬……

各位领导,各位来宾:

大家好!

在今晚这次为残疾儿童捐赠的爱心活动上,我一次次地被感动!

有一种关怀,它常使我们泪流满面;有一种力量,它能让我们精神抖擞,这种关怀,从你我的眼里轻轻释放;这力量,在你我的指尖悄悄流动。那就是——爱心。

爱心,有时可能仅仅是对孩子的一份耐心,是一个真诚的微笑,是一次对陌生老人热心的搀扶,是省下几包烟钱对困难家庭的帮助……这些对许多人来讲都是举手之劳的小事,却能使他人感到这个社会的温情,使周围的人受到教育和影响,从而促进良好社会风气的形成。

每天都有一些让人感动的爱心呈现在我们面前,每天都有一些在危难疾病中的孩子得到帮助。爱心行动在一定程度上弥补了竞争社会的缺陷,让更多的人体会到社会的温暖,给不幸者点燃了希望的火炬……

懂得感恩,让我们更加幸福、高尚!

最后,真诚地祝愿,让我们用爱拥抱每一天,用心感动每个人,让爱感染每个人的心灵,使每一个孩子健康快乐地成长。为了我们的爱心,干杯!

典礼圆满成功祝酒词(一)

【场合】奠基仪式宴会

【人物】市领导、镇领导、嘉宾

【祝词人】市长

【关键词】十月是流金的岁月,收获的季节,满眼都是累累硕果,扑面而来都是果实飘香,双耳闻听处捷报频传。

尊敬的各位来宾、同志们:

十月是流金的岁月,收获的季节,满眼都是累累硕果,扑面而来都是果实飘香,双耳闻听处处捷报频传。

今天,我们非常高兴地参加××镇××开发工程奠基仪式。首先,我代表市委、市政府对此表示热烈的祝贺!并向前来参加奠基仪式的各位来宾和同志们,表示热烈的欢迎!

××工程正式开工建设,可以说是××镇在"经营城镇"方面迈出了可喜的一步。同时,××镇作为千年古城,是全市的重点镇,自古就是我市政治、经济、文化的中心。开发公司选择××为合作伙伴,可以说非常有远见卓识,不久的将来,投资者必将获得丰厚的回报。

××开发工程作为一项高标准规划的城镇建设工程,需要社会方方面面的共同努力来完成。在此,希望建设单位精心组织,规范施工,高标准、高质量、高速度地完成工程建设。有关部门和当地政府需进一步关心、支持工程建设,积极帮助解决工程中遇到的问题,同心协力推进工程建设。

现在我提议,预祝工程建设进展顺利、双方合作圆满成功!衷心祝愿各位来宾、同志们工作顺利、身体健康!干杯!

奠基典礼圆满成功祝酒词(二)

【场合】奠基典礼招待会

【人物】公司领导、政府嘉宾

【祝词人】总经理

【关键词】××基地建设是××"十一五"发展战略的重要组成部分,建

设好这个基地将给企业做大做强带来新的发展机遇。

尊敬的各位领导、各位来宾,女士们、先生们:

大家晚上好!

今天,我们欢聚一堂,共同祝贺××公司××基地奠基典礼圆满成功。在这洋溢着欢乐与美好憧憬的时刻,我谨代表××公司全体员工对大家的到来表示热烈的欢迎和诚挚的祝福。

××基地建设是××"十一五"发展战略的重要组成部分,建设好这个基地将给企业做大做强带来新的发展机遇。各位领导和各位来宾在百忙中抽出时间参加我们的奠基典礼,并指导工作,我们备受鼓舞。在今后的工作中,我们将尽最大努力做好项目建设的各项工作。同时,我们也诚挚地邀请各位领导、有关部门和各界朋友到××视察指导工作,对企业的发展给予一如既往的关心、支持和帮助。

最后,让我们共同举杯,预祝××基地的开工建设及早日竣工投产,祝福各位身体健康、工作顺利,干杯!

文化节开幕祝酒词

【场合】开幕式酒会
【人物】学校领导、老师、学生代表
【祝词人】校长
【关键词】家是我们心灵的港湾,为我们遮风挡雨。

各位领导、老师、同学们:

大家好!

一年一度的寝室文化节又到了,纵使外面寒风刺骨,但我们内心却温暖如春。自从我们踏进大学校园以来,宿舍就是我们共同的家。

家是我们成长的土壤,它承载着我们的喜怒哀乐,为我们提供养料,为我们消愁解忧,帮助我们笑对坎坷和挫折!

要想营造一个温馨和谐、文明健康的寝室文化,我们必须对我们的家付出爱。

我们要爱这家里的每一样东西，即便是敝帚，我们也必定自珍；我们要爱这家里的高尚情操，虽不是贤人世家，但至少有过孔孟之道的教训，我们要爱这家里良好的行为规范，追求明亮整洁。

家仿佛拥有一种魔力，将我们凝聚在一起。我们来自四面八方，拥有不同的个性、风度和梦想，我们团结互助、为梦想而努力拼搏！在家里，我们学会了自尊自重、自强自立、不卑不亢、不畏不俗！

家是我们心灵的港湾，为我们遮风挡雨。当我们感到寒冷疲倦时，有阳光余香未除的床被带来温暖；当我们为前途忧烦苦闷时，有来自室友的相互勉励，当我们遇到生活的挫折或感情的伤害时，有同窗们的支持和慰藉！我们从陌生到相识，从相识到相知，从相知到相依，我们在相互关爱和呵护中成长。

总之，寝室作为我们共同的家，它给了我们很多很多，物质的互补，精神的鼓励，行为的规范，让我们不得不感受到它无穷的魅力和给我们的爱！

我相信，许多年后，这些都将是一种珍贵的记忆，一种宝贵的财富，让我们充满无限的遐想与深深的陶醉。为此，我提议，为我们把自己的家——寝室建设得更好而干杯。

文化风俗节祝酒词

【场合】节日晚宴
【人物】花会主持人、嘉宾、游客
【祝词人】花会主持人
【关键词】花，是社会文明的标志，也是一个地方繁荣昌盛的象征。

尊敬的各位来宾、各位朋友：

大家早上好！

"春来谁做韶华主，总领群英是牡丹"，在春风送暖、百花吐艳的时节，古都××迎来了第×届牡丹花会，热情好客的古都人民，诚挚地欢迎外国朋友、港澳台同胞和来自祖国各地的客人光临！

花，是社会文明的标志，也是一个地方繁荣昌盛的象征，自古以来，我国人民就有养花、种花的优良传统，特别在当代，随着人民生活水平的提高，养花、护花、赏花更是蔚然成风，已成为人们生活的有机组成部分。我市自19×ק年举办首届牡丹花会以来，吸引了众多的国际友人和国内游客，起到了以花为"媒"，广交朋友，宣传×ק，发展经济，促进两个文明建设的作用。今年花会，我市将举办中国盆景插花根艺石玩展、×ק首届民俗文化庙会、×ק牡丹花灯会、×ק牡丹书市等丰富多彩的文化生活，给广大游客提供了进一步了解×ק的好机会。

年年岁岁花相似，岁岁年年"会"不同，愿×ק牡丹花会在中外友人的关注和全市人民的共同努力下，愈办愈好！干杯！

××工程项目奠基典礼

【场合】奠基仪式宴会

【人物】项目负责人、地方领导、嘉宾

【祝词人】房地产开发商

【关键词】正所谓，上下一心、众志成城，今天的成功离不开众人的帮助与关心。

尊敬的各位领导、各位来宾：

大家好！

在一年一度新春佳节即将到来的美好时刻，我们在此举办××工程项目开工奠基典礼。首先请允许我代表我们××房地产公司的领导，向此次参加开工奠基仪式的各级领导、所有来宾和全体朋友们表示热烈的欢迎和衷心的感谢！

我们××房地产公司的服务宗旨是：为人民营造美丽、舒适的生活家园！而××大道是我区最后一处危陋平房，原住居民××余户，公建单位××家。多年来，这些居民和单位一直生活在低洼潮湿的危陋平房里，雨季积水灌进房，冬天四壁透风黄土扬。××大道的拆迁改造，是政府为老百姓改善居住生活的一件大好事，符合实际，顺乎民心，同时是我公司服务宗旨的具体体现。我们在做好××道拆迁的基础上，为了区域经济发展提供更大发展空间，为进一步增强我公司经济实力和发展后劲，经过我们艰苦奋斗、顽强拼搏，终于迎来了××项目开工的大喜日子。

××项目规划建筑面积××万平方米,该项目的建设是保持我区财政收入持续快速发展的重要手笔,也是加快城市建设步伐的有力保障。为此我们决心抓住这千载难逢的机遇,全力以赴,通力配合,扎扎实实地做好各项协调工作,尽心竭力提供各种优质服务,努力为××项目营造一个良好的施工建设环境,力争将这一工程建设为我区的形象工程和地标性建筑。

　　正所谓,上下一心、众志成城,今天的成功离不开众人的帮助与关心。在此,我们衷心感谢市、区各位领导和各有关部门为××项目的顺利开工提供的全方位的服务和支持,为××项目的早日竣工所付出的心血和努力。

　　最后预祝××工程项目建设取得圆满成功。干杯!

　　谢谢大家!

百年校庆庆典祝酒词

【场合】庆祝宴会
【人物】校领导、市领导、来宾
【祝词人】市委书记
【关键词】往事如歌,未来如诗,如椽大笔写不完激情岁月,千言万语抒不尽满腔深情。

各位领导、各位来宾,同志们、朋友们:

　　今天,我们在这里隆重聚会,纪念××一中建校一百周年。首先,请允许我代表中共××市委、××市人民政府,并以我个人的名义,对参加××一中建校百年庆典活动的上级领导和各位嘉宾表示衷心的感谢! 向××一中全体师生员工和历届校友表示热烈的祝贺!

　　一百年来,特别是新中国成立后和改革开放以来,××一中为国家培养了大批高素质的各类人才。××一中的毕业生,已经遍布××全市、燕赵大地、大江南北,乃至五洲四海,在不同的岗位上为祖国和人类做着自己的贡献。所以,我们有理由为××一中的百年而骄傲! 为××一中的师生员工而骄傲! 为××一中的×万名毕业生而骄傲!

　　往事如歌,未来如诗,如椽大笔写不完激情岁月,千言万语抒不尽满腔深情。

第二部分　祝酒词实例

　　纵观当今世界,经济全球化正在深入发展,科技进步日新月异,综合国力的竞争日益激烈,科学技术越来越显示出第一生产力的巨大作用。只有大力实施科教兴国的战略,不断提高全民的思想道德素质和科学文化水平,才能在未来的发展中赢得先机。希望××一中以百年校庆为契机,坚持优良的办学传统,形成鲜明的办学风格,大力实施素质教育,在教育教学和办学体制改革等方面不断探索,大胆创新,把××一中办成高素质人才培养的摇篮。争取早日跨入全国示范性高中的行列,为××市的教育事业作出更大的贡献。

　　现在,我提议:

　　为庆祝××一中建校一百周年华诞;

　　为××市教育事业的更快发展;

　　为我们伟大祖国的繁荣昌盛;

　　为各位领导、嘉宾的身体健康,干杯!

第三节　庆典祝语总结

　　回顾过去,展望未来,携手共创美好的明天。

　　一分耕耘,一分收获,回首往事,风雨同舟,让我们欢庆一起走过的辉煌。

　　那是一段不平凡的峥嵘岁月,那是一段激情燃烧的岁月,那是一段理想放飞的岁月,我们有理由相信,××有大家共同努力,一定能够战胜各种困难,以此为起点,揭开新的发展篇章,实现新的历史跨越,与时俱进,再创辉煌!

　　恭喜贵公司事业蒸蒸日上,更上一层楼。

　　事业成于坚韧,毁于浮躁。

　　没有经历过严冬的小草永远感受不到阳光的温暖。

　　这一桩桩、一件件我们铭刻在心,我们时时想起,在梦里,在眼前,在流逝的岁月长河里。

　　千秋伟业千秋景,万里江山万里情,我们没有成功与失败,只有进步与退步;我相信,××一定会在大家的共同努力下,节节攀升,享誉全国。

第十三章　酒到酣处情更浓——商务篇

第一节　商务宴礼仪

俗话说，"无酒不成宴席"，杯子底下好办事。酒桌上会大大缩短人与人之间的距离，许多生意、美事都是在酒桌上谈成的。祝酒的成功往往决定了生意的成功。所谓"商务酒，越喝越有"。

1. 座位安排有学问

总的来讲，座次是"尚左尊东"、"面朝大门为尊"。若是圆桌，则正对大门的为主客，主客左右手边的位置则以离主客的距离来看，越靠近主客位置越尊，相同距离则左侧尊于右侧。若为八仙桌，如果有正对大门的座位，则正对大门一侧的右位为主客；如果不正对大门，则面东的一侧右席为首席。

如果为大宴，桌与桌间的排列讲究首席居前居中，左边依次2、4、6席，右边为3、5、7席，根据主客身份、地位、亲疏分坐。

如果你是主人，你应该提前到达，然后在靠门位置等待，并为来宾引座。如果你是被邀请者，那么就应该听从东道主安排入座。

一般来说，如果你的老板出席的话，你应该将老板引至主座，请客户最高级别的坐在主座左侧位置，除非这次招待对象的领导级别非常高。

2. 选酒先后、男女有别

一般情况是，事先就把宴会中的菜式和酒类定好，配上酒后，由服务人员送上席来。在西方商务宴中，一般上的是白酒和香槟酒。还有一种情况是，临时点菜点酒，让服务人员取来酒水单或者唤来侍酒员。如果主人是女性，而客人中又有男性的话，就要请在座的一位男士为她选酒。如果这位被

邀请选酒男士对酒一无所知或知之甚少,那么他可以向侍酒员请教。还有一种形式就是主人首先向主客征求意见,主客点什么酒就喝什么酒。一般情况下上酒是按下面的程序进行:先上白葡萄酒,后上红葡萄酒;先上新酒,后上陈酒;先上淡酒,后上醇酒;先上干酒,后上甜酒。

3. 斟酒礼仪

斟酒最基本的礼仪是按年龄大小、职位高低、宾主身份为序,斟酒前一定要充分考虑好敬酒的顺序,分明主次。即使你分不清或职位、身份高低不明确,也要按统一的顺序敬酒,比如先从自己身边按顺时针方向开始敬酒,或是从左到右、从右到左进行敬酒等。

在正常情况下,斟酒的顺序是从正主位右边主宾起逐位向左走。要站在客人右手边上斟,而且酒瓶的商标应面向客人。斟酒时,酒杯应放在餐桌上,酒瓶不要碰到杯口。第一次上酒时,主人可以亲自为所有客人倒酒,不过记住要依逆时针方向进行,从坐在左侧的客人开始,最后才轮到主人自己。客人喝完一杯后,可以请坐在你对面的人帮忙为他附近的人添酒。如果你同时准备了红酒和白酒,请把两种酒瓶分放在桌子两端。绝对不要让客人用同一个杯子喝两种酒,这是基本礼貌。

另外,由于宴会的规格,对象、民族风俗习惯不同,因此斟酒顺序也应灵活多样。宴请亚洲地区客人时,如主宾是男士,则应先斟男主宾位,再斟女宾位,对主人及其他宾客,则顺时针方向绕台依次进行斟酒,或先斟来宾位,最后为主人斟酒,以表示主人对来宾的尊敬。如为欧美客人斟酒服务时,则应先斟女主宾位,再斟男主宾位。高级宴会常规的斟酒顺序是,先斟主宾位,后斟主人位,再斟其他客人位。如果由两个服务员同时为一桌客人斟酒时,一个应主宾开始,另一个从副主宾开始,按顺时针方向依次绕台进行斟酒服务。

关于斟酒,我国传统的说法是"酒满敬人,茶满欺人",就是说斟酒要以满为敬,但西方人的看法却是"酒满欺人"。因此给西方客人斟酒时不宜斟满,要使饮者在饮用时能让酒在杯中旋起来,使酒香充分发挥出来。斟白酒(烈性酒类)、红葡萄酒入杯均为八分满;白葡萄酒斟入杯中为六分满;白兰地酒斟入杯中为一个斟倒量(1/2),即将酒杯横放时,杯中酒液与杯口齐平;

香槟酒斟入杯中时,应先斟到1/3,待酒中泡沫消退后,再往杯中续斟至七分满即可;斟啤酒第一杯时,应使酒液顺杯壁滑入杯中呈八成酒二成沫;调鸡尾酒时,酒液入杯占杯子的3成即可,这样既便于客人观赏,又便于客人端拿饮用,冰水入杯一般为半杯水加入适量的冰块,不加冰块时应斟满水杯的3/4;黄酒应斟八分满。

4. 随机应变巧躲酒

在举行商贸会、促销会等正式宴会上,一定会有不少客户应邀参加,在这种场合,秘书必须来回地向各位来宾打招呼,并为他们斟酒,对于不大能喝酒的秘书来说这可是一件苦差事。

向客人敬酒之后,客人也要回敬你,因此,双方各干一杯是正常的现象。但是,在这样的宴会上往往有些客人要求双方持续干五六杯,因为客人多,如果都这样喝的话,酒量再大也是应付不了的。

怎么办? 表面上不能示弱,要硬着头皮坚持到底。但是来回敬酒,主动权还是握在你自己手里的。当客人向你回敬酒时,你不用特实在地把杯子里的酒一口气喝光,可以将杯子往嘴唇上碰一下意思意思或者稍沾一点即可,同时主动地用话题把对方的视线引开,以便选择好的时机来结束这一位客人,这样才能再向下一位客人敬酒。

来回敬酒时,不要向客人解释说自己不会喝酒,因为这样做往往使对方扫兴。可以灵活处理,想办法巧妙地把自己杯子里的酒"处理"掉。总而言之,即使自己没有多少酒量,也要想办法使宴会的气氛变得活跃起来。

除了巡回敬酒之外,在喝酒的方法、斟酒的态度及祝酒的技巧上都要下功夫。

另外还有一种应付的办法,那就是自己喝掺水的酒,但千万不要让对方察觉出来。

第二节 商务宴祝酒词范文欣赏

招商引资宴会祝酒词(一)

【场合】招商宴会

【人物】省政府相关部门领导、市委领导、企业负责人、海内外各界人士

【祝词人】市委书记

【关键词】××处处商机无限,只要你敢于挑战,敢于发现。面对当前的大好形势,全市人民正团结一致,顽强拼搏,用勤劳的双手建设自己的家园。

尊敬的各位领导、各位来宾:

大家好!

欢迎光临××市。

××市是一座令人流连忘返的城市,位于 CC 省西南部,地处 AA 山脉之南、BB 河之北,四通八达的铁路、公路、水路和空中航线在这里交汇。独特的地理位置和交通优势,使××市自古以来成为战略要地和区域商贸中心。每天都有难以计数的人流和物流不分昼夜出入××市,使这座城市充满了无限生机和活力。

××市四季分明、气候宜人。春暖花开,秋高气爽,冬暖夏凉。××市历史悠久,是著名的文化交流中心。××市是×××(著名人士)的故乡,×××王朝的发祥地,旅游资源丰富。改革开放以来,××市人民顺应时代发展潮流,充分利用独有的自然风光,发挥聪明才智,开发出一个个引人入胜的景点,加上便利的交通,××市已经成为各方朋友首选的旅游胜地。

改革开放为古老的××市注入了新的生机与活力,使该市的经济建设和社会各项事业取得了长足发展。短短×年内,××市迅速发展成为 CC 省城市规划最优秀的城市之一。尤其是近十年来,发展速度更是令人惊叹。进入××市,你可以看见鳞次栉比的高楼大厦,宽阔的柏油马路,精心设计的绿化带,繁华的街道。走在大街上,你可以感觉到清新的空气,干净的地面,优美的环境。

××市还是一个小吃城,在这里,你可以尽享各类别具特色的小吃,可以领略高级餐厅的精致,可以感受肯德基的热闹,也可以花小钱,吃大饱。作为一个富有民族文化气息的城市,你还可以在这里穿到民族服饰,买到民族首饰。

总之,××市处处商机无限,只要你敢于挑战,敢于发现。面对当前的大好形势,全市人民正团结一致,顽强拼搏,用勤劳的双手建设自己的家园。

我代表××全市人民真诚地欢迎海内外各界人士前来××观光旅游、投资置业、共谋发展、共创辉煌的未来! 干杯!

招商引资宴会祝酒词(二)

【场合】招商引资宴会
【人物】政府领导、企业界人士
【祝词人】某政府领导
【关键词】面对机遇和挑战,我们有着大干快上的激情和信心,深感肩上担子的沉重以及时不我待的责任和压力。

尊敬的各位领导、各位企业界人士:

大家好!

今天,我们在这里举行××区招商引资宴会,主要目的在于,发挥××区临港和城市中心的两大优势,明确产业发展方向,进一步扩大对外开放。

我们已经清醒地认识到,在××经济圈迅速崛起的新形势下,我们与周边特别是发达地区比,经济发展的步子慢了许多,产业特色不够明显。面对机遇和挑战,我们有着大干快上的激情和信心,深感肩上担子的沉重以及时不我待的责任和压力。

今天参加宴会的来宾,既有政府工作人员,又有社会企业家,还有在我市乃至全省有影响的经济学家。刚才,大家已经就我区如何发挥优势,加快开放步伐等方面的问题发表了意见。各位来宾的思路清晰,观点鲜明,我听后深受启发。

宴会结束后,我们将对大家的发言进行认真的整理、汇总,尽快形成指

导我区经济发展及扩大开放的思路措施,并全面抓好落实,力促我区经济的大发展、快发展。同时,我们希望各位领导、各位嘉宾今后能够一如既往地关注并支持××区的经济和社会发展,希望大家经常与我们沟通,随时欢迎各位到我区指导工作,愿我们的友谊长存。我们相信,有各位领导和同志们的关心支持,我们一定会把我区的各项事业办得更好。

现在,我提议,让我们共同举杯,祝大家身体健康,合家幸福,工作顺心,祝愿××区的明天更美好,干杯!

招商引资酒会祝酒词(三)

【场合】招商引资酒会

【人物】县领导、商界嘉宾

【祝词人】县委书记

【关键词】我们宣传自己,绝不夸大其词;我们向各位推介的项目,没有水分;我们服务企业,绝不做表面文章。

尊敬的各位来宾,女士们、先生们:

晚上好!

灯火璀璨,其乐融融。为了加深了解、增进友谊、加强合作、共谋发展,我们带着××人民的深情厚谊来到了中国改革开放的摇篮——××,与××实业界的各位朋友欢聚一堂,举杯畅饮。在此,我代表中共××县委、××县人民政府对你们的光临表示最热烈的欢迎!对你们长期以来的关心和支持,表示最衷心的感谢!

××交通便捷,能源充足,政策优惠,软环境良好。我们深知××目前经济还相对滞后,开发尚处于起步阶段,但是差距蕴藏着潜力,压力激发出动力,我们坚持开明、开放的理念,带着诚信走出来,宣传××,推介××;我们带着诚信请进去,心系企业,服务企业。我们宣传自己,绝不夸大其词;我们向各位推介的项目,没有水分,我们服务企业,绝不做表面文章。凡是承诺,都将认真兑现,凡是服务,都将尽心竭力;凡是投诉,都将及时受理,以此回报投资××的所有客商。

各位来宾,各位朋友,××是投资热土,是创业乐园。××人民诚实勤劳,××政府开明务实。我们热忱欢迎有识之士前来××投资开发,我相信,你们超前的眼光,睿智的判断,一定会得到可喜的回报。对此,我们满怀信心,共同期待!我们也真诚地欢迎各界人士牵线搭桥,携手前进,共创美好未来。

最后,恭祝大家财源广进!生意兴隆!身体健康!万事如意!干杯!
谢谢大家!

企业研讨会祝酒词

【场合】商务招待宴会
【人物】企业界人士、学者
【祝词人】企业负责人
【关键词】希望通过这次研讨会和宴会能够增进我们的了解,加深我们的友谊,扩大我们的合作。共同祝愿我们的事业兴旺发达,友谊地久天长!

尊敬的各位领导,女士们,先生们,朋友们:

大家好!

在这里,历时两天的××企业研讨会圆满结束,我代表单位向各位代表,来宾和各界友人真诚的帮助表示衷心的感谢!

为了感谢大家对我们企业的支持和厚爱,我们决定,特地在此为大家举办宴会,感谢大家一直以来的关心,希望通过这次研讨会和宴会能够增进我们的了解,加深我们的友谊,扩大我们的合作。共同祝愿我们的事业兴旺发达,友谊地久天长!

我们××企业是实力雄厚的企业,这些大家在研讨会中已经有所了解,我们有着更高的梦想和坚实的基础。我们希望能够在今后的工作中得到大家的更多帮助。通过这样的会议,我们希望寻找到更多的合作伙伴,能够将我们的技术和理念进一步地推进,让我们能够创造更多的奇迹。

相信这样的研讨会和宴会将是我们合作的开端。在今后的工作中我们一定可以从各个方面增加合作,并且可以让我们双方都得到很好的发展。希望通过这样的活动可以让我们共同谱写更加美好的明天。

我真诚地邀请各位能够在我们这里投资,同我们一起面对更多的挑战

第二部分 祝酒词实例

231

和机遇,与我们一起实现共同的梦想。

在今后的工作和生活中,我们的企业将会更加地努力,创造出更多的成绩,并且会给予合作者更多的利益。让我们的合作可以更加地顺利,同时也让我们的合作更加地有意义。在我们坚实的友谊和雄厚的实力之下,我们的合作将是非常完美的。

在这里让我们一起举杯,祝愿我们的企业早日发展壮大!祝愿大家工作顺利,事业发达,财源滚滚!干杯!

经销商会议祝酒词

【场合】经销商招待宴

【人物】公司领导、经销商

【祝词人】总经理

【关键词】你们的关爱,就是我们的动力;你们的希望,就是我们的目标。

尊敬的各位经销商朋友们:

你们好!

在新的一年即将来临之际,能与在座各位朋友欢聚一堂,感到非常的荣幸。在此,我谨代表××公司对多年来一贯关爱和支持我们发展的各位朋友表示衷心的感谢,对各位的光临表示热烈的欢迎!

经销商历来是我们服务和经营工作的重中之重,2009 年,我公司将继续秉承"诚信、创新"的理念,努力提升为经销商服务的水平和能力,为诸位提供优质的服务。

各位经销商朋友,你们的关爱,就是我们的动力;你们的希望,就是我们的目标。在此,我再一次代表××公司,对各位表示衷心的感谢,也真诚地希望各位能一如既往地对××公司的工作给予更大的支持和帮助。

最后,请大家举杯,为我们的相聚,为××行业的美好前程,干杯!

投资与重点项目签约招待会祝酒词

【场合】招待酒会

【人物】县领导、客商

【祝词人】县长

【关键词】以酒助兴，共叙友谊，畅言商机。

尊敬的各位领导、各位嘉宾，女士们、先生们：

晚上好！

今天，我们成功地举行了"2008××投资说明会暨重点项目签约"仪式，现在，又在这里隆重举行招待酒会，以酒助兴，共叙友谊，畅言商机。值此，我谨代表中共××县委、县政府，对在百忙之中莅临今晚招待酒会的各位嘉宾、各位朋友表示热烈的欢迎和衷心的感谢！

近年来，我们××县委、县政府始终坚持科学的发展观，大力实施工业兴县和产业强县战略，优化投资环境、改善服务质量、提升政务效率，积极营造"亲商、安商、富商"的投资创业环境，致力实现"双赢"发展。

今天，经过在座各位的共同努力，"2008××投资说明会"取得了圆满成功。通过聚会，大家对水乡××的产业基础、资源优势、投资环境和发展前景有了更加深刻的认识，这必将使更多的新朋变成老友，成为长久的合作伙伴。

我们热切地期待着新老朋友、各路客商牵手××、投资××、发展××，共同创造灿烂美好的明天。

现在我提议：让我们共同举杯，为××的兴旺发达，为我们的友谊地久天长，为各位的身体健康、事业兴旺，

干杯！

银行企业合作祝酒词

【场合】合作宴会

【人物】公司领导、银行领导、嘉宾

【祝词人】公司董事长

【关键词】一年一度秋风劲,喜迎盛会聚宾朋。好风凭借力,助我上青云。

尊敬的各位领导、各位来宾,朋友们:

大家晚上好!

今晚,高朋满座,美酒飘香。值此中国××银行与本公司银企合作协议暨××亿元贷款合同签订之际,我谨代表公司向出席今天晚宴的各位领导、各位来宾和各位朋友表示衷心的感谢并致以诚挚的敬意!

一年一度秋风劲,喜迎盛会聚宾朋。××工程是本公司今年乃至今后很长一段时期的重要发展项目,是公司宏伟蓝图的全新起点,是全省 2009 年的重点工程建设项目,也是全州煤化工发展战略的"龙头工程",在以××书记为领头人的州市各级党委、政府、职能部门的无限关怀下,在××银行等社会各界的鼎立支持下,在各位朋友大力关注下,经过工程建设人员的努力拼搏,目前工程进展迅速,现已进入设备安装阶段,即将于明年 3 月投产运行。

好风凭借力,助我上青云。我们愿与所有关心和支持公司建设和发展的各界人士和所有参加本次盛会的嘉宾相互合作,共同努力,共创更加美好的明天。

现在,我提议:为今天银企合作协议暨贷款合同签字仪式的成功举办,为我们的精诚合作,为各位嘉宾的幸福健康,干杯!

经贸论坛宴会祝酒词

【场合】宴会

【人物】政府领导、嘉宾

【祝词人】某领导

【关键词】友谊的桥梁一定会化作腾飞的翅膀，真诚的合作一定会敲开成功的大门！

尊敬的各位领导、各位嘉宾：

大家下午好！

在风景怡人的湘江之滨，在钟灵毓秀的岳麓山下，我们相聚雷锋家乡希望之城，隆重举办湘台经贸交流与合作高峰论坛，同叙友谊，共谋发展，其情真真，其意切切。借此机会，我谨代表中共××市委、市人民政府，对远道而来的各位嘉宾贵客表示最热烈的欢迎和最诚挚的问候！

友谊架通合作桥，开放拓宽发展路。近年来，湘台两地之间的不断深化交流与合作，取得了丰硕成果，此次论坛的成功举办就是最好的证明。我们将以此为契机，积极开辟合作新途径，不断拓宽发展新空间，加快对外开放步伐，降低市场准入门槛，提升政务服务水平，使××成为经济社会快速发展、核心竞争力不断增强的区域性中心城市，成为台湾资本输出、产业转移的重要基地。我相信，在湘台两地的共同努力下，友谊的桥梁一定会化作腾飞的翅膀，真诚的合作一定会敲开成功的大门！

最后，我提议，祝愿我们的友谊天长地久、各位身体健康，干杯！

花会欢迎宴会祝酒词

【场合】欢迎宴会

【人物】领导、嘉宾

【祝词人】某发言人

【关键词】漳州大地仍是百花争艳，万木葱茏，这象征着我们的友谊与合作将迎来更加绚丽和美好的明天。

第二部分 祝酒词实例

235

尊敬的各位领导、各位来宾：

晚上好！

由国台办、农业部、国家林业局、福建省人民政府共同主办，商务部、科技部大力支持的"第×届海峡两岸（福建漳州）花卉博览会暨农业合作洽谈会"在各主办方、承办方、协办单位的共同努力下，明天就要开幕了。受福建省委书记×××先生、省长×××先生的委托，我谨代表福建省委、省政府和花博会暨农洽会组委会对各位领导、各位来宾、各界朋友的莅会表示热烈欢迎和衷心感谢！

海峡两岸（福建漳州）花卉博览会已成功举办了×届，得到了各位领导和社会各界的热切关注和大力支持，花博会有力地促进了两岸经贸合作，取得了丰硕成果。年年岁岁花相似，岁岁年年"会"不同。第×届海峡两岸（福建漳州）花卉博览会暨农业合作洽谈会，是在我省深入贯彻十六届五中全会和省委七届十次全会精神，进一步推进"对外开放、协调发展、全面繁荣"的海峡两岸经济区建设的新形势下举办的，是促进两岸交流合作、实现互利共赢的一个重要平台。今天，我们在此欢聚一堂，共迎盛会，重叙友情，结识新朋，寻求商机，共谋发展。

此时此刻，水仙花的故乡虽已是初冬时节，但漳州大地仍是百花争艳、万木葱茏，这象征着我们的友谊与合作将迎来更加绚丽和美好的明天。衷心祝愿海峡两岸花博会暨农洽会在大家一如既往的大力支持和共同关心下取得圆满成功！

现在，我提议，为第×届海峡两岸（福建漳州）花卉博览会暨农业合作洽谈会的成功举办，为各位领导、各位来宾、各位朋友的健康幸福，为我们在更为广阔的领域里的交流与合作，干杯！

谢谢大家！

旅游节交易宴会祝酒词

【场合】欢迎晚宴

【人物】市委领导、嘉宾

【祝词人】市委书记

【关键词】悠悠岁月的丰富遗存，美好自然的慷慨馈赠，既为我市大力发展旅游积聚了巨大的潜力,也使我市旅游充满了无限的魅力。

各位领导,各位来宾:

金秋九月,金风送爽,丹桂飘香。在这美好的时节,我们在这里隆重举办××旅游交易会,这既是加快中西部经济技术协作区旅游发展的一项重大举措,也是加深中西部经济技术协作区旅游界之间友情的一次重要活动。

在此,我谨代表中共××市委、市政府和600万热情好客的××人民向出席今天旅游交易会的各位领导、各位来宾表示最热烈的欢迎!向长期以来关心、支持包括××在内的中西部旅游发展的各位嘉宾和社会各界朋友表示最衷心的感谢!

××是一座具有两千多年建城史的全国历史文化名城,自古物华天宝、人杰地灵……

悠悠岁月的丰富遗存,大自然的慷慨馈赠,既为我市大力发展旅游积聚了巨大的潜力,也使我市旅游充满了无限的魅力,吸引了众多旅游者的目光。

我们也深知,××旅游要想大发展、快发展,仍然离不开大家的呵护与支持。我们举办此次交易会的目的,就是为了使大家更好地认识××、了解××,并通过你们广邀海内外各界人士,到××指导工作、观光旅游、洽谈交流、合资合作,在更高层次上实现中西部旅游发展的良性互动,极大地促进包括××在内的中西部地区旅游资源的开发利用,使××以及中西部地区真正成为海内外游客向往的旅游胜地。

我们深信,经过我们大家的共同努力,此次交易会一定会取得圆满成功,中西部的旅游的明天一定会更加美好。

最后,祝各位领导、各位嘉宾身体健康、工作愉快、一切都如意!干杯!

欢迎合资人祝酒词

【场合】欢迎宴会

【人物】公司全体员工及各方嘉宾等

【祝词人】公司领导

【关键词】我们的友好关系能如此顺利地发展,是与我们双方严格遵守

第二部分　祝酒词实例

237

合同与协议,相互尊重和平等协商分不开的,是我们双方共同努力的结果。

尊敬的××董事长先生、贵宾们:

大家晚上好!

算起来,××董事长先生与我们合资建厂已经有两年了,今天能够亲临我厂,对我厂生产技术、经营管理进行考察和指导,我们表示热烈欢迎!

两年来,我们感到高兴的是,我们双方合资建厂、生产、经营、管理中的友好关系一直稳步向前发展。

我们的友好关系能如此顺利地发展,是与我们双方严格遵守合同与协议,相互尊重和平等协商反不开的,是我们双方共同努力的结果。

我相信,通过这次××董事长亲临我厂进行指导,能更进一步加深我们双方的相互了解和信任,能更进一步增进我们双方友好合作关系的继续发展,使我厂更加兴旺发达!

最后,让我们共同举杯,向××董事长表示热烈的欢迎!

大客户联谊会祝酒词

【场合】大客户联谊会

【人物】企业大客户及企业主要领导

【祝词人】企业领导

【关键词】客户成功,我们才成功。你们的关爱,就是我们的动力;你们的希望,就是我们的目标。

尊敬的各位领导、各位嘉宾:

你们好!

今天,能与在座各位领导和朋友欢聚一堂,我感到非常的荣幸。在此,我谨代表××电信对多年来一直关心、关爱和支持我们发展的各位领导和朋友们表示衷心的感谢,对各位的光临表示热烈的欢迎!

多年来,××电信在县委、县政府和上级部门的正确领导下,充分发挥信息化建设主力军作用,不断加快通信基础设施建设,感动地方经济发展。目前,小灵通网络已覆盖全县主要乡镇,宽带网络通达全县所有乡镇……大客户事业历来是我们服务和经营工作的重中之重……

各位领导、各位来宾，客户成功，我们才成功。你们的关爱，就是我们的动力，你们的希望，就是我们的目标。在此，我再一次代表××电信所有员工，对各位表示衷心的感谢，也真诚地希望社会各界一如既往地对××电信的工作给予更大的支持和帮助。

最后，请大家举杯，为我们的相聚，为朋友们的身体健康，干杯！

第三节　商务祝语总结

感谢您在过去的一年对我工作的支持，希望您在新的一年里工作顺利，心想事成。

愿一个问候带给你一个新的心情，愿一个祝福带给你一个新的起点。

一声问候、一个愿望、一串祝福，望你心中常有快乐涌现……

春风如梦风过无痕，只为心的思念，遥寄一份浓浓的祝福。

蓝天吻着海洋，海洋偎着蓝天，我把祝福写在蓝天碧波上。

真诚的祝愿带给远方的你，愿你事事顺心、快乐相随。

观念决定方向，思路决定出路，胸怀决定规模。朋友具备这些条件，所以成功属于您！祝福您我的朋友。

寻找每一次的真诚，感受每一份的真情！我愿与您鼎力合作，共同飞向事业的顶峰！

正确的方向，积极的思想，环境的栽培，坚持不懈的行动。观念决定方向，思路决定出路，胸怀决定规模。努力吧！

在朋友的基础上做生意，那朋友就会失掉。在生意的基础上交朋友，那会没有生意做。

打开心灵，剥去春的羞涩；舞步飞旋，踏破冬的沉默；融融的暖意带着深情的问候，绵绵细雨沐浴那昨天，昨天激动的时刻；你用温暖的目光迎接我，迎接我从昨天带来的欢乐。

第十四章 美言一句三冬暖——励志篇

第一节 励志祝酒词特点

所谓"美言一句三冬暖"。

鼓励员工,可以同舟共济,共度难关,争取胜利;鼓励晚辈,可以刻苦学习,再攀新高;鼓励朋友,可以让他早日从失落的阴影中走出来。所以祝酒词的作用不可小视。

励志祝酒词的特点:动之以情、晓之以理,情感的换位体验与道理的透彻说教,双管齐下,鼓励的效果极为显著。

第二节 励志祝酒词范文欣赏

校园励志祝酒词

【场合】学生会聚会

【人物】班主任、学生

【祝词人】班主任老师

【关键词】十年砺剑百日策马闯雄关,一朝试锋六月扬眉传佳音。

亲爱的同学们:

今天离高考只剩一百天了,从今天开始,高考冲刺的战役将正式打响。十年砺剑百日策马闯雄关,一朝试锋六月扬眉传佳音。你们都进行了将近三年的勤奋学习、刻苦拼搏,如今,是你们向着梦想进发的时候了!

进入理想的大学是你们的梦想，没有经历过大学生涯的人生是缺憾的。正是大学那种神圣的光芒，吸引着莘莘学子马不停蹄地谱写梦想的乐章。

高三是人生中的重要驿站，在高三的岁月中，我们青春无悔，我们壮志满怀，我们以积极的心态迎接人生伟大的挑战。高三是享受拼搏、奋斗人生的最佳时光。花季少年，初生牛犊，指点江山，激扬文字，敢与天公试比高。年轻是我们的资本，成功是我们的追求，奋斗不止是我们的宣言，愈挫愈勇是我们的气魄。

亲爱的同学们，在未来的这一百天里，我希望你们能够一如既往地勤奋耕耘，将良好的学习风貌永远保持下去。把艰辛磨砺成利剑，驰骋于这竞争的时代，当希望之帆在心中升起之时，命运之船也即将起航，让我们一起风雨兼程，乘风破浪。无论我们的过去多么惨淡，无论我们的过去多么辉煌，我们都将在高三这一起跑线上齐头并进，无论身心多么疲惫，我们都将携手向前，永不言败。

今日的誓师人，必将是明日的成功者。我们都明白，少壮不努力，老大徒伤悲。翻过人生的这一页，等待我们的将是远大的前程和广阔的天地。

金鳞岂是池中物，一遇风雨便化龙。让我们在风雨中出发，奔向美好的人生殿堂！干杯！

校园励志祝酒词

【场合】大学联谊会
【人物】系辅导员、同学
【祝词人】学生会主席
【关键词】俗话说，如果你无法增加生命的长度，你可以设法延长它的宽度。

亲爱的同学们：

大家好！

回首这几年来的校园生涯，我有许许多多的感慨。如何使大学生活过得充实而有意义，一直是我所思虑的。近来颇有所感，愿在这里同大家一起分享。

唯淡泊得以明志，唯宁静得以致远。淡泊宁静的生活是古来多少仁人志士的追求。经历过高考的轰轰烈烈,许多同学都向往着大学里的宁静生活。对他们来说,大学是个可以放慢脚步,安心休憩,享受生活的地方。于是"与世无争"成为许多大学生的信条,无忧无虑成了许多学子的追求。那么,这一份淡泊与宁静是否真的值得大学生们追求呢?在我看来,年轻人应该是充满朝气的一代,追求安闲与享乐虽不失为一种合理的人生态度,但这其中不免掺杂了许多岁月留下的疲惫与无奈。到底是什么使如今的许多大学生失去了热血沸腾与激情澎湃,是什么使他们丧失了人生最珍贵的追求与信仰,又是什么使他们看起来如此身心俱疲、老态龙钟?试想,失去追求的热情与拼搏的汗水,难道不是年轻人最为可悲的么?

俗话说,如果你无法增加生命的长度,你可以设法延长它的宽度。这在告诉我们生命可贵的同时,还告诉了我们只有五彩缤纷的生活,才是最充实而有分量的。人生短暂,青春易逝。追求平淡的表面下,深深隐藏的是勇气丧失和面对挑战时的恐惧,是犹疑,是无奈,是彷徨,是怯懦。这与古来圣贤所追求的内心的平静与淡泊又何止相距万里之遥?

大学生活对我们每个人来说都是生命中的重要驿站,时光不可倒流,光阴怎能虚度。著名女作家三毛曾经说过:即使不成功,也不至于成为空白。

面对不是最可怕的,经历失败,你将收获磨砺,收获人生最宝贵的感悟。而成为空白,内心只能有沉重的空虚与无尽的怅惘。只要参与过、尝试过,生命不会留下空白,人生便不会有遗憾。

朋友们,不要再为落叶伤感,为春雨掉泪;岁月可使皮肤起皱,而失去热情则使灵魂起皱。让我们拿出尝试的勇气,拿出我们青春的热情,大学四年毕业时,再回首,我们没有平淡、遗憾的青春。让我们的青春飞扬吧!

谢谢大家!

家庭励志祝酒词

【场合】家庭聚会
【人物】家庭成员
【祝词人】年长者
【关键词】自古以来人们就懂得一个"居安思危"的道理,一个人如果沉迷于安逸中,就会缺少危机意识,就不容易进步,很容易被社会所淘汰。

各位小辈：

喝酒前，我想对你们讲个故事：

有一只小鸟儿很羡慕游手好闲、养尊处优的家鸡，它想："为什么我每天都要在天空中飞翔，只有筋疲力尽的时候才能落在枝头上休息一会儿，而那群家鸡却什么也不用做，每天只是吃和睡，无忧无虑的，多好啊！"于是，有一天它自动放弃飞翔，加入到了家鸡的行列。它原本是一只能够飞得很高很高、唱得很美很美的鸟儿。但为了博得家鸡们的好感，它不得不深藏起自己的本领。即使偶尔"飞翔"，也只是像家鸡一样拖着翅膀贴着地面瞎扑腾，而当歌唱时，也是像家鸡一样拿捏着嗓子喔喔乱叫。久而久之，它也就忘记了自己的飞翔和歌唱，变成了一只地地道道的家鸡。

有一天，鸟儿所在的家鸡群碰到了一只凶恶的狐狸。所有的家鸡都不再快乐，而是四散逃窜，但这是徒劳的，没有一只鸡能够逃出狐狸的利爪。在生死存亡关头，鸟儿想到了以前飞翔的能力，可这时它却无论如何也不能像过去那样利箭似的冲上蓝天，只是掠出去不过一丈远，便像块石头一样重重地摔在了地上。狐狸一脸狞笑，一步步走向受伤的鸟儿……

当被狐狸咬断脖子时，鸟儿悔恨交加地说："我真不该为了贪图一时的安逸而放弃自由的飞翔啊！"

贪图安逸的小鸟，最终在悠闲的日子里丧失了飞行的能力，直到被狐狸抓住的那一刻，才深深悔悟到安逸带来的危害。可又有什么用呢，自己已是狐狸的口中之物。相信如果再给小鸟一次机会，它绝不会放弃自由的飞翔而贪恋家鸡的养尊处优。

其实，追求安逸并没有错，安逸是一种和谐的心理状态，经历艰难困苦后短暂的安逸生活可以让人得到宁静和休息。但过于安逸舒适可能使人缺乏斗志。对于这一观点，应该辩证地看。日子过得舒服不是坏事，我们也应该力争让自己过上更好的生活，这也是促使我们奋发向上的动力。但是，自古以来人们就懂得一个"居安思危"的道理，一个人如果沉迷于安逸中，就会缺少危机意识，就不容易进步，很容易被社会所淘汰。当他面对逆境时，也无法摆脱逆境的困扰，终究会在逆境中灭亡。

现实生活中，人总是害怕辛苦而主动放弃了奋斗。当外界的环境安逸

的时候,就会放松警惕,而只是享受懒散的生活,人生的竞争是激烈并且残酷的,一旦环境发生变化,只有那些有准备的人才能获得生存的机会。所以,切不要让安逸蒙蔽了你的双眼,打起十二分精神努力拼搏,些许风雨有助于飞得更高,学到更多本领。

现在,让我代表各位长辈,祝你们在未来的道路上,勇于拼搏,艰苦奋斗,打造自己的天空。干杯!

企业励志祝酒词

【场合】业界精英聚会

【人物】公司老总

【祝词人】人力资源师

【关键词】个人与企业价值观兼容,唯一的表现形式是团队关系与团队合作。一般而言,愿意在企业内发展的人都是认可企业价值观的人,这些人是形成企业团队的核心力量。

尊敬的各位领导:

大家好!

《圣经》告诉我们,希望别人怎样待你,你就要怎样对待别人。你也许认为这句话只能用在宗教和道德行为上。其实这和良好的管理也有极大的关系。为什么?因为人们不愿意跟随对他们漠不关心的管理者。德鲁克在《21世纪的管理挑战》中说道,个人与企业的价值观必须兼容。

个人与企业价值观兼容,唯一的表现形式是团队关系与团队合作。一般而言,愿意在企业内发展的人都是认可企业价值观的人,这些人是形成企业团队的核心力量。作为企业管理者,一定要给予这些团队成员归属感。作为领导,如果你认为自己比别人强得多,那么最好改变这种可怕的想法,不然永远没有人乐意跟随你。

其实,想要下属对你忠心耿耿、赴汤蹈火,并不难做到。最有效的办法是学会如何抓住下属的心。因为人的心思会随着工作或身体等状况的变化而变化。只要我们敏锐地掌握下属微妙的心理变化,适时地采取行动,就能抓住他们的心。

当下属情绪低落时，是抓住下属的心的最佳时机，从而进行情绪管理。以下几种情况应熟练掌握：第一，工作不顺心时。人在彷徨无助时，希望别人来安慰或鼓舞的心情比平常更加强烈。第二，人事异动时。因人事异动而调到团队的人，通常都会交织着期待与不安的心情，应该帮助他早日去除这种不安。另外，由于工作岗位构成人员的改变，下属之间的关系通常会产生微妙的变化，不要忽视这种变化。第三，下属生病时。不管平常多么强壮的人，当身体不适时，心灵也是特别脆弱的。第四，为家人担心时。家中有人生病，或是为小孩的教育等烦恼时，人就会变得烦躁而情绪低落。这些情形都会促使下属的情绪低落，所以适时的慰藉、忠告、援助，会比平常更容易抓住下属的心。

希望各位领导能掌握这些驭人技巧，在今后的工作中有更加突出的表现，我相信，在你们的带领下，××公司将出现一大批精英人士。现在，请让我们共同举杯，祝我们的明天更加辉煌，祝各位身体健康、家庭幸福，干杯！

个人励志祝酒词

【场合】部门聚会

【人物】部门领导、同事

【祝词人】职员

【关键词】人在职场，不仅要懂得做正确的事，更要明白正确的做事。

各位同事：

最近我在看《杜拉拉升职记》，里面有段内容很精彩，对我启发很大。今天我也把书带来了，给各位念一段：

"拉拉和王伟分手后，回到酒店就把自己泡在浴缸里，水龙头有点没关严，水珠往下滴着滴着，隔三秒钟就发出好听而单调的叮咚声圆润地坠入浴缸的水里，使得房间里显得越发的静谧。水漫过拉拉美好的身段，她把头发湿漉漉地散着，头靠在浴缸一头一动不动地躺着，两眼盯着对面被热水的雾气弥漫了的镜子，陷入了沉思：自己和王伟的差别到底在哪里？王伟活得神气活现，自己却干得多拿得少还要做受气包。拉拉小时候，老师教导大家说，劳动创造世界。因此她一直不惜力气热爱劳动，不论是脑力劳动还是体力劳动。拉拉向来认为,做下属的就要多为上司分担,少麻烦上司,尽量自己摆平各种困难,否则老板要你这个下属干什么用。基于上述两点认识,拉拉总是很少麻烦李斯特,自己悄没声息地就把许多难题给处理了。当然,她也学过:劳心者治人,劳力者治于人。之前,她没有想过,她在 DB 正是属于人们常说的那种'典型的干活的人'——就是个廉价的'劳力者'。浴缸里的水温慢慢凉下来,拉拉也渐渐地理出了一条思路:就是因为自己和李斯特沟通不够,绝大多数事情都是自己默默干了,所以他根本没有意识到发生过多少问题,有多少工作量,难度有多大。于是,他就不认为承担这些职责的人是重要的。正因为他不认为你是重要的,他就不会对你好,甚至可能对你不好。而王伟干的是销售,销售工作有一个显著特点,就是工作指标特别容易量化。每个月卖得多了或是少了,给公司赚了多少钱,一眼就看得清清楚楚。他卖得好,所以,他是重要的,EQ 低一点也没关系。"

"傻"有很多注解,职场上就有一种,以黄牛般默默无闻的苦干家为主体。有人认为这是美称,这是温暖的赞扬。但当这种傻没有得到认可和回报的时候,一味地傻下去意义何在?大概很少有人愿意空着肚子自我陶醉,毕竟嘴巴还是要吃饭的!可是,纵观职场,发现当黄牛者不在少数。他们总是埋着头踏踏实实地耕耘着自己那一亩半分田,他们甚至乐呵呵地接过同事强塞的活儿,他们就像杜拉拉一样,抱着绝不给老板惹麻烦,什么问题都自己解决的理念。结果呢?辛苦耕耘,最后却只能埋在人群堆里,即使跳起来也进不了老板的视线。眼瞧着别人风光无限,而自己始终灰头土脸,于是忍不住埋怨老天爷近视眼,看不见自己挥洒的汗水……接着嘀咕,暗骂老板有眼无珠,见不着自己的忠诚、勤奋、踏实、敬业和能力……你觉得冤枉!实际上,问题完全出在你自己身上。想一想,老板日理万机,必然不能事无巨细,如果你只顾闷着头干活,老板怎么知道这中间你究竟做了多少?在他的概念里,他接收的只是一个结果,至于过程,几近空白。而且,就算你完成了工作,由于环境和局面的复杂性,老板也未必就喜欢你。所以,要懂得抓住重点:要让老板知道你的重要性。这是策略问题。那该怎样做呢?不妨尝试杜拉拉的招数,据说会非常有效!首先,把每一阶段的主要工作任务和安排都做成清晰简明的表格,发送给老板,告诉老板如果有反对意见,在某某日期前让你知道,不然你就照计划走——这个过程主要就是让他对工作量有个概念。其中提出日期限定，是要逼他去看工作表（老板们很忙，你的忙碌他常常会视而不见，甚至有可能根本不看）。用简明的表格来表述，是为了便于老板阅读，使他不需要花很多时间就能快速看清楚报告的内容。其次，不要以为不给老板找麻烦，什么困难都自己解决，老板就会欣赏你，这样只能使老板忽视你，因为他根本不了解工作的难度。合适的做法是遇到问题时先带着你的解决方案去找老板开会，让他了解困难的背景，等他听了头疼的时候，再告诉他你的两个方案，分析优劣给他听，他就很容易在两个中挑一个出来了。这样，老板就可以对你工作中的困难的难度和出现的频率、你的专业，以及你积极主动解决问题的态度和技巧，有了比较全面的认识。第三，每次大一点的项目实施过程中，学会主动地在重要阶段给老板一些信息。就算过程再顺利，也要让他知道进程如何，把这当中的大事 brief（摘要）给他。最后出结果的时候，再及时地通知他，免得他不放心，这样他也不需要问你要结果。这样，老板会觉得把事情交给你，他可以很放心，执行力绝对没有问题。最后，在和其他部门协同工作的时候，一定要清晰简洁而主动地沟通，尽量考虑周到。写计划或者说话，也要小心，避免出现有歧义的内容，这样就减少了与他人之间的摩擦，这样的结果就是你的老板会认为你很牢靠，不会给他找麻烦。干了活还受气，想让自己避免受委屈，那就要让老板知道你的重要性，问题自然也就迎刃而解了。

　　以上是我的一些感受，请诸位不要笑话。人在职场，不仅要懂得做正确的事，更要明白正确的做事。现在，请大家共同举杯，为了我们能在职场上出人头地，被老板赏识，也祝愿各位身体健康，爱情甜蜜，干杯！

生活励志祝酒词

【场合】日常聚会

【人物】朋友

【祝词人】当事人

【关键词】但能在灯红酒绿、推杯换盏、斤斤计较、欲望和诱惑之外，不依附权势，不贪求金钱，心静如水，无怨无争，拥有一份简单的生活，不也是一种很惬意的人生吗？

亲爱的朋友们：

人总爱和自己较劲儿，什么事都要弄个水落石出，总要把简单的问题搞复杂。胡子放在被子里还是被子外？原本很自然的事，考虑多了便成了烦恼。

生活也一样，如果你对生活有太多的要求，就会为生活所累。曾有一首歌唱到，"总是到了最后才明白，平平淡淡，简简单单才是真……"。的确，生活需要简单，简单能够带来和谐。简单的生活，就是快乐的生活。

简单是一种心灵的净化，它是安定，是整顿，是率直，是单纯，它通常表现在诸如单纯的饮食、更有纪律的日常作息。换言之，简单化就是在喧嚣的世俗里增加一份宁静。

美国哲学家梭罗有一句名言感人至深："简单点儿，再简单点儿！奢侈与舒适的生活，实际上妨碍了人类的进步。"他发现，当他生活上的需要简化到最低限度时，生活反而更加充实。因为他已经无须为了满足那些不必要的欲望而使心神分散。

简单地做人，简单地生活，想想也没什么不好。金钱、功名、出人头地、飞黄腾达，当然是一种人生。但能在灯红酒绿、推杯换盏、斤斤计较、欲望和诱惑之外，不依附权势，不贪求金钱，心静如水，无怨无争，拥有一份简单的生活，不也是一种很惬意的人生吗？毕竟，你用不着挖空心思去追逐名利，用不着留意别人看你的眼神，没有锁链的心灵，快乐而自由，随心所欲，想哭就哭，想笑就笑，虽不能活得出人头地、风风光光，但这又有什么关系呢?！

现在，我提议，让我们共同举杯，为我们有一个简单、幸福而快乐的生活，干杯！

第三节　励志祝语总结

要成功，你需要朋友；要非常成功，你需要敌人；要真正成功，你需要战胜自己。

知道自己能够做些什么，说明你在不断地成长；知道自己不能够做些什么，说明你在不断地成熟。

失恋之所以痛苦,是因为对方的心收了回去,而自己的心还不肯回来。

一个人最大的破产是绝望,最大的资产是希望。

发光并非太阳的专利,你也可以发光。

人在旅途,难免会遇到荆棘和坎坷,但风雨过后,一定会有美丽的彩虹。我希望看到一个坚强的我,更希望看到一个坚强的你!

愿你一切的疲惫与不快都化为云烟随着清风而逝;愿你内心的静谧与惬意伴着我的祝福悄然而至。

愿你有许许多多美好的回忆能帮你度过那些不愉快的时光。

与其临渊羡鱼,不如退而结网。

梅花香自苦寒来,宝剑锋从磨砺出。

吃得苦中苦,方为人上人。

不要等待机会,而要创造机会。

在纠正别人之前,先反省自己有没有犯错。

人总是在织梦、碎梦、希望、失望中生活。愿我们牢记:跌倒了,爬起来再前进!

平凡的人听从命运,只有强者才是自己命运的主宰。

愿我们都成为活跃的音符,谱写开拓的韵律,去叩醒一个个充满希望的明天。

别想一下造出大海,必须先由小河川开始。

最有效的资本是我们的信誉,它 24 小时不停地为我们工作。

如果我们想要更多的玫瑰花,就必须种植更多的玫瑰。

伟人之所以伟大,是因为他与别人共处逆境时,别人失去了信心,他却下决心实现自己的目标。

永远不要指望幸运!我们的最高原则是:面对任何困难都决不屈服!

不必面对高耸的峰巅踯躅犹豫,不要放弃当初的希望和努力。我们早应有这样的思想准备:在事业上没有坦途!

多美的"马拉松"精神啊!它意味着意志坚定,脚踏实地,不断奋进,不达目的决不停息。让我们都来发扬"马拉松"精神!

我们预定的目标,不是享受,也不是受苦,而是要使每一天都比昨天更进一步。

第十五章　会须一饮三百杯——即兴篇

即兴祝酒词体现出灵活性(临场发挥)、趣味性,使得酒宴的气氛不那么严肃、庄重,人们在轻松愉悦快乐的环境中,交流更加随心所欲。一般使用在非正式场合。

食鸡

【场合】食鸡迎宾酒
【人物】主人、宾客
【祝词人】东道主
【关键词】希望文昌鸡能带给大家吉祥,祝愿大家吃完文昌鸡,福星高照,鸿运当头!

各位来宾:

欢迎各位来自远方的贵宾来到美丽的海岛——海南。在这里你可以躺在雪白的沙滩上享受温暖的日光浴,欣赏迷人的海水,也可以穿上潜水衣到海底探索令人神往的奥秘。富有传奇色彩的少数民族风情定会使你流连忘返,诸多风味的小吃更是会让你垂涎欲滴。这里四季如春鲜花盛开、瓜果飘香,阳光、沙滩、海水、空气,兴隆康乐温泉,无不散发着这个热带海岛的特殊魅力。

今天我要带你们共同品尝海南的美食。说到吃,海南的美食可是数不胜数,你不必每一样都吃到,但是有一样东西是你不可不吃的,那就是鸡。海南有句俗语,叫做"无鸡不成席"。因为鸡与"吉"同音,吃鸡就代表一种隆重和祝愿。

海南四大名吃之一文昌鸡,肉质滑嫩,皮薄骨酥,香味甚浓,肥而不腻。今天,为了表达我们对来自××的各位贵宾的欢迎之情,我们专门请本市最有名的×××厨师给大家精心制作了远近闻名的文昌鸡,请大家细细品尝。

吃鸡要吃出它的风格,不是有人说吗:吃鸡头,一鸣惊人;吃脖子,承上启下;吃脊背,不负众望;吃胸脯,胸有成竹;吃大腿,脚踏实地;吃鸡爪,步步登高;吃鸡胗,义无反顾;吃鸡翅,展翅高飞!可见,鸡的每个部分都是宝,都能带给我们意想不到的好运。那么大家就慢慢品尝吧,相信幸运马上就会降临到你的头上。希望文昌鸡能带给大家吉祥,祝愿大家吃完文昌鸡,福星高照,鸿运当头!

让我们共同举杯,为今天的文昌鸡干杯,为我们难得的相聚干杯,为我们共同的美好前途干杯!

食鱼

【场合】迎宾食鱼晚宴

【人物】主人、宾客

【祝词人】东道主

【关键词】祝贵公司的发展如鱼得水!祝各位朋友的生活年年有"鱼"!工作游刃有余!祝我们合作的潜力有余,前景有余!

各位来宾:

欢迎××公司的各位贵宾来到美丽的湖滨城市××。今天,我们共商合作大事,整个商谈过程十分融洽,最终非常顺利地达成了合作意向。现在让我们将工作放下,共赏我们这座城市的美景,共享××独有的美食。

放眼眺望,水天一色,浑然天成。不管你身处××的哪个角落,你都可以看见清澈见底的湖滨风光,郁郁葱葱的林荫小道,宽阔洁净的城市干道,风格迥异的园林广场。我相信在如此风光明媚的城市,贵公司一定能和我们共同发展、共同进步。

××城不仅有迷人的景色,还有很多独具特色的美味佳肴。今天我们请各位来宾品尝××最具特色的××鱼。××鱼盛产于××星罗棋布的湖泊,是大自然对我们的馈赠。今天我们要吃的××鱼烹饪别致,形色逼真,鱼肉鲜软,爽滑可口,别具一格。

××鱼,雪白娇嫩,热气氤氲。那雪白的鱼肉,看上去极柔软,实际上却又非常紧致。用筷子夹一块,放进嘴边,香气扑鼻而来。待入嘴后,不需咀

嚼,鱼肉已经在舌上化开。千万个味蕾敞开怀抱,拥抱不期而遇的美味,如鲤鱼跳龙门般快活。你能感觉到微风轻抚湖面般的温馨,你能感受到鱼儿的呼吸,你能感受到大自然的魅力。此时,让我们酹天地,酹江月,酹那造出此鱼的造物主。

各位××公司的朋友,在此,我想借鱼表达我们对你们的祝福,祝贵公司的发展如鱼得水!祝各位朋友的生活年年有"鱼"!工作游刃有余!祝我们合作的潜力有余,前景有余!

为我们美好的鱼宴干杯!为我们的美好前景干杯!

食鹅

【场合】食鹅宴会
【人物】主人、宾客
【祝词人】东道主
【关键词】希望美味的五月鹅能带给大家健康长寿。

尊贵的各位来宾:

大家好!

有朋自远方来,不亦乐乎。在这片古老而又充满传奇色彩的土地上,热情好客的××人民敲起了欢腾的锣鼓,跳起了独具风情的舞蹈,欢迎来自五湖四海的朋友们。

××有着厚重的历史文化、美丽的山水自然风光、丰富的旅游资源、良好的投资环境。××人民热忱欢迎社会各界人士、海内外同胞、乡亲朋友到这里来共谋发展。

放眼××,耀眼夺目、郁郁葱葱、整洁干净、雅致舒适。这里有人群熙攘的商业中心,也有保存完好的古街等,山、水、林遥相呼应,人和景融为一体,分布合理、功能完备,古镇风貌凸显、水乡风格浑厚。

在这里,还有风味独特的鹅等着大家来品尝。××生产鹅,可谓是鹅的故乡。鹅,是人们日常的餐桌肉食。烧、卤、煮、烩、浸、炖……人们各施其法,务求把鹅肉的美味最大限度地挖掘出来。中医还认为,鹅肉具有养胃止渴、补气之功效,能解五脏之热,所以有"喝鹅汤,吃鹅肉,一年四季不咳嗽"的说法。

但是，食鹅是有季节之分的，因此就出现了冬至鹅、五月鹅、菜花鹅、夏至鹅等不同季节有关鹅的美食。在当下这个莺飞鸟鸣，百花争艳，水波粼粼充满"诗意"的季节中，我们当然要请大家吃骨香肉嫩的五月鹅了。请大家循着香气袭人的鹅味，吃个痛快，吃得酣畅淋漓。希望美味的五月鹅能带给大家健康长寿。食鹅头，聪明智慧，独占鳌头；食鹅脖，曲项向天，直冲云霄，食鹅掌，鸿运常伴，清波顺利；食鹅翅，展翅高飞，前程万里，食鹅胸，胸怀大志，壮心不已。食完鹅肉，女同胞美颜常驻，青春焕发，男同胞身强体壮，魄力无穷。

最后，请大家共同举杯，为此次的合作成功，为共建××美好的明天，干杯！

谢谢大家！

听雨

【场合】友人小聚

【人物】朋友们

【祝词人】朋友

【关键词】好雨知时节，当"聚"乃发生。

各位哥们儿：

我们可是经历过无数的风吹雨打，经久不散的朋友。我们之间的故事就像外面的雨点数也数不清，我们之间的感情就像无数水滴汇聚成的一条永无止境的河流。首先我敬各位一杯，感谢各位朋友多年来对兄弟的照顾，也感谢各位对我的祝福。同时，我也有很多话想说，只不过我要说的话有点特别，它全融会在窗外的丝丝细雨中。

先看天上的云。是否想起小时候躺在草堆上，用细小的手指数着天上变幻莫测的云朵？是否想起有关云朵的各种传说？云是无数水汽凝结而成的。小时候，我们就好比那大小不一的水汽，因为有缘，我们相聚；因为志趣相同，我们一起看云，我们的心从此就像云一样凝聚在一起，成为无话不谈的朋友。

看窗外的雨，离开云朵，成丝、成线，错落有致，坠向地面的各个角落，犹

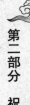

如我们慢慢长大，因为求学、工作等各种原因，我们扎根于不同的城市。我们每个人走过的路交织在一起，就如同窗外的雨景般美丽。听，雨滴打在窗上，地上，房顶上，没有节奏，没有旋律，却异常动听。这雨，滴答、滴答，落在地上润物，落在脸上惬意。如同发生在我们每个人身上的小故事，悲欢离合，连起来就是我们共同演奏的生命的音符。雨水绵延不绝，就如我们永恒的友谊长盛不衰。

再抬头看看云，此时，它意味着我们的再次相聚。我们就像来自不同城市的水分子再次汇集到一起。

好雨知时节，当"聚"乃发生。雨也来凑我们的热闹，我们在雨中相聚，我们在雨中回忆过去，我们在雨中畅饮，随后，我们又将在雨中分离。我们的友谊就像绵绵细雨永远都剪不断。

最后，让我们共同举杯，在雨中祝福我们的友谊长存！干杯！

即兴祝语总结

祝你事事都美好，天天一饱两个倒，躺在床上数钞票，经常看见你傻笑，愿你青春又年少！

人气高高，快乐飘飘，苦也陶陶，乐也陶陶；喜气高照，运气正妙，青春年少，开怀常笑！

一如既往，二人同心，三口之家，四季欢唱，五福临门，六六顺意，七喜来财，八方鸿运，九九吉祥，十分美满。

一丝真诚，胜过千两黄金；一丝温暖，能抵万里寒霜；一声问候，送来温馨甜蜜。

第十六章　一句话胜读十年书——名人篇

1957 年毛泽东主席在欢迎印度副总统拉达克里希南宴会上的祝酒词

【场合】国宴
【人物】中印领导人
【祝词人】毛泽东主席
【关键词】殖民主义者的一切阴谋和挑衅一定会遭到最惨重的失败。
副总统阁下，同志们、朋友们：

印度共和国副总统、印度杰出的学者和政治家、中国人民的好朋友拉达克里希南博士来到我国进行友好访问，我们向他表示热烈的欢迎。我们感谢他给中国人民带来了伟大的印度人民的深厚友谊。

中印两大民族自古以来就是好朋友、好邻居。我们两国共同倡导的和平共处五项原则，又使我们的传统友谊有了新的基础、新的发展。我们两国人民都在建设自己的国家，都在为争取世界和平而努力。为了这些共同的目标，我们两国进行着亲密的和友好的合作，中印两国十万万人民团结在一起，是一个伟大的力量，是亚洲和世界和平的重要保证。

我们这个时代的一个特点是亚非各国民族独立运动的高涨。殖民主义者想尽一切办法企图扭转这个形势，但是，正像去年埃及人民和现在叙利亚人民向全世界所表明的那样，殖民主义者的一切阴谋和挑衅一定会遭到最惨重的失败。中国人民坚决支持亚非各国人民争取和维护民族独立的斗争。

中国人民历来对勤劳、智慧的印度人民怀着极大的敬意。我们庆贺印度人民在和平建设中的每一个成就。我们敬佩印度人民对于国际和平事业的出色贡献。我们特别感谢印度在国际事务中对中国的正义支持。我们毫

不怀疑,印度将在世界上起着越来越重要的作用。

我提议,为印度共和国的繁荣和印度人民的幸福,为中印两国人民的友谊,为世界和平,为印度共和国副总统拉达克里希南阁下的健康,为印度共和国总统普拉沙德阁下的健康,干杯!

1972 年周恩来总理在欢迎尼克松总统宴会上的祝酒词

【场合】国宴

【人物】中美领导人

【祝词人】周恩来总理

【关键词】人民,只有人民,才是创造世界历史的动力。我们相信,我们两国人民这种共同愿望,总有一天是要实现的。

总统先生,尼克松夫人,女士们,先生们,同志们,朋友们:

首先,我高兴地代表毛泽东主席和中国政府向尼克松总统和夫人,以及其他的美国客人们,表示欢迎。同时,我也想利用这个机会代表中国人民向远在大洋彼岸的美国人民致以亲切的问候。

尼克松总统应中国政府的邀请,前来我国访问,使两国领导人有机会直接会晤,谋求两国关系正常化,并就共同关心的问题交换意见,这是符合中美两国人民愿望的积极行动,这在中美两国关系史上是一个创举。

美国人民是伟大的人民,中国人民是伟大的人民。我们两国人民一向是友好的。由于大家都知道的原因,两国人民之间的来往中断了二十多年。现在,经过中美双方的共同努力,友好来往的大门终于打开了。目前,促使两国关系正常化,争取和缓紧张局势,已成为中美两国人民强烈的愿望。人民,只有人民,才是创造世界历史的动力。我们相信,我们两国人民这种共同愿望,总有一天是要实现的。

中美两国的社会制度根本不同,在中美两国政府之间存在着巨大的分歧。但是,这种分歧不应当妨碍中美两国在互相尊重主权和领土完整、互不侵犯、互不干涉内政、平等互利和和平共处五项原则的基础上建立正常的国家关系,更不应该导致战争。中国政府早在一九五五年就公开声明,中国人民不要同美国打仗,中国政府愿意坐下来同美国政府谈判,这是我们一贯奉行的方针。我们注意到尼克松总统在来华前的讲话中也谈到,"我们必须做的事情是寻找某种办法使我们可以有分歧而又不成为战争中的敌人"。我们希望,通过双方坦率地交换意见,弄清楚彼此之间的分歧,努力寻找共同点,使我们两国的关系能够有一个新的开始。

最后,我建议:为尼克松总统和夫人的健康,为其他美国客人们的健康,为在座的所有朋友们和同志们的健康,为中美两国人民之间的友谊,干杯!

2010 年胡锦涛主席在上海世博会欢迎晚宴上的祝酒词

【场合】世博欢迎晚宴
【人物】中美领导人
【祝词人】胡锦涛主席
【关键词】上海世博会将向世界展示一个拥有 5000 多年文明历史、正在改革开放中快速发展变化的中国,搭起中国学习借鉴国外先进经验、同世界交流合作的桥梁。

尊敬的国际展览局蓝峰主席、洛塞泰斯秘书长,尊敬的各位国家元首、政府首脑、议长和王室代表,尊敬的各位国际组织代表,尊敬的各位来宾,女士们,先生们,朋友们:

今晚,2010 年上海世界博览会将隆重开幕。我谨代表中国政府和人民,对各位嘉宾莅临上海世博会,表示热烈的欢迎! 对给予上海世博会真诚帮助和大力支持的各国政府和人民,对国际展览局和有关国际组织,对所有为上海世博会作出贡献的朋友们,表示诚挚的谢意!

世博会是荟萃人类文明成果的盛会,也是世界各国人民共享欢乐和友谊的聚会。诞生 159 年来,世博会把不同国度、不同民族、不同文化背景的人们汇聚在一起,沟通心灵,增进友谊,加强合作,共谋发展。世博会给国际社会留下了追求进步、崇尚创新、开放共荣、倡导和谐的宝贵精神财富,为推动人类文明进步发挥了重要而独特的作用。

上海世博会是第一次在发展中国家举办的注册类世博会。这是中国的机遇,也是世界的机遇。上海世博会将向世界展示一个拥有 5000 多年文明历史、正在改革开放中快速发展变化的中国,搭起中国学习借鉴国外先进经

第二部分　祝酒词实例

验、同世界交流合作的桥梁。上海世博会更属于世界,未来6个月,世界各国各地区将以世博会为平台,围绕"城市,让生活更美好"的主题,充分展示城市文明成果、交流城市发展经验、传播先进城市理念,相互学习、取长补短,为新世纪人类的居住、生活、工作探索崭新的模式。我相信,上海世博会将书写中国人民同各国人民交流互鉴的新篇章,也将书写人类各种文明交流互鉴的新篇章。

女士们、先生们、朋友们!8年来,中国政府和人民怀着高度热忱,举全国之力,集世界智慧,全力筹办上海世博会。现在,上海世博会即将呈现在我们面前。我相信,在有关各方共同努力下,世界各国人民一定能够共享一届成功、精彩、难忘的盛会。我也相信,只要我们继承并不断创新世博会给我们带来的宝贵文明成果和精神财富,我们生活的城市一定会更加美丽,我们共同拥有的地球家园一定会更加美好,我们的未来一定会更加光明。

女士们、先生们、朋友们!中国人民正在满怀信心地推进改革开放和社会主义现代化建设。我们既要不断创造13亿中国人民的美好生活,又要为人类和平与发展的崇高事业作出新的更大的贡献。中国将高举和平、发展、合作旗帜,始终不渝走和平发展道路,始终不渝奉行互利共赢的开放战略,坚持在和平共处五项原则的基础上同所有国家发展友好合作,同各国人民一道推动建设持久和平、共同繁荣的和谐世界。

现在,我提议:为举办一届成功、精彩、难忘的世博会,为世界各国人民的团结和友谊,为人类文明发展进步,为各位嘉宾和家人身体健康,干杯!

美国总统尼克松 1972 年访华祝酒词

【场合】国宴

【人物】中美领导人

【祝词人】尼克松总统

【关键词】我们所说的不会被长久的记住,我们所做的一切却在改变着这个世界。

尊敬的总理以及各位来宾:

我谨代表我国出访人员感谢贵国的盛情款待,同时我还要特别感谢那些准备晚餐以及演奏音乐的工作人员。我从未在外国听到如此优美的美国本土音乐。

总理先生,非常感谢您之前激情洋溢、鼓舞人心的演讲。此时此刻,我们受到前所未有关注。通过神奇的电信科技,关注我们的人比以往历史上任何一个场合的人都要多。

我们所说的不会被长久的记住,我们所做的一切却在改变着这个世界。

正如总理在祝酒词中所说的那样,中国是一个伟大的民族,美国也是一个伟大的民族。如果两个民族成为敌人,那么我们所共有的这个世界的未来必将是一片黑暗。如果我们能够在共同利益的基础上团结协作,那么世界和平的机会将会大大增加。希望在接下来的会谈中,双方能够秉承坦诚相见的原则,让我们首先明确一下几点:

我们在过去的一段时间内曾经是敌人,我们今天仍存在着巨大的差异。把我们聚集在一起的是超越这些差异的共同利益。当我们讨论彼此之间的差异时,双方都不会在原则上进行妥协。即使我们无法超越横亘在我们之间的鸿沟,我们也可以在鸿沟上搭起一座桥梁,这样我们便可以交流沟通。

让我们在接下来的 5 天中,携手共进。即使步伐不一致,相信在不同的道路上我们会达到共同的目标,那就是构建一个和平正义的国际社会。在这个国际社会中,所有的人都能够以平等的尊严站在一起,不论是大国还是小国都有权利决定他们的政体,有权利不受外国势力的干涉和统治。世界在关注着我们、在倾听者我们、在期待着我们的所作所为。什么是世界?就我个人角度而言,今天是我大女儿的生日,我一想到她,我便会想到世界上所有的孩子,亚洲的、非洲的、欧洲的、美洲的。他们绝大部分都出生在中华人民共和国成立之后。

我们该为我们的子孙后代留下什么遗产?

难道因为仇恨在这个世界不断蔓延,他们就注定为之而亡?

难道因为我们构建新世界的远见卓识,他们就注定为之而活?

我们没有理由成为敌人,双方都没有侵犯对方领土的企图,都没有试图控制对方,也没有试图延伸自己的的势力以称霸世界。就像毛主席所说:"多少事,从来急;天地转,光阴迫。一万年太久,只争朝夕。"

今天便是这个只争朝夕的时候,两个民族以自己崇高的精神去构建一

个美好灿烂的明天。

在这种精神下,希望各位能够举起手中的酒杯,向毛主席、向周总理以及中美之间的友谊致敬,是他们让这个世界充满和平和友谊。

2003 年中国外交部长李肇星在北京六方会谈的祝酒词

【场合】钓鱼台国宾馆举行的晚宴上

【人物】北京六方会谈的各国代表

【祝词人】外交部长李肇星

【关键词】在这里,通过对话,冰山可以消融,敌意可以化解,信任可以培育。

各位团长、朋友们:

我代表中国政府,欢迎各位来北京参加六方会谈,祝贺会谈的举行。

钓鱼台曾是中国清朝一位年轻皇帝送给他一位老师的礼物,是一个充满善意和可能给这里的人带来好运气的地方。

身处此地,一种历史感会油然而生。这座花园目睹过许多重大外交事件。在这里,通过对话,冰山可以消融,敌意可以化解,信任可以培育。钓鱼台历史的最好启迪就是:和平最可贵,通过对话争取和维护和平最可贵。进入新世纪,各国人民更加渴望和平与发展、友谊与合作。但东北亚地区仍未完全摆脱冷战阴影。

朝鲜半岛核问题的发生,在使我们面临挑战的同时,也为有关各方尽释前嫌,实现东北亚持久和平与稳定提供了机遇。

今天的会谈就是各方求同存异、增进互信和和解的难得契机,值得珍惜。

中国古诗曰:"任凭风浪起,稳坐钓鱼台"。这里的钓鱼台泛指世界各国的钓鱼台,也包括我们所在的这个钓鱼台。希望并相信各位同事将以自己的远见、智慧、耐心、勇气和对和平事业的诚意寻求共赢。为此,我提议,为北京六方会谈成功,为大家在钓鱼台"稳坐"愉快,为和平、健康干杯!

第二部分

扩展篇

第十七章　煮酒论史

第一节　十大酒局

　　中国历史上有很多脍炙人口的酒故事,无论是真实的还是杜撰,都十分的精彩。世界上没有哪一个国家能够和中国的酒文化相媲美。从座位的排放到上菜的顺序,从谁先动第一筷到什么时候可离席,都有明确的规定,曾有好事者撰祝酒谣:

　　酒宴要办好,祝酒少不了;

　　祝酒有学问,随意要乱套;

　　主人先举杯,脸上要带笑;

　　致词有韵味,简明又扼要;

　　碰杯有讲究,乱碰不礼貌;

　　举杯讲身份,切莫杯抬高;

　　当年古罗马,决斗见分晓;

　　双方换杯喝,证明没毒药;

　　如今比酒量,酒场出英豪;

　　祝酒为灌酒,理由有千条;

　　如此祝酒法,客人受不了;

　　还是适量喝,品尝酒味道;

　　被敬者随意,敬者可干掉;

　　几人交叉喝,能多且能少;

　　祝酒为祝福,酒场勿吵闹;

　　敬酒为敬人,目光不要瞟;

　　朋友频举杯,不要都喝倒;

大家喝高兴,祝君身体好。

下面列举中国历史上著名的十个酒局,供读者赏析:

十大酒局之第十:醉打金枝

醉打金枝是"酒壮怂人胆"的典型例子。与醉打金枝相关的酒局实际上是一次家宴。醉打金枝的故事讲的是唐朝名将郭子仪的儿子郭暧在家宴后,借酒壮胆而痛打老婆升平公主的故事。

且说升平公主嫁到郭家后,不改往日金枝玉叶的做派,动不动对丈夫和公婆发脾气。一般说来,中国传统社会里媳妇见了公婆是要行大礼的,但公主是皇帝女儿,是君,公婆虽是长辈也是臣,所以那时郭子仪夫妇反过来要向公主下跪。

郭暧对此十分不满,公婆尚且向公主行礼,自己岂非矮了两辈下去?平日在颐指气使的公主面前他倒也不敢有所造次。这天,郭暧心里不爽,在家宴上多喝了几杯。当即要求升平公主应该遵守妇道,给郭子仪夫妇行下跪礼,结果被升平公主严词拒绝并遭到当面训斥。此时,这酒是壮胆药,这酒是忘情水,喝高了的郭暧借着酒劲,也不顾昔日情分,把公主拖回卧室饱以一顿老拳,打的公主满脸开桃花。这可不得了,公主立即回到娘家皇宫大院里找自己的爹爹唐代宗皇帝去哭诉。郭子仪连忙把儿子捆起来送到皇宫请罪。最后,在皇帝和郭子仪的调停下,小夫妻才和好如初。

这个郭暧为天下所有惧内男人出了口恶气。俗话说,小夫妻打架不记仇。尽管这场家庭纠纷闹腾的动静儿挺大,结果却皆大欢喜,郭暧和升平公主的感情从此反而加深不少,天天共效于飞。这升平公主从此变得贤淑无比,有不少世人称赞的事迹流传下来。仔细思量,要不是那场家庭酒局,要不是那顿老拳,怎会有这样欢天喜地的大结局?

十大酒局之第九:贵妃醉酒

贵妃醉酒历来被公推为中国传统四大美人图之一。在此次酒局中,杨贵妃美中见醉,醉中见美,与太监宫女们演了一出好戏。这是十大酒局中唯一的美人酒局,而且是唯一以女子为主角的酒局,所以不可不选。

却说这天傍晚,皇宫院内凉风习习,皓月当空。唐玄宗与杨贵妃本来相约在百花亭品酒赏花,届时玄宗却没有赴约,而是移驾到西宫与梅妃共度良宵。良辰美景奈何天,虽然景色撩人欲醉,杨贵妃也只好在花前月下闷闷独饮,喝了一会不觉沉醉,边饮边舞,嘴里念叨着"李三郎你枉为人君,说话不算数……"万般春情,此时竟难自排遣,加以酒入愁肠,立时便醉。一时春情萌动不能自持,竟至忘乎所以,面对高力士等一干太监宫女,杨贵妃频频作出种种求欢猥亵状,倦极才怏怏回宫。

《贵妃醉酒》是著名的京剧剧目。据说《贵妃醉酒》最早的版本是昆曲。原曲目中杨贵妃大醉后自赏怀春,轻解罗衣,春光乍泻。当然高力士们不解这种风情,倒也无伤大雅。后来梅兰芳先生亲自出手,以霹雳手段对这部作品做了"去污化处理",所有少儿不宜内容统统被切掉了。于是,《贵妃醉酒》也就从当初的不健康剧目变成了今日8岁以下孩童也可观赏的正剧。

十大酒局之第八:杜康美酒醉刘伶

刘伶是魏晋时名士,"竹林七贤"之一。他平生嗜酒,经常乘鹿车,手里抱着一壶酒,命仆人提着锄头跟在车子的后面跑,并说:"如果我醉死了,便就地把我埋葬了。"有一次,他的妻子劝他说:"你酒喝得太多了,这不是养生之道,请你一定要戒了吧!"刘伶回答说:"好呀!可是靠我自己的力量是没法戒酒的,必须在神明前发誓,才能戒得掉。就烦你准备酒肉祭神吧。"他的妻子信以为真,听从了他的吩咐。于是刘伶把酒肉供在神桌前,跪下来祝告说:"天生刘伶,以酒为名;一饮一斛,五斗解酲。妇人之言,慎不可听。"说完,取过酒肉又喝得大醉。

当时书法家张华赋闲在家,刘伶久慕张华的才华和为人,就不远千里到遂州(今河北徐水)拜访张华。二人一见如故,谈古论今,抨击时弊,相见恨晚。张华常用当地佳酿"润泉涌"招待他。刘伶尝遍各地名酒,感觉此地之酒最为香醇,又有挚友相伴,于是乐不思蜀,终老徐水。

相传刘伶住在遂州的时候,曾经到一家酒馆喝酒,痛饮三碗后便昏然睡去,数日不醒。妻子以为刘伶醉死,便把他埋葬了。三年后,店家来讨酒钱,刘伶妻子大怒:"人都让你们醉死了,还敢来讨酒钱!你朝死人要去吧。"店家便到刘伶坟前,请人扒开封土,打开棺木,却见刘伶面色红润,仿佛活人一般,过了一会儿居然慢慢坐了起来,连呼:"好酒哇,好酒!"从此之后,"刘伶醉酒,一醉三年"的传说便家喻户晓,而卖酒的店家,大家便认为是传说中造酒的杜康的化身了。

十大酒局之第七:东晋新亭会

西晋末年,中原经过八王之乱和永嘉之祸后,北方大片土地落入胡人之手。北方士家大族纷纷举家南遣,渡江而南的占十之六七,史称"衣冠渡江"。

南渡后的北方士人,虽一时安定下来却经常心怀故国。每逢闲暇他们便相约到城外长江边的新亭饮宴。名士叹道:"风景不殊,举目有江河之异。"在座众人感怀中原落入夷手,一时家国无望,纷纷落泪。为首的大名士王导立时变色,厉声道:"当共戮力王室,克服神州,何至作楚囚相对泣邪!"众人听王导这么说,十分惭愧,立即振作起来。

这里的江河之异,是指长江和洛河的区别。当年在洛水边,名士高门定期聚众举办酒会,清谈阔论,极兴而归,形成了一个极其风雅的传统。此时众人遥想当年盛况,不由悲从中来,唏嘘一片。王导及时打消了北方士人们的消极情绪。这便是史上非常著名的新亭会。后世咏叹国破家亡的诗词歌赋里常常见到的"风景殊异"、"新亭会"、"江河",就是来自此次新亭会。

这次新亭酒会对东晋政权的建立有着非同寻常的意义。北方士人是组成东晋司马睿政权的重要力量,此次酒会上王导打消了众士人的萎靡颓废之态。后来,众士人团结起来,使东晋政权从无到有,从小到大,很快建立起来。名相王导也被时人称为"江左自有管夷吾(管仲)"。

十大酒局之第六:北宋杯酒释兵权

杯酒释兵权是一个著名的酒局,也是历史上一个重要事件。话说宋朝第一个皇帝赵匡胤自从陈桥兵变后黄袍加身,容登大宝,从昔日重臣摇身一变成为今天的皇帝。自打坐上龙椅之后,赵匡胤却一直惴惴不安。他非常担心历史会重演这一幕,以后若是手握重兵的部下也效仿他当年的做为,自己的江山也就易主了。

赵匡胤想解除手下一些大将的兵权。于是在961年,安排一次酒局,召集禁军将领石守信、王审琦等武将饮酒。酒席上赵匡胤效小儿女情状,象失恋了一般唉声叹气个不停。众人问明白了才得知皇帝担心他们手握重兵日后会造反。他们只好告老还乡以享天年,并多积金帛田宅以遗子孙,他们的兵权从此被彻底解除了。在 969 年,又召集节度使王彦超等宴饮,解除了他们的藩镇兵权。这也开启了宋朝数百年重文轻武的国家体制。宋太祖的做法后来一直为其后辈沿用,三军统帅常常是个文官,武人比文人低一等。这种做法主要是为了防止兵变,但这样一来,兵不知将,将不知兵,能调动军队的不能直接带兵,能直接带兵的又不能调动军队,虽然成功地防止了军队的政变,但却大大削弱了部队的作战能力。以至宋朝在与辽、金、西夏的战争中,连连败北。

在古代,弱肉强食的丛林法则向来有效,拳头就是硬道理。宋朝在这方面的表现在历史上提供了一个非常奇特的范例,或者说是反面教材。若论政治稳定、经济繁荣,宋朝远胜秦汉,甚至与盛唐相比也不遑多让。然而宋朝的军事实力却不敢恭维,屡屡被起步于奴隶社会的辽、西夏、金、蒙古所击败。这种国富兵弱的格局,最后终于导致了宋朝的灭亡。可见,生存权都保证不了,一切都是白搭。所有这些后果,都起始于赵匡胤的杯酒释兵权。所以这一场酒局,虽然政治影响力极大,但在大家眼里,由于它的负面作用,无论如何是不能让它进入前五的。

十大酒局之第五:乾隆千叟宴

千叟宴始于康熙,盛于乾隆时期,是清宫中规模最大,与宴者最多的盛大御宴,其影响力比现在的春节团拜会要大的多。按照清廷惯例,每五十年才举办一次千叟宴。1722 年康熙帝在畅春园宴请全国七十岁以上老人两千四百一十七人。后来雍正、乾隆两朝也举办过类似的"千叟宴"。

乾隆五十年(1785 年),四海承平,天下富足。适逢清朝庆典,乾隆帝为表示其皇恩浩荡,在乾清宫举行了千叟宴。宴会场面之大,实为空前。被邀请的老人约有三千名,这些人中有皇亲国戚,有前朝老臣,也有的是从民间奉诏进京的老人。在座老人中有不少是饱学鸿儒,当众吟诗联句,即席用柏梁体选百联句被史官记录入史。乾隆皇帝还亲自为 90 岁以上的寿星——斟酒。当时推为上座的是一位最长寿的老人,据说已有 141 岁。当时乾隆和纪晓岚还为这位老人做了一个对子,"花甲重开,外加三七岁月;古稀双庆,内多一个春秋。"根据上联的意思，两个甲子年120岁再加三七二十一，正好141岁。下联是古稀双庆，两个七十，再加一，正好141岁。堪称绝对。

这场酒局体现出来的皇家气派自与民间大不相同。不但有御厨精心制作的免费满汉全席，所有皇家贡品酒水也都全免。在这五十年一遇的豪宴上，老人们争先恐后，一边说着"多亏了朝廷的政策好"，一边大快朵颐，狼吞虎饮。据说晕倒、乐倒、饱倒、醉倒的老人不在少数。千叟宴这场浩大酒局，被当时的文人称作"恩隆礼洽，为万古未有之举"。

十大酒局之第四：三国江东群英会

同学们还记得中学课本里学的《三江口曹操折兵，群英会蒋干中计》一文吧？却说周瑜在帐中正与众将议事，闻蒋干来访。当即命众将依计行事。蒋干打扮得象个世外高人，"引一青衣小童，昂然而来"。一见面，蒋干问道："公瑾别来无恙！"这一句既是问候，又道出蒋干与周瑜原有一番旧谊。周瑜直截了当："子翼辛苦，难道是为曹操做说客吗？"蒋干立刻装作很"愕然"的样子，说："你我分别那么久，我特来和你叙叙旧，怎么能说是当说客呢？"周瑜笑着说："虽然比不上师旷那么聪慧，但闻弦歌而知雅意啊。"蒋干装作很恼怒的样子，说："阁下待故人若此，我当告退！"蒋干心说，老同学了你还跟我来这一套，于是他装作很有性格的样子，转身就要走，被周瑜拦住。

之后周瑜大摆筵席，并禁止在席间谈论曹操与东吴军旅之事。周瑜曰："吾自领军以来，滴酒不饮；今日见了故人，又无疑忌，当饮一醉。"说罢，大笑畅饮。座上觥筹交错。接着周瑜领蒋干参观了东吴军营的精兵强将。周瑜装醉大笑道："想周瑜与子翼同学业时，不曾望有今日。"蒋干说："以老兄高才，实不为过。"瑜拉着蒋干的手说："大丈夫处世，遇知己之主，外托君臣之义，内结骨肉之恩，言必行，计必从，祸福共之。假使苏秦、张仪、陆贾、郦生复出，口似悬河，舌如利刃，安能动我心哉！"言罢大笑。蒋干面如土色。饮至天晚，点上灯烛，周瑜舞剑作歌："丈夫处世兮立功名；立功名兮慰平生。慰平生兮吾将醉；吾将醉兮发狂吟！"歌罢，满座欢笑。

蒋干被老同学今日的功成名就刺激的够呛，倒也丝毫不敢提及游说周瑜投降曹操的事。这时他忽然担心起来，责备自己当时怎么在曹丞相面前把话说的那么满，现在回去怎么也得有个交代呀。管不了那么多了，总得有点收获回去。于是他剑走偏锋,就有了晚上偷听、盗书等宵小行为。后来曹操果然中计,斩了水军首领蔡瑁、张允。

说到底蒋干原本想拉老同学下水,想踩着老同学的肩膀在曹操麾下步步高升,没想到反过来让老同学周瑜给自己放了把鸽子。商场里还有个说法就是"杀熟",你总是老同学长老同学短的挂在嘴上,OK,看在多年的情份上,今天我不灭你一道也说不过去。于是乎,一个劝降不成,便试图以鸡鸣狗盗之术盗取敌方机密。另一个则将计就计请君入瓮。这赤壁之战,蒋干也算为东吴立了件大功。

本来长相有点仙风道骨的蒋干,后来在戏里成了鼻梁上贴了块白膏药的角色,人也变得鼠里鼠气的。这一切,都是让他那个老同学害的。反过来,他的老同学周瑜,在酒局中表现出非凡的气魄、风度和智谋,这次群英会酒局,也就成为千古佳话。

十大酒局之季军:青梅煮酒论英雄

青梅煮酒论英雄是《三国演义》里最为精彩的内容之一,曹操刘备二人此次双龙会,自然也足以在古代十大酒局中名列三甲。

刘备归附曹操后,每日在许昌的府邸里种菜,以为韬晦。用张飞这个粗人的话讲,就是"行小人事"。刘备乃当时豪杰,虽手下将不过关羽张飞,兵不过三千(当时大都已被遣返),但一向"信义著于四海"。《三国志》里说刘备"盖有高祖之风,英雄之器焉!",意思是:他与刘邦类似,天生就有领袖气概。刘备和刘邦一样,都不是屈居人下的将兵之才,而是领袖群伦的将将之才。曹操何等人物,遍识天下英雄,当然对刘备有很透彻的了解。他自然也知道,一旦羽翼丰满,刘备将是一位非常可怕的对手。

这场酒局,远不是那种你好我好大家都好的欢聚,分明是一场政治试探和政治表态的会面。一见面曹操就问刘备:"你在家做的好事!"刘备当时已经暗受衣带诏,当即吓得面如土色。接着曹操拉着着刘备的手走到后院,说:"玄德学圃不易。"刘备才放下心来。曹操的耳目遍布朝野,刘备每天做些什么他当然清清楚楚。这两位,一个暗地里参加了反曹地下组织,另一个则派人每天监视对方行踪,都是权谋机变之辈。

二人以青梅下酒,酒正酣时,天边黑云压城,忽卷忽舒,有若龙隐龙现。

曹操说："龙能大能小，能升能隐；大则兴云吐雾，小则隐介藏形；升则飞腾于宇宙之间，隐则潜伏于波涛之内。方今春深，龙乘时变化，犹人得志而纵横四海。龙之为物，可比世之英雄。玄德久历四方，必知当世英雄。"曹操实乃不世出的绝顶人物，这一番话，看似描述龙之变化，目的是说"人得志而纵横四海"。显然，这是他的一番自我剖白，借物咏志。当然他也下了一个套，试探在刘备眼里，什么人能纵横四海，比得上我曹操。刘备接连指出袁术、袁绍、刘表、孙策和刘璋等地方豪强，都被曹操一一否决。刘备这个回答应该给满分，因为当时是个人都会如此回答。这样曹操也就认为刘备见识一般，和常人无异。接着曹操给出了当世英雄的标准，他说："夫英雄者，胸怀大志，腹有良谋，有包藏宇宙之机，吞吐天地之志者也。"刘备继续装傻，问："谁能当之？"曹操指了指刘备，后指了下自己，说："今天下英雄，惟使君与操耳！"当时天雨将至，雷声大作。刘备装作受了惊吓的样子，筷子掉到了地上："一震之威，乃至于此。"曹操笑着说："丈夫亦畏雷乎？"刘备说："圣人迅雷风烈必变，安得不畏？"将内心的惊惶，巧妙的掩饰过去了。

此次酒局堪称双龙聚会。从曹操的"说破英雄惊杀人"到刘备"随机应变信如神"，可谓步步玄机。曹操的睥睨群雄之态，雄霸天下之志表露无疑。而刘备随机应变，进退自如，也表现出了一世豪杰所应有的技巧和城府。这一场政治交心，双方都是赢家。

十大酒局之亚军：汉初鸿门宴

话说项羽不喜刘邦先占关中，又听说刘邦欲在关中称王后，更是大怒。谋士范增识见不凡，他对项羽说，刘邦早年在山东一带时，"贪于财货，好美姬"，活脱脱一暴发户的形象，不足为虑。而目前在关中，刘邦"财物无所取，妇女无所幸，此其志不在小"。范增认为刘邦已有"天子气"，宜早下手把他除掉，否则后患无穷。

张良和项伯的暗地斡旋下，项羽没有立即攻打刘邦，而是摆下了一桌酒席宴请刘邦。这便是历史上著名的鸿门宴。这是另一场双龙会，但参与者却比煮酒论英雄那场酒局要多，发生的年代也要早三百年。鸿门宴是项羽和刘邦之间的强强对话，一时风云际会，楚汉群雄，龙骧虎步，聚于新丰鸿门。

第三部分 扩展篇

这鸿门宴简直是一部高潮迭起、扣人心弦的现代电影。太史公就是这部电影的编剧。他的《史记》在细节方面的描述十分精彩,从项羽和刘邦的出场、退场,到席间各种人物的对话、神情、动作,甚至坐位的朝向,都交代得一清二楚。整个鸿门宴的过程,跌宕起伏,险象环生,刘邦屡屡处于危局,却次次能化险为夷。历史上对鸿门宴向有三起三落之说。

第一起,是"范增数目项王,举所佩玉玦以示之者三",接连暗示项羽下令杀刘邦,气氛极为紧张。结果"项王默然不应"。二起是范增见原定计划无法执行,于是叫项庄舞剑助兴,伺机刺杀刘邦,空气再一次紧张起来。三起是樊哙撞倒守门卫士而入帐,"披帷西向立,瞋目视项王,头发上指,目眦尽裂。"这樊哙简直就是巨灵神模样,樊哙闯帐要比戏里的春草闯堂可要生猛太多。樊哙后来说了番慷慨激昂的话,对项羽予以斥责,说的项羽"未有以应"。这时情节发展到高潮,气氛紧张到了极点。

有三起,必有三落。刘邦的绝处逢生,全在这三落之中。一落是项庄舞剑,本来意在沛公,不想项伯出面与之对舞,救了刘邦。二落是项羽对樊哙闯帐,不仅不怒,反而称为"壮士",这个时候项羽还"英雄识英雄,猛将爱猛将"呢。项羽让樊哙喝酒、赐生彘肩,被他斥责一顿之后心里惭愧,还给樊哙赐了坐。三落是刘邦以"如厕"为名而逃席远遁。

如果历史真是一场戏,如果大家是这场戏的导演,大家宁愿在这场酒局的结尾处安排虞姬和戚夫人二人表演双姝对舞,必然美不胜收。然而,成王败寇这种政治博弈向来凶险无比,再美的歌舞升平也不过是假象而已。

十大酒局之冠军:盛唐饮中八仙长安酒会

冠军酒局让政治走开,让杀伐走开,让一切不痛快消失,让所有快乐降临。这就是大家为什么评选盛唐饮中八仙长安酒会为第一名的原因。

当年读杜甫的诗,最喜欢的一首就是《饮中八仙歌》。为什么在杜甫那么多的诗里独独最喜欢这一首?原因只有两个字:热闹。这首诗十分热闹而有趣,把"饮中八仙"描绘得姿态各异,活灵活现。古人说"二士共谈,必说妙法",这"饮中八仙"齐聚,会是怎样的一种盛况?我们只能从杜甫的诗里来揣摩体会了。这"饮中八仙"分别是诗人贺知章、汝阳王李进、左相李适之、美少年崔宗之、素食主义者苏晋、诗仙李白、书法家张旭、辩论高手焦遂等八人。

虽然历史上没有这"饮中八仙"齐聚一堂的明确记载，但盛唐时各种酒会盛行一时，参与者甚众。这"饮中八仙"，都是当时的名人，或同朝为官，或诗文相交，或意气相投，我们知道，名人一向喜欢扎堆，他们八个聚在一次酒局的可能性就非常大。所以，大家坚信他们必聚在一起饮过酒，而且还不只一次，当然参与者可能还有些其他人。这种聚会，可能在白天，也可能在夜晚；可能在秋雨绵绵中举杯把盏，也可能在春雷阵阵里开怀痛饮。总之，如果你不能证明他们没在一起过，那你就要相信大家的说法，曾经有过这么一次潇洒快活的神仙酒局，杜甫用诗把这种场面记录下来并传于后世。

这一日，酒神酒仙，高朋满座；你来我往，举杯豪饮；觥筹交错，满座尽欢；酒色齐聚，且饮且赏；坐而论道，醉而忘忧；以文会友，以诗下酒；惟酒是务，焉知其余；豁然而醒，兀然再醉；醉里挑灯，灯下寻酒；酒中乾坤，杯中日月；酒清为圣，酒浊为贤；酒乱汝性，酒壮我胆；酒林高手，饮坛新秀；感情深厚，一口便蒙；感情不深，舌尖一添；海吃海喝，牛饮驴饮；酒逢知己，千杯恨少；三巡已过，还有六圈；六圈结束，再来十坛……

这么喝下去就是神仙也会醉倒啊，于是乎，于是乎，就有了：

一仙贺知章：知章骑马似乘船，眼花落井水底眠。

二仙汝阳王：汝阳三斗始朝天，道逢曲车口流涎，恨不移封向酒泉。

三仙李适之：左相日兴费万钱，饮如长鲸吸百川，衔杯乐圣称避贤。

四仙崔宗之：宗之潇洒美少年，举觞白眼望青天，皎如玉树临风前。

五仙苏晋：苏晋长斋绣佛前，醉中往往爱逃禅。

六仙李白：李白一斗诗百篇，长安市上酒家眠。天子呼来不上船，自言臣是酒中仙。

七仙张旭：张旭三杯草圣传，脱帽露顶王公前，挥毫落纸如云烟。

八仙焦遂：焦遂五斗方卓然，高谈阔论惊四筵。

扩展阅读：世界酒局

俄罗斯酒局：

是酒的代名词。伏特加是俄罗斯的名酒，俄罗斯人干脆把伏特加当成了酒局的代名词,因为无论谁设的酒局,席上都少不了伏特加酒。在酒局上,俄罗斯人先在每人的酒杯里倒上一杯伏特加。第一杯通常是一齐干下,以后各人按自己的酒量随意酌饮。不过,俄罗斯人在酒局上喝酒都极为诚实,一般不劝酒,有多少量喝多少。在俄罗斯人看来,不喝酒的男人就不是真正的男子汉。俄罗斯的大街上随处可见跟跟跄跄找不着北的醉汉。俄罗斯男人常把伏特加比喻成自己的"第一个妻子"。在酒局上几杯伏特加下肚,能歌善舞的俄罗斯人就会雅兴大发,或翩翩起舞,或一展歌喉,妙趣横生。朋友间的酒局一般要持续3到4个小时,每隔1小时休息10分钟,烟民可出去过会儿烟瘾。席上的祝酒词也很有意思:"入门都是客,不求太客气。敬酒此一刻,接得同欢乐。来,为了幸福,让我们干杯。第一杯为相聚,第二杯祝愿健康,第三杯为爱,对祖国的爱,对家庭的爱,对妻子的爱。接下来便是祝愿和平、祝愿友谊,最后一杯要献给我爱人,表示对她高超厨艺的赞赏和辛勤劳动的感谢。"俄罗斯人的酒局不太讲究菜的质量和多少,只要有酒喝就行。喝口酒,吃口面包,再来一小口奶酪就是一桌绝佳的酒局。在俄罗斯的一些餐馆里,通常也可以看到成群的人围着桌子干喝酒,那是俄罗斯的穷人在设酒局,没钱买菜,喝一口酒后就把油腻的袖口贴近鼻子闻一闻,权当吃菜。尽管如此,酒局的气氛仍然在酒精的作用下热烈而快乐。

日本酒局:

是吃不饱的酒局。日本人的饮食一贯朴实简单,酒局上也如此,常让人有一种吃不饱的感觉。如果在早上设酒局,不过是一杯香槟酒、一杯牛奶、一份热狗而已。中午可能稍微丰富一点儿,有大米饭、鱼、肉、咸菜和西红柿等。晚餐相对来说是最丰富的,有酒有饭有菜有汤,最重要的是日本人通常只有晚上请客吃饭时才会有佳肴美酒。因此日本人的酒局一般都设在晚上,他们习惯下班后三五成群地去饭馆。日本酒局上的气氛相对来说随和且轻松。宴前互相为对方倒酒,他们喜欢喝的酒是啤酒、清酒、威士忌、餐酒和烧酒。第一杯一起饮过后,大家就可以随意开吃了。一般人的观念中,日本食品只有鱼肉,其实不然,日本酒局上许多新推出的食品于近年来已世界闻名了,比如生鱼片。日本人自称为"彻底的食鱼民族",每年人均吃鱼一百多斤,超过大米消耗量。日本人吃鱼有生、熟、干腌等各种吃法,而以生鱼片最为名贵。一般来说,自己在家里是舍不得吃的,只有在设酒局时才会叫上这么一道菜来待客,因为在日本人的酒局上,生鱼片象征着最高礼节。开宴时,从鱼缸里现捞现杀,剥皮去刺,切成如纸的透明状薄片,端上餐桌,蘸着佐料细细咀嚼,滋味美不可言。但客人不能放开肚皮吃,因为菜的数量极少。

新加坡酒局:

是谨慎的酒局。新加坡人对酒局持非常谨慎的态度,他们一般不会邀请初次见面的客人喝酒,需等主人对客人有所了解后,才可能设酒局来款待。而且新加坡的政府官员不得接受社交性酒局的邀请,不然就会被有关单位严加处理。新加坡人喜欢清淡,爱微甜味道,酒局上的主食以米饭为主,常有炸板虾、香酥鸡、番茄白菜卷、鸡丝豌豆、手抓羊肉等风味菜肴。新加坡人在酒局上爱喝啤酒、东北葡萄酒等饮料,对中国粤菜也十分喜欢。去赴酒局的时候,男士必须穿西装、系领带,女士们则要穿晚礼服,这样主人家会觉得受到尊重。如果酒局是设在主人的家里,吃完饭后,客人不能立即就走,要帮主人做清洁工作,否则就会被视为对主人家的不尊重。而且在赴酒局时,客人通常还要随身携带一份礼物,因为新加坡人有赠送礼品的习惯。在酒局上礼物仍原封不动地被搁在一边,客人散去后主人才会打开。

德国酒局:

是啤酒的天下。德国人吃得比较简单。早餐主要是面包、黄油、果酱和咖啡。午餐和晚餐一般只有一个汤或一道菜。只有赴酒局时,餐桌上才相对丰富一些,但通常也不过是香肠和蛋糕等。德国人在酒局上主要是喝啤酒,数量达到惊人地步,平均每人每年饮啤酒145升。德国人的酒局是名副其实的"大块吃肉、大碗喝酒"德国每人每年的猪肉消耗量为65公斤,居世界首位。酒局上的菜大部分都是猪肉制品,最有名的一道菜是"黑森林火腿",它可以切得跟纸一样薄,味道奇香无比。酒局上的主菜就是在酸卷心菜上铺满各式香肠及火腿,有时用整只猪后腿代替香肠和火腿。那烧得熟烂的一整只猪腿,德国人在酒局上可以面不改色地一人干掉它。

第三部分 扩展篇

美国酒局：

是最单调的酒局。美国人是全世界最"自由"的民族，吃也不例外，一件T恤衫、一条破牛仔裤就可以轻轻松松去赴酒局了。美国人吃饭最单调，早上喝点牛奶煮麦片，吃些面包或果酱，中午吃个夹肉的三明治或夹香肠的热狗，喝杯咖啡就算了事。一年到头，吃的总是那两种饭菜。即使设酒局请客吃饭，也无非是咖啡、牛奶、可口可乐、面包、热狗、三明治、汉堡包、煎牛排之类。在酒局开始时，美国人通常先要喝一杯冰水或者一小碗汤，然后是一盘沙拉，接着才开始吃一道主菜牛排或牛肉饼。主菜吃完后吃西瓜或水果，不饱的话，再吃块甜点心。在美国的酒局上，一般是由服务员或主人将每道菜送到餐桌旁供宾客取用。一个人取完后再传给旁边的人。面包等食物也放在大盘子里根据需要自取，可在餐中任何时候取用。一贯开放的美国人把个性自由带到了酒局上，虽说少了许多礼仪的束缚，但吃的却是全世界最单调的酒局。

英国酒局：

在家庭宴会上，英国男人会举着他的啤酒对妻子说道："愿我今后一生，都生活在我妻子双腿之间。"这的确是个不凡的祝酒词，大家一致倾倒；但英国又是一个浪漫、多情的国度，"情人节"对于英国人就像中国小孩盼望过年一样。英国男人流行一句颇有哲理的祝酒词："祝我的妻子和我的情人永不相见"。

博览世界酒局，是仁者乐山，智者乐水，可谓八仙过海，各显神通。犹太人的宗教仪式上举杯高呼"为了生活！"查理、狄更斯《圣诞圣歌》中的一句敬酒词使用得十分普遍："上帝赐福大家。"英国人碰杯时常说："Cheers（奇尔斯），法国人说："Sante"（桑特）；西班牙人则说："Sholus"（萨鲁斯）。在莎士比亚的著作中有这样一个绝妙祝酒词："有好友好酒好款待，便成好人。"中国人碰杯时习惯说："恭喜。"

第二节　酒与文学

1. 唐诗:酒香扑面

唐诗中写酒的句子很多,翻开全唐诗,酒香迎面扑鼻,酒句不绝于耳。写酒的诗句几乎俯拾皆是。

李白被人称为"诗仙"、"酒仙",素有"李白斗酒诗百篇"之称,杜甫赠送他的诗文称"李白一斗诗百篇,自称臣是酒中仙。"李白写酒的诗句之多,自不必说。

白居易写酒的诗句也很多,在《寄元微之》这首诗中,写到酒的句子竟有十一句之多。如"无杯不共诗","笑劝迂辛酒","华樽逐胜移","觥飞白玉厄","饮讶《卷波》迟","归鞍酩酊驰","酡颜乌帽侧","醉袖玉鞭垂","白醪充夜酌","嫌醒自啜离","不饮长如醉"等等。

诸如此类酒的诗句还有很多,比如:"问答未及已,儿女罗酒浆。主称会面难,一举累十觞,十觞亦不醉,感子故意长。""醉眠秋共被,携手日同行。""每捷诗千首,飘零酒一杯。""置酒长安道,同心与我违。""下马饮君酒,问君何所以。""何当载酒来,共醉重阳节。""俯饮一杯酒,仰聆金玉章。""欲持一瓢酒,远慰风雨夕。""东门酤酒饮我曹,心轻万事如鸿毛,醉卧不知白日暮,有时空望孤云高。""主人有酒欢今夕,请奏鸣琴广陵客。""岁夜高堂列明烛,美酒一杯声一曲。""风吹柳花满庭香,吴姬压酒劝客尝。""中军置酒饮归客,胡琴琵琶与羌笛。""星宫之召醉琼浆,羽人稀少不在旁。""山为樽,水为沼,酒徒历历坐洲岛。长风连日作大浪,不能废人运酒舫,我持长瓢坐巴丘,醉饮四座以散愁。""人生由命不由他,有酒不饮奈明何。""升陛伛偻荐脯酒,欲以菲薄明其衷。""金屋妆成娇侍夜,玉楼宴罢醉和春。""移船相近邀相见,添酒回灯重开宴。""春江花朝秋月夜,往往取酒还独倾。""金樽清酒斗十千,玉盘珍馐值万钱。"等等,不再一一列举。

从以上诗句可以看出,唐朝是饮酒较盛的时期,也是造酒业较兴盛的时期。

唐诗中酒的称谓繁多,有醑(清酒)、醪(浊酒)、醴(甜酒)、圣(苦酒)、醍

（红酒）、醨（白酒）；有绿蚁、浮蚁、椒浆、烧酒、腊酒、壶浆、醅（未过滤的酒）、醁；有菊花酒、葡萄酒、黄花酒、桂酒、白酒、竹叶春、梨花春、瓮头春等等不胜枚举。酒器种类同样也是品类极多，功用齐备。按功能分类，酒器可分为盛储器、温煮器、冰镇器、挹取器、斟灌器、饮用器、娱酒器等，其中盛酒器有缸、瓮、尊、罍、瓶、缶、壶等，饮用器有杯、盅、壶、卮、盏、钟、觞、碗等等。《逢原记》中说，唐代李适之有酒器九品，分别叫蓬莱盏、海川螺、舞仙、瓠子卮、幔卷荷、金蕉叶、玉蟾儿、醉刘伶、东溟样。可见酒器也有尊卑之分，因为从质地看，的确是千差万别，有金银器、青铜器、玉器、陶器、瓷器、竹木器、漆器、玻璃器、兽角器、蚌贝器等。陆龟蒙《酒仓》诗云："奇器质含古，挫糟未应醇。"写出了酒器的共性和功用。

唐诗中与酒相关的词语同样蔚为壮观，根据《唐诗宋词全集》唐诗部分统计，有"酒力、酒醒、酒酣、酒兴、筛酒、酹酒；酒旗、酒花、酒具、酒瓶、酒瓮、酒舫、酒楼、酒肆；酒徒、酒债、赊酒、沽酒、温酒、让酒、致酒（劝酒）、酌酒；独酌、对饮、浅酌、痛饮、狂饮、纵酒、微醉、稀醉、半醉、醉醺醺、共醉、醉塌、酪酊、沉醉、尽醉、积醉；醉歌、醉舞、醉眠、醉卧；酒癖、酒病等等。如此多的词汇，从另一个侧面也衬托出唐代酒文化底蕴的深厚。

另外，唐诗中对饮酒的次序描写也很值得一提。

先是"饮"：如韦应物《郡斋雨中与诸文士燕集》"俯饮一杯酒，仰聆金玉章"，元稹《三泉驿》"劝君满盏君莫辞，别后无人共君醉"。

其次是"醺"（微醉）：如韦承庆《江楼》"独酌芳春酒，登楼已半醺"，李群玉《醴陵道中》"别酒离亭十里强，半醒半醉引愁长"。

再次是"酣"（酒喝得畅快淋漓，尽兴后浓睡状）：如孟浩然《听郑五愔弹琴》"半酣下衫袖，拂拭龙唇琴。一杯弹一曲，不觉夕阳沉"，王建《泛水曲》"子酌我复饮，子饮我还歌"；苏晋《过贾六》"一酌复一笑，不知日将夕"；李白《将进酒》"人生得意须尽欢，莫使金樽空对月。天生我材必有用，千金散尽还复来。烹羊宰牛且为乐，会须一饮三百杯"，杜甫《醉时歌》"忘形到尔汝，痛饮真吾师"。

第四一般是"醒"：如元稹《酒醒》"饮醉日将尽，醒时夜已阑。呼儿问狼籍，疑是梦中欢"；许浑《谢亭送客》"日暮酒醒人已远，满天风雨下西楼"；李商隐《花下醉》"客散酒醒深夜后，更持红烛赏残花"。

第五是"醒"（酒醒后气困意乏如病态）：如孟浩然《晚春》"酒伴来相命，开樽共解酲"；韩偓《寄湖南从事》"索寞襟怀酒半醒，无人一为解余酲"；姚合《闲居遣兴》"客怪身名晚，妻嫌酒病深"。

第六是"酗酒"：如顾况《公子行》"红肌拂拂酒光狞，当街背拉金吾行"；元稹《狂醉》"岘亭今日颠狂醉，舞引红娘乱打人"。

第七是"醉"（过度饮酒，神志不清）：如元吉《登白云亭》"何人病惛浓，酩酊未还家"，李白《襄阳歌》"傍人借问笑何事，笑杀山公醉似泥"。

那么，在唐朝诗人们的"饮、醺、酣、醒、醒、酗、醉"中，我们能看到怎样一幅幅栩栩如生的饮酒场景呢？

宴会酒

宴会是比较轻松的时刻，往往是喜庆的日子或者是朋友团聚集会的场合，此时此刻，人头攒动，觥筹交错，呼五喝六，热闹非凡，酒是宴会必不可少的兴奋剂。且看李白《春夜宴诸从弟桃李园序》"开琼筵以坐花，飞羽觞而醉月，不有佳咏，何伸雅怀？如诗不成，罚依金谷酒数"，张继的《春夜皇甫冉宅欢宴》"流落时相见，悲欢共此时。兴因尊酒洽，愁为故人轻。"，岑参《凉州馆中与诸判官夜集》"一生大笑能几回，斗酒相逢须醉倒"，李世民《帝京篇十首并序》其八"欢乐难再逢，芳辰良可惜。玉酒泛云罍，兰肴陈绮席。千锺合尧舜，百兽谐金石。得志重寸阴，忘怀轻尺璧。"

饯行酒

临别饯行，友人们既共叙美好回忆，又对未来充满憧憬，绵绵的离愁，真诚的祝福，都留在饯行的酒席上。把所有的离情别绪全都倾注在浓浓的美酒中吧，朋友啊朋友，让我们举杯畅饮，祝愿你一路保重；让我们一醉方休，今日一别，不知何时能重逢矣……如王维的《送元二使安西》"渭城朝雨浥轻尘，客舍青青柳色新。劝君更尽一杯酒，西出阳关无故人。"李白的《金陵酒肆留别》"风吹柳花满店香，吴姬压酒劝客尝。金陵子弟来相送，欲行不行各尽觞。请君试问东流水，别意与之谁短长？"白居易《琵琶行》"浔阳江头夜送客，枫叶荻花秋瑟瑟。主人下马客在船，举酒欲饮无管弦。醉不成欢惨将别，别时茫茫江浸月。"贾至的《送李侍郎赴常州》"今日送君须尽醉，明朝相

忆路漫漫"。

传统节日酒

我国古代传统节日如春节、清明节、中秋节、重阳节等往往是"每逢佳节倍思亲"之时。传统佳节,诗人自然饮酒舒怀。

如白居易《喜入新年自咏》"白须如雪五朝臣,又入新正第七旬。老过占他蓝尾酒,病余收得到头身。销磨岁月成高位,此类时流是幸人。大历年中骑竹马,几人得见会昌春。"杜牧《清明》"清明时节雨纷纷,路上行人欲断魂。借问酒家何处有,牧童遥指杏花村。"卢照邻《九月九日登玄武山》"他乡共酌金花酒,万里同悲鸿雁天。"孟浩然《秋登万山寄张五》"何当载酒来,共醉重阳节。"韩愈《八月十五日夜赠张功曹》"一年明月今宵多,人生由命不由他。有酒不饮奈明何!"

独酌、闲饮、咏怀酒

诗人们有时空闲,独酌杯酒,抒发人生感慨,或激进慷慨,催人自新,促人奋进;或感叹仕途失意、怀才不遇、想念佳人、人生坎坷而处于矛盾、苦闷和焦灼中的彷徨和痛苦,他们以酒寄情,托物言志,咏成不少千古佳作。

如王绩《过酒家》"眼看人尽醉,何忍独为醒",李世民《赋尚书》"寒心睹肉林,飞魄看沉湎。纵情昏主多,克己明君鲜。灭身资累恶,成名由积善。既承百王末,战兢随岁转。"孟浩然《过故人庄》"开轩面场圃,把酒话桑麻",李白《月下独酌》"花间一壶酒,独酌无相亲。举杯邀明月,对影成三人"。"三杯通大道,一斗合自然。但得醉中趣,勿为醒者传。"李白《行路难》"金樽清酒斗十千,玉盘珍羞直万钱……长风破浪会有时,直挂云帆济沧海。",杜甫《独酌成诗》"醉里从为客,诗成觉有神。",罗隐《自遣》"今朝有酒今朝醉,明日愁来明日愁",韦庄《遣兴》"乱来知酒圣,贫去觉钱神"。

边塞、军中酒

边塞酒诗较少,仅有王翰《凉州词》最为优美。

"葡萄美酒夜光杯,欲饮琵琶马上催。醉卧沙场君莫笑,古来征战几人回。"此诗悲壮雄浑,抒发了征夫们视死如归的悲壮和激昂。其他如李欣《塞下曲》"金笳吹朔雪,铁马嘶云水。帐下饮葡萄,平生寸心是",鲍防的《杂感》似乎与边塞有关,"汉家海内承平久,万国戎王皆稽首。天马常衔首蓿花,胡人岁献葡萄酒。"笔者认为李白的《关山月》也是难得的边塞佳作:明月出天山,苍茫云海间。长风几万里,吹度玉门关。汉下白登道,胡窥青海湾。由来征战地,不见有人还。戍客望边色,思归多苦颜。高楼当此夜,叹息未应闲。

祭祀神灵、村社酒

这是饮酒中场面最为壮观、气氛最为活跃的时刻,往往是上下三村,群贤毕至,少长咸集,妇孺全到。我国传统节日以祭祀神灵、集社欢庆丰收最为热闹。此时人山人海,熙熙攘攘,锣鼓喧天,欢歌狂舞,痛饮豪赌,游戏玩耍,热闹场面,应有尽有。如王驾《社日》"鹅湖山下稻粱肥,豚栅鸡栖半掩扉。桑柘影斜春社散,家家扶得醉人归。"李嘉佑《夜闻江南人家赛神因题即事》"南方淫祀古风俗,楚妪解唱迎神曲。枪枪铜鼓芦叶深,寂寂琼筵江水绿。雨过风清洲渚闲,椒浆醉尽迎神还。…… 听此迎神送神曲,携觞欲吊屈原祠。"刘禹锡《阳山庙观赛神》"汉家都尉旧征蛮,血食如今配此山。曲盖幽深苍桧下,洞箫愁绝翠屏间。荆巫脉脉传神语,野老婆婆启醉颜。日落风生庙门外,几人连踏竹歌还。"

写酒后风采

李白《白马篇》"酒后竟风采,三杯弄宝刀。杀人如剪草,剧孟同游遨。发愤去函谷,从军向临洮,叱咤经百战,匈奴尽奔逃。归来使酒气,未肯拜萧曹。"孟浩然《裴司士员司户见寻》"谁道山公醉,犹能骑马回",卢纶《和张仆射塞下曲》"醉里金甲舞,雷鼓动山川"

登高赋诗饮酒

欲穷千里目,更上一层楼。

诗人们登高临远,极目远眺,把酒临风,或思乡,或舒怀,言情咏志,风靡至今。如李白《宣州谢朓楼饯别校书叔云》"弃我去者,昨日之日不可留;乱我心者,今日之日多烦忧……抽刀断水水更流,举杯销愁愁更愁",白居易

《九日登巴台》"闲听竹枝曲,浅酌茱萸杯",刘希夷《春日行歌》"山树落梅花,飞落野人家。野人何所有,满瓮阳春酒。携酒上春台,行歌伴落梅。醉罢卧明月,乘梦游天台。"李白《梁园吟》"人生达命岂暇愁,且饮美酒登高楼。"

追悼友人的挽歌

逝者长已矣,托体同山阿。

人生最大痛苦就是死别,亲朋好友忽传噩耗,谁能不哀谁能不痛?睹酒思人,往事如昨,物是人非,呜呼哀哉!如段成式《哭李群玉》"酒里诗中三十年,纵横唐突世喧喧。明时不作祢衡死,傲尽公卿归九泉。"李白《哭宣城善酿纪叟》"纪叟黄泉里,还应酿老春。夜台无李白,沽酒与何人?"白居易《哭刘尚书梦得二首》其一"四海齐名白与刘,百年交分两绸缪。同贫同病退闲日,一死一生临老头。杯酒英雄君与操,文章微婉我知丘。贤豪虽殁精灵在,应供微之地下游。"

展现社会不合理的酒诗

任何社会都有它的阴暗面,封建的唐帝国也不例外。诗人们以他们敏锐的视觉,发现了社会底层的劳苦大众的疾苦,也感受到达官贵人们的奢侈和糜烂,这些酒诗是有积极的社会意义的。如杜甫《自京赴奉先县咏怀五百字》"朱门酒肉臭,路有冻死骨",白居易《轻肥》"食饱心自若,酒酣气益振。是岁江南旱,衢州人食人。"郑遨《伤农》"一粒红稻饭,几滴牛领血。珊瑚枝下人,衔杯吐不歇。"释贯休《富贵曲》"太山肉尽,东海酒竭;佳人醉唱,敲玉钗折。宁知耘田车水翁,日日日炙背欲裂。"

除了上述与酒有关的诗歌外,唐朝还有不少有名的酒赋,如王绩的《醉乡记》、皇甫湜的《醉赋》、白居易的《酒功赋》、皮日休的《酒箴》;还有不少有名的酒歌,如李白的《将进酒》、《襄阳歌》、《梁甫吟》,杜甫的《饮中八仙歌》、李贺的《秦王饮酒歌》,白居易的《琵琶行》,许宣平的《醉歌》。晚唐诗人李珣还著有《南乡子·兰舟载酒》的酒词。唐朝诗人皮日休和陆龟蒙还著有"酒中咏"唱和组诗,专写与酒有关的诗,如《酒》、《酒床》、《酒樽》、《酒勺》、《酒盆》、《酒壶》、《酒瓯》、《酒船》、《酒锴》、《酒杯》等。

以上酒赋、酒歌与前文的酒诗都是唐朝诗人们对酒文化的进一步宏扬和丰富。诗人们将喜怒哀乐全都倾倒在酒中,通过艺术的手法,拓宽了酒文化的生存和表现空间,提高了酒文化的品位和艺术档次,丰富了酒文化的内涵和外延。唐朝的酒文化与唐王朝的时代步伐息息相关,既表现了唐朝诗人追求豪放、雄浑、乐观、自信的时代主旋律,热情地讴歌了祖国的秀丽山河和民族的繁荣昌盛,又委婉地倾诉了诗人们的幽思和绵情,繁富明丽,言简意赅。

谈唐朝的酒文化,也要附带谈一下唐朝的"酒令"。据皇甫松《醉乡日月》记载,唐朝时有"骰子令"、"上酒令"、"手姿令"、"小酒令"、"杂令"等,这些都是类如今人划拳、猜拳之类的酒中游戏法。白居易诗云:"碧筹攒彩碗,红袖拂骨盘",陈禹锡"杯停新令举,诗动彩笺忙",李商隐"隔座送钩春酒暖,分曹射覆蜡灯红",李白"连呼五白行六博,分曹赌酒酣弛晖"。这些诗写的就是饮酒中的种种游戏法,犹如击鼓传花的游戏,花落谁家谁罚酒。详细的游戏内容和方法限于篇幅就不赘述了。

宋词:浊酒一壶

无独有偶,酒字在宋词中出现的频率也是最高的。词人多爱酒,佳句自然成——文人骚客喜欢饮酒做词,江湖侠客也喜以酒会客。酒既可以用来表达洒脱豪迈的胸襟,也可以用来表达黯然销魂的愁情别绪:久别重逢、金榜题名、花前月下,此等快意之时,岂能无酒;故人远去、孑然一身、人生低谷,酒又充当了消愁的工具。

值得注意的是,宋词中并没有对酒进行华丽的描述,出境次数最多的当属浊酒。

浊酒是与清酒相对的。

从酿制方法来讲,浊酒是指没有滤过的酒,或者因为技术不高,纯度不够,从而不够清澈;也有说法,古代时候酿的酒都是米酒,里面大多有很多沉淀物,所以有浊酒之说。

事实上在我国商周时期,就有了相对完善的制酒工艺,有了专门从事酿酒的人(酒人)和相应的官吏(酒正)。此时的酒有三酒五齐之分,即"辨三酒之物,一曰事酒,二曰昔酒,三曰清酒"(《周礼注疏》),事酒为因事之酿,时间很短;昔酒是可以短时储藏之酒,稍醇厚一些;清酒则冬酿夏熟,为当时酒中之冠。"辨五齐之名,一曰泛齐,二曰醴齐,三曰盎齐,四曰缇齐,五曰沈齐"(《周礼注疏》),五齐是五种不同成色的酒,泛齐为酒糟浮在酒中,醴齐是滓、液混合,盎齐是白色之酒,缇齐是丹黄色之酒,沉齐是酒的糟、渣下沉。此五种酒是相对于清酒的浊酒。

最初浊酒的典故约应出自嵇康《与山巨源绝交书》,对好友山涛劝他出仕说了自己的许多不便,然后说:"今但愿守陋巷,教养子孙;时与亲旧叙阔,陈说平生。浊酒一杯,弹琴一曲,志愿毕矣。"嵇康以此表明自己不羡慕荣华富贵,只要有简单的物质享受,能够和子孙亲人安享天伦之乐即可。

由此不难知道,浊酒并非质量很好的酒,甚至可能是质量较差的酒。这种浊酒,便成了物质生活简单的象征,所用寓意也颇为广泛。一则可以反映恶境之下的悲壮情怀,二则可以描绘虽为浊酒却丝毫不减情致意趣的心境,三则还可以体现慨叹美好不再的忧愁,等等。

例如——

表达悲壮之情:

浊酒在边塞词中多添了一份英雄气概。范仲淹在其著名的《渔家傲》一词中有"浊酒一杯家万里"的荡气回肠之句,浊酒恰是边塞军旅生活条件低劣的写照,自是与家中的舒适无法相比。在雄浑沉郁的词句中,在泾渭分明的对比中,我们依稀可以看到已过半百之年的老将军,端着一杯浑浊的酒,看着身边不能入眠的将士,想起远在万里之外的家乡,内心的沉郁一展无遗。然而边患未平,归去谈何容易?壮志未酬和思乡忧国的滋味一起涌上心头。

渔家傲/范仲淹——塞下秋来风景异,衡阳雁去无留意。四面边声连角起。千嶂里,长烟落日孤城闭。浊酒一杯家万里,燕然未勒归无计,羌管悠悠霜满地。人不寐,将军白发征夫泪。

边塞词中浊酒多表现的是悲壮与沉郁。张孝祥的"一尊浊酒戍楼东,酒阑挥泪向悲风"则更多的是边关将士的悲壮!镇守边关,唯有浊酒可以解心中为国征战的情愫,饮罢迎面而来的风也多了几分悲壮的色彩。其中的"一尊浊酒"用的便是范仲淹的典故,两相对比读来,边塞军旅生活的悲壮如同亲受。

又如——

表达洒脱之情：

杨慎的《临江仙》一字一字读来，感受到的无不是作者乐观洒脱的情怀。故友相逢，庆贺只需要一杯浊酒。故友知心，不在乎外在的形式，一杯浊酒就足以将所有的世事变幻一起饮下，这便是饮酒之人的洒脱、豪迈——"滚滚长江东逝水，浪花淘尽英雄。是非成败转头空，青山依旧在，几度夕阳红。白发渔樵江渚上，惯看秋月春风。一壶浊酒喜相逢，古今多少事，都付笑谈中"。

这句"一壶浊酒喜相逢"与李叔同(《送别》)的"一壶浊酒尽余欢"有异曲同工之妙。这种乐观豁达傲视俗尘的心境，正是古代士子文人所梦想所追求的。吕胜己《木兰花慢·残红吹尽了》"回首当年一梦，笑将浊酒重斟"意境与此也颇为相似。

独客他乡，给词人带来的往往是思家念乡的忧愁之情。然王之道《江城子》中"浊酒一杯从径醉，家纵远，梦中归"则全然是豁达看待客居异乡的情景：家虽然遥远，在梦里就可以看见家中的点点滴滴，正所谓身在此地心系家，何处不为家？陈亮《渔家傲·重阳日作》有"黄花浊酒情何限"句。此句中黄花浊酒非如下文中黄庭坚、吕本中等词句，不是用浊酒作愁情寓意，而是为全词表达的风流洒脱作渲染。

又如——

表达清欢之情：

苏轼曾有著名的词句"人间有味是清欢"，这一句为多少文人骚客所传唱，盖其一语点破文人心中的一个梦境：远离官场倾轧，远离都市喧嚣，远离功名利禄，独守一份清淡的欢愉。林清玄还专门为此写了一篇散文《清欢》。浊酒，其质不高，恰是这样一种清淡欢愉的象征，故而宋词中用此意的词句亦不在少数。

姜夔《摸鱼儿·向秋来》"但浊酒相呼，疏帘自卷，微月照清饮"，白石词多写闲云野鹤的生活，用语清淡，意境悠远，从此句即可略窥一斑：寥寥数语，清幽雅致的情景即悄然而出。黄机的词风"学辛弃疾，沉郁苍凉，又不失清幽风雅"。其词"浇浊酒，惜流年。牙旗夜市几时穿"(《鹧鸪天·柳际梅边腊雪干》)所写也是这种浊酒相伴，感受流年风华的情形。张辑《好溪山》

更是有"呼浊酒，共清欢，五弦随意弹"的词句，闲适清淡的生活要的就是这样一份随意与无拘无束。辛弃疾《水调歌头》词中有"素琴浊酒唤客，端有古人风"，可见颇有古人风气是骚人墨客心中的理想，一把素琴一杯浊酒，把酒畅谈，把琴述思，多么典雅的情景。又无名氏所作《贺新郎》词中有"浊酒三杯棋一局，对花前、时抱添丁坐"，此等闲适生活端的是让人羡慕。

又如——

表达忧愁：

黄庭坚《点绛唇》"浊酒黄花，画檐十日无秋燕"句，则是将浊酒和黄花两个意象排在一起，传达作者感叹年华流去的黯然之情。吕本中《西江月》中"一杯浊酒两篇诗，小槛黄花共醉"作结全词，将一个作者悲慨时事却无能为力，唯有一腔愁绪的心情表达了出来。独把酒杯，独对黄花，在作者看来，只有浊酒和诗可以解忧释愁，只有黄花能够知晓自己内心。

王千秋"一杯浊酒，万事世间无不有"（《减字木兰花》）初读似乎是一份乐观情绪，只要有了浊酒，还有什么没有拥有呢？其实仔细品来，这份自嘲式的乐观后面是更深的愁绪，正是因为愁无可解了，所以才发出浊酒醉我、万物皆有的感叹。细细读来，不胜触动。赵以夫则有"老来活计，浊酒三杯，黄庭一卷"（《烛影摇红》），将年老无所拥有，唯有浊酒经卷相伴的寂寞刻画出来。此语含蓄，未若吴潜之"愁无奈，且三杯浊酒，一枕酣眠"（《沁园春》）一语直接点破，愁的无可奈何，索性浊酒畅饮，饮完酣眠去也。

词和诗最大的区别在于符合音律，因此描写轻歌曼舞、乐工佳人的词句就比较多。以酒为媒，别有一番风味。如李后主的《浣溪沙》中描写佳人微醉后的动人形象，那借酒撒娇的媚态"佳人舞点金钗溜，酒恶时拈花蕊嗅"；当然，李后主被称为"词中之帝"，靠的还是亡国后身世故国之感那些作品，《人间词话》说"词至李后主，眼界始大，感慨遂深"，他对词的贡献以及在词坛上的地位由此奠定。

另外，北宋晏殊"一曲新词酒一杯"、"酒醒人散得愁多"、"酒筵歌席莫辞频"、"酒红初上脸边霞"；欧阳修《采桑子》"画船载酒西湖好，急管繁弦，玉盏催传，稳浮平波任醉眠"；范仲淹《渔家傲》"浊酒一杯家万里"；王安石《千秋岁引》"梦阑时，酒醒后，思量着"；司马光《西江月》"相见争如不见，有情何似无情。笙歌散后酒初醒，深院月斜人静"；柳永《蝶恋花》"拟把疏狂图一醉,对酒当歌,强乐还无味。衣带渐宽终不悔,为伊消得人憔悴";元好问《小重山》"酒冷灯青夜不眠"等,在他们的词作中,描写饮酒场面和借酒助兴、借酒抒情、借酒消愁的很多。

如果要列举宋词中最具代表性的借酒抒怀的作品,就绝对绕不过苏轼和陆游这两个人。

苏轼的《水调歌头》称得上是千古绝唱。《苕溪渔隐丛话》中说:"中秋词,自东坡《水调歌头》一出,余词尽废",这是一句相当高的评价,也就是说天下写中秋观月、饮酒抒怀者,无出苏东坡右者。

这首词仿佛是与明月的对话,在对话中探讨着人生的意义。既有理趣,又有情趣,很耐人寻味。它的意境豪放而阔大,情怀乐观而旷达,对明月的向往之情,对人间的眷恋之意,以及那浪漫的色彩,潇洒的风格和行云流水一般的语言,至今还能给我们以健康的美学享受。

相比之下,陆游的《钗头凤》显得有些无奈和伤感。

这里面有个凄婉的爱情故事:陆游和唐琬从小青梅竹马,婚后相敬如宾。然而,唐琬的才华横溢与陆游的亲密感情,引起了陆母的不满,加之唐琬不孕,以至最后发展到陆母强迫陆游和她离婚。陆游和唐琬的感情很深,不愿分离,他一次又一次地向母亲恳求,都遭到了母亲的责骂。在封建礼教的压制下,虽种种哀告,终归走到了"执手相看泪眼"的地步。陆游迫于母命,万般无奈,便与唐琬忍痛分离。后来,陆游依母亲的心意,另娶王氏为妻,唐琬也迫于父命嫁给同郡的赵士程。这一对年轻人的美满婚姻就这样被拆散了。

十年后的一个春天,31岁的陆游满怀忧郁的心情独自一人漫游山阴城沈家花园。正当他独坐独饮,借酒浇愁之时,突然他意外地看见了唐琬及其改嫁后的丈夫赵士程。

尽管这时他已与唐琬分离多年,但是内心里对唐琬的感情并没有完全摆脱。他想到,过去唐琬是自己的爱妻,而今已属他人,好像禁宫中的杨柳,可望而不可及。

想到这里,悲痛之情顿时涌上心头,他放下酒杯,正要抽身离去。不料这时唐琬征得赵士程的同意,给他送来一杯酒,陆游看到唐琬这一举动,体会到了她的深情,两行热泪凄然而下,一扬头喝下了唐琬送来的这杯苦酒。

第三部分 扩展篇

然后在粉墙之上奋笔题下《钗头凤》这首千古绝唱。

"红酥手,黄滕酒,满城春色宫墙柳。东风恶,欢情薄,一怀愁绪,几年离索。错!错!错!春如旧,人空瘦,泪痕红浥鲛绡透。桃花落,闲池阁,山盟虽在,锦书难托。莫!莫!莫!"

你柔软光滑细腻的手,捧出黄封的酒,满城荡漾着春天的景色,你却早已像宫墙中的绿柳那般遥不可及。春风多么可恶,欢情被吹得那样稀薄,满杯酒像是一怀忧愁的情绪,离别几年来的生活十分萧索。遥想当初,只能感叹错!错!错!美丽的春景依然如旧,只是人却白白相思得消瘦,泪水洗尽脸上的胭红,把薄绸的手帕全都湿透。满春的桃花凋落在寂静空旷的池塘楼阁上,永远相爱的誓言虽在,可是锦文书信再也难以交付。遥想当初,只能感叹莫,莫,莫!

唐琬见到这首词以后,心中十分悲痛,也做了一首:

"世情薄,人情恶,雨送黄昏花易落;晓风干,泪痕残,欲笺心事,独语斜栏,难,难,难。人成各,今非昨,病魂常似秋千索;角声寒,夜阑珊,怕人寻问,咽泪装欢,瞒,瞒,瞒。"

不久唐琬就郁郁而终。

诗人七十五岁时,住在沈园的附近,这年唐琬逝去四十年,"每入城,必登寺眺望,不能胜情",重游故园,挥笔和泪作《沈园》诗:"城上斜阳画角哀,沈园非复旧池台。伤心桥下春波绿,曾是惊鸿照影来";"梦断香消四十年,沈园柳老不吹绵。此身行作稽山土,犹吊遗踪一泫然"。

此外,李清照《声声慢》、《醉花荫》以及脍炙人口的《如梦令》——"昨夜雨疏风骤,浓睡不消残酒。试问卷帘人,却道海棠依旧,知否,知否? 应是绿肥红瘦";辛弃疾《破阵子》——"醉里挑灯看剑,梦回吹角连营。八百里分麾下炙,五十弦翻塞外声,沙场秋点兵。"都是酒词精品。

元曲:市井酒局

元曲,可以概括为元杂剧和散曲。这种艺术形式来自民间,盛行于民间,被称为是"街市小令"。翻开历史,可以发现元朝是一个比较特别的朝代:鄙视读书人,呈现一种"八娼九儒十丐"的局面。读书人的地位低下,政治专权,社会黑暗,形成了一个"不读书最高,不识字最好,不晓事倒有人夸俏"的社会局面。文人雅士销声匿迹,登徒浪子有恃无恐,"通俗"成为元曲的一大特点。

元曲中对酒描写多即情即景,言词之间不加隐晦。

元朝最著名的曲作家关汉卿有一首小令(散曲),描写饮酒的场面:"旧酒投,新醅泼,老瓦盆边笑呵呵。共山僧野叟闲吟和。他出一对鸡,我出一个鹅,闲快活"。描写村野之人闲来无事,共聚一处,闲云野鹤的生活。正所谓:将军铁甲夜渡关,朝臣侍漏五更寒。山寺日高僧未起,算来名利不如闲。在那样一个不得志的时代里,隐居似乎是最好的选择。

更有——"长醉后方何碍,不醒时甚思。糟腌两个功名字,醅瀹千古兴亡事,曲埋万丈虹霓志。不达时皆笑屈原非,但知音尽说陶潜是"、"带野花,携村酒,烦恼如何到心头。谁能跃马常食肉?二顷田,一具牛,饱后休"、"酒杯深,故人心,相逢且莫推辞饮。君若歌时我慢斟,屈原清死由他恁。醉和醒争甚?"、"水声山色两模糊,闲看云来去。则我怨结愁肠对谁诉?自蹰躇,想这场烦恼都也由咱取。感今怀古,旧荣新辱,都装入酒葫芦"、"相思借酒消,酒醒相思到,月夕花朝,容易伤怀抱。恹恹病转深,未否他知道。要得重生,除是他医疗。他行自有灵丹药。"凡此种种,不局限于一字一词的表述方式,酒文化在元曲之中表现的活灵活现。

4. 明清小说中的酒

酒文化的发展离不开商业经济的发展。

从宋代以后,中国的手工业和商业不断的发展,到明清时期达到空前的繁荣。经济的发展带动了文化艺术事业的进步,也为民间说唱艺术提供了场所和观众,不断扩大的市民阶级对文化娱乐的需求又刺激了这种现象,从而产生了新的文学形式——话本。可以看做是白话小说的雏形。

酒宴场景在明清小说中可谓比比皆是,在表现人物、刻画场景、阐述情节方面起到不可代替的作用。例举一二,供读者参考:

《水浒传》中最出彩的章节恐怕要数武松景阳冈上打死猛虎的章节了。

……武松吃了道:"好酒!"又筛下一碗。恰好吃了三碗酒,再也不来筛。武松敲着桌子,叫道:"主人家,怎的不来筛酒?"酒家道:"客官,要肉便添来。"武松道:"我也要酒,也再切些肉来。"酒家道:"肉便切来添与客官吃,酒却不添了。"武松道:"却又作怪!"便问主人家道:"你如何不肯卖酒与我吃?"酒家道:"客官,你须见我门前招旗上面明明写道:'三碗不过冈'。"武松道:"怎地唤作'三碗不过冈'?"酒家道:"俺家的酒虽是村酒,却比老酒的滋味;但凡客人,来我店中吃了三碗的,便醉了,过不得前面的山冈去:因此唤作'三碗不过冈'。若是过往客人到此,只吃三碗,便不再问。"武松笑道:"原来恁地;我却吃了三碗,如何不醉?"酒家道:"我这酒,叫做'透瓶香';又唤作'出门倒':初入口时,醇浓好吃,少刻时便倒。"武松道:"休要胡说!没地不还你钱!再筛三碗来我吃!"

酒家见武松全然不动,又筛三碗。武松吃道:"端的好酒!主人家,我吃一碗还你一碗酒钱,只顾筛来。"酒家道:"客官,休只管要饮。这酒端的要醉倒人,没药医!"武松道:"休得胡鸟说!便是你使蒙汗药在里面,我也有鼻子!"店家被他发话不过,一连又筛了三碗。武松道:"肉便再把二斤来吃。"酒家又切了二斤熟牛肉,再筛了三碗酒。武松吃得口滑,只顾要吃;去身边取出些碎银子,叫道:"主人家,你且来看我银子!还你酒肉钱够麽?"酒家看了道:"有馀,还有些贴钱与你。"武松道:"不要你贴钱,只将酒来筛。"酒家道:"客官,你要吃酒时,还有五六碗酒哩!只怕你吃不得了。"武松道:"就有五六碗多时,你尽数筛将来。"酒家道:"你这条长汉倘或醉倒了时,怎扶得你住!"武松答道:"要你扶的,不算好汉!"

酒家那里肯将酒来筛。武松焦躁,道:"我又不白吃你的!休要饮老爷性发,通教你屋里粉碎!把你这鸟店子倒翻转来!"酒家道:"这厮醉了,休惹他。"再筛了六碗酒与武松吃了。前後共吃了十八碗,绰了哨棒,立起身来,道:"我却又不曾醉!"走出门前来,笑道:"却不说'三碗不过冈'!"手提哨棒便走。

卖酒的人对自己的产品相当的有信心,"三碗不过岗"的定律在开篇的时候,光明正大的写在酒旗上。可武松一口气喝了十八碗,拍拍屁股走人,接着又在山岗上打死老虎,不仅让读者心服口服这位武二爷的本领!其实品味下去,书中反复提到"三碗"并非啰嗦,酒的频繁出现,一是表现出来主人公的海量,二是为后面的情节做铺垫——若是普通人,早就把人给灌趴下了,还想打老虎!所以是喝的越多,越能体现出主人公的厉害。施耐庵还是笔下留情的,只写了十八碗,如是去掉牛肉光让武松喝酒,还不知道要喝多少,从侧面体现出来的威武、刚毅、勇猛要连升三级了。

第三节　酒经漫谈

酒的很多绰号在民间流传甚广,所以在诗词、小说中常被用作酒的代名词。这也是中国酒俗文化的一个特色。

欢伯:因为酒能消忧解愁,能给人们带来欢乐,所以就被称之为欢伯。这个别号最早出在汉代焦延寿的《易林·坎之兑》,他说,"酒为欢伯,除忧来乐"。其后,许多人便以此为典,作诗撰文。如宋代杨万里在《和仲良春晚即事》诗中写道:"贫难聘欢伯,病敢跨连钱"。又,金代元好问在《留月轩》诗中写道,"三人成邂逅,又复得欢伯;欢伯属我歌,蟾兔为动色。"

杯中物:因饮酒时,大都用杯盛着而得名。始于孔融名言,"座上客常满,樽(杯)中酒不空"。陶潜在《责子》诗中写道,"天运苟如此,且进杯中物"。杜甫在《戏题寄上汉中王》诗中写道,"忍断杯中物,眠看座右铭"。

金波:因酒色如金,在杯中浮动如波而得名。张养浩在《普天乐·大明湖泛舟》中写道,"杯斟的金浓滟滟"。

白堕:这是一个善酿者的名字。据北魏《洛阳伽蓝记·城西法云寺》中记载,"河东人刘白堕善能酿酒,季夏六月,时暑赫羲,以罂贮酒,暴于日中。经一旬,其酒不动,饮之香美而醉,经月不醒。京师朝贵多出郡登藩,远相饷馈,逾于千里。以其远至,号曰鹤觞,亦曰骑驴酒。永熙中,青州刺史毛鸿宾赍酒之藩,路逢盗贼,饮之即醉,皆被擒。时人语曰,'不畏张弓拔刀,唯畏白堕春醪'"。因此,后人便以"白堕"作为酒的代称。苏辙在《次韵子瞻病中大雪》诗中写道,"殷勤赋黄竹,自劝饮白堕"。

冻醪:即春酒。是寒冬酿造,以备春天饮用的酒。据《诗·豳风·七月》记载,"十月获稻,为此春酒,以介眉寿"。宋代朱翼中的《酒经》写道,"抱瓮冬醪,言冬月酿酒,令人抱瓮速成而味薄"。杜牧在《寄内兄和州崔员外十二韵》中写道,"雨侵寒牖梦,梅引冻醪倾"。

壶觞:本来是盛酒的器皿,后来亦用作酒的代称,陶潜在《归去来辞》中写道,"引壶觞以自酌,眄庭柯以怡颜"。白居易在《将至东都寄令狐留守》诗中写道,"东都添个狂宾客,先报壶觞风月知"。

壶中物：因酒大都盛于壶中而得名。张祜在《题上饶亭》诗中写道，"唯是壶中物，忧来且自斟"醇酎这是上等酒的代称。据《文选·左思＜魏都赋＞》记载，"醇酎中山，流湎千日"。张载在《鄙酒赋》中写道，"中山冬启，醇酎秋发"。

酌：本意为斟酒、饮酒，后引申为酒的代称；'如"便酌""小酌"。李白在《月下独酌》一诗中写道，"花间一壶酒，独酌无相亲"。

酤：据《诗·商颂·烈祖》记载，"既载清酤，赉我思成"。

醑：本意为滤酒去滓，后用作美酒代称。李白在《送别》诗中写道，"惜别倾壶醑，临分赠鞭"。杨万里在《小蓬莱酌酒》诗中写道，"餐菊为粮露为醑"。

醍醐：特指美酒。白居易在《将归一绝》诗中写道，"更怜家酝迎春熟，一瓮醍醐迎我归"。

黄封：这是指皇帝所赐的酒，也叫宫酒。苏轼在《与欧育等六人饮酒》诗中写道，"苦战知君便白羽，倦游怜我忆黄封"。又据《书言故事·酒类》记载，"御赐酒曰黄封"。

清酌：古代称祭祀用的酒。据《礼·曲礼》记载，"凡祭宗庙之礼，……酒曰清酌"。

昔酒：这是指久酿的酒。据《周礼·天宫酒正》记载，"辨三酒之物，一曰事酒，二曰昔酒，三曰清酒"。贾公彦注释说："昔酒者，久酿乃孰，故以昔酒为名，酌无事之人饮之"。

缥酒：这是指绿色微白的酒。曹植在《七启》中写道，"乃有春清缥酒，康狄所营"。李善注：缥，绿色而微白也。

青州从事、平原督邮："青州从事"是美酒的隐语。"平原督邮"是坏酒的隐语。据南朝宋国刘义庆编的《世说新语·术解》记载，"桓公（桓温）有主簿善别酒，有酒辄令先尝，好者谓'青州从事'，恶者谓'平原督邮'。青州有齐郡，平原有鬲县。从事，言到脐；督邮，言在鬲上住"。"从事"、"督邮"，原为官名。宋代苏轼在《章质夫送酒六壶书至而酒不达戏作小诗问之》中，写有"岂意青州六从事，化为乌有一先生"的诗句。

曲生、曲秀才：这是酒的拟称。据郑棨在《开天传信记》中记载，"唐代道士叶法善，居玄真观。有朝客十余人来访，解带淹留，满座思酒。突有一少年傲睨直入，自称曲秀才，吭声谈论，一座皆惊。良久暂起，如风旋转。法善以为是妖魅,俟曲生复至,密以小剑击之,随手坠于阶下,化为瓶榼,美酒盈瓶。坐客大笑饮之,其味甚佳"。后来就以"曲生"或"曲秀才"作为酒的别称。明代清雪居士有"曲生真吾友,相伴素琴前"的诗句。清代北轩主人写有"春林剩有山和尚,旅馆难忘曲秀才"的诗句。蒲松龄在《聊斋志异·八大王》一节中,也写有"故曲生频来,则骚客之金兰友"的词句。

曲道士、曲居士:这是对酒的戏称。宋代陆游在《初夏幽居》诗中写道,"瓶竭重招曲道士,床空新聘竹夫人"。黄庭坚在《杂诗》之五中写道,"万事尽还曲居士,百年常在大槐宫"。

曲蘖:本意指酒母。据《尚书·说命》记载,"著作酒醴,尔惟曲蘖"。据《礼记·月令》记载,"乃命大酋,秫稻必齐,曲蘖必时"后来也作为酒的代称。杜甫在《归来》诗中写道,"凭谁给曲蘖,细酌老江干"。苏轼在《浊醪有妙理赋》中写道,"曲蘖有毒,安能发性"。

春:在《诗经·豳风·七月》中有"十月获稻,为此春酒,以介眉寿"的诗句,故人们常以"春"为酒的代称。杜甫在《拨闷》诗中写道,"闻道云安曲米春,才倾一盏即醺人"。苏轼在《洞庭春色》诗中写道,"今年洞庭春,玉色疑非酒"。

茅柴:这本来是对劣质酒的贬称。冯时化在《酒史·酒品》中指出了,"恶酒曰茅柴"。亦是对市沽薄酒的特称。吴聿在《观林诗话》中写道,"东坡'几思压茅柴,禁纲日夜急',盖世号市沽为茅柴,以其易著易过"。在明代冯梦龙著的《警世通言》中,有"琉璃盏内茅柴酒,白玉盘中簇豆梅"的记载。

香蚁、浮蚁:酒的别名。因酒味芳香,浮糟如蚁而得名。韦庄在《冬日长安感志寄献虢州崔郎中二十韵》诗中写道,"闲招好客斟香蚁,闷对琼华咏散盐"。

绿蚁、碧蚁:酒面上的绿色泡沫,也被作为酒的代称。白居易在《同李十一醉忆元九》诗中写道,"绿蚁新醅酒,红泥小火炉"。谢朓《在郡卧病呈沈尚书》中写道,"嘉鲂聊可荐,绿蚁方独持"。吴文英在《催雪》中写道,"歌丽泛碧蚁,放绣箔半钩"。

天禄:这是酒的别称。语出《汉书·食货志》下,"酒者,天子之美禄,帝王所以颐养天下,享祀祈福,扶衰养疾"。相传,隋朝末年,王世充曾对诸臣说,"酒能辅和气,宜封天禄大夫"。因此,酒就又被称为"天禄大夫"。

椒浆:即椒酒,是用椒浸制而成的酒。因酒又名浆,故称椒酒为椒浆。《楚辞。九歌·东皇太一》写道,"奠桂酒兮椒浆"。李嘉佑在《夜闻江南人家赛神》诗中写道,"雨过风清洲渚闲,椒浆醉尽迎神还"。浆本来是指淡酒而说的,后来亦作为酒的代称。据《周礼.天官,浆人》记载,"掌共主之六饮:水、浆、醴、凉、医、酏,人于邂逅,又复得欢伯;欢伯属我歌,蟾兔为动色"。

忘忧物:因为酒可以使人忘掉忧愁,所以就借此意而取名。晋代陶潜在《饮酒》诗之七中,就有这样的称谓,"泛此忘忧物,远我遗世情;一觞虽犹进,杯尽壶自倾"。

扫愁帚、钓诗钩:宋代大文豪苏轼在《洞庭春色》诗中写道,"要当立名字,未用问升斗。应呼钓诗钩,亦号扫愁帚"。因酒能扫除忧愁,且能钩起诗兴,使人产生灵感,所以苏轼就这样称呼它。后来就以"扫愁帚"、"钓诗钩"作为酒的代称。元代乔吉在《金钱记》中也写道,"在了这扫愁帚、钓诗钩"。

狂药:因酒能乱性,饮后辄能使人狂放下羁而得名。唐代房玄龄在《晋书·裴楷传》有这样的记载,"长水校尉孙季舒尝与崇(石崇)酣宴,慢傲过度,崇欲表免之。楷闻之,谓崇曰,'足下饮人狂药,责人正礼,不亦乖乎?'崇乃止"。唐代李群玉在《索曲送酒》诗中也写到了"廉外春风正落梅,须求狂药解愁回"的涉及酒的诗句。

酒兵:因酒能解愁,就象兵能克敌一样而得名。唐代李延寿撰的《南史·陈庆之传》附《陈暄与兄子秀书》有此称谓,"故江谘议有言,'酒犹兵也。兵可千日而不用,不可一日而不备;酒可千日而不饮,不可一饮而不醉'"。唐代张彦谦在《无题》诗之八也有此称谓"忆别悠悠岁月长,酒兵无计敌愁肠"的诗句。

般若汤:这是和尚称呼酒的隐语。佛家禁止僧人饮酒,但有的僧人却偷饮,因避讳,才有这样的称谓。苏轼在《东坡志林·道释》中有,"僧谓酒为般若汤"的记载。窦革在《酒谱·异域九》中也有"天竺国谓酒为酥,今北僧多云般若汤,盖瘦词以避法禁尔,非释典所出"的记载。中国佛教协会主席赵朴初先生对甘肃皇台酒的题词"香醇般若汤",可知其意。

清圣、浊贤:东汉末年,曹操主政,下令禁酒。在北宋时期李昉、李穆、徐铉等学者撰写的《太平御览》引《魏略》中有这样的记载,"太祖(曹操)时禁酒而人窃饮之,故难言酒,以白酒为贤人,清酒为圣人"。晋代陈寿在《三国志·徐邈传》中也有这样的记载，"时科禁酒，而邈私饮，至于沉醉，校事赵达问以曹事，邈曰，'中圣人'……渡辽将军鲜于辅进曰，'平日醉客谓酒清者为圣人，浊者为贤人。邈性修慎，偶醉言耳'"。因此，后人就称白酒或浊酒为"贤人"，清酒为"圣人"。唐代季适在《罢相作》中写有"避贤初罢相，乐圣且衔杯"的诗句。宋代陆游在《溯溪》诗中写有"闲携清圣浊贤酒，重试朝南暮北风"的诗句。

第四节　美文赏析

温一壶月光下酒（林清玄）

煮雪如果真有其事，别的东西也可以留下，我们可以用一个空瓶把今夜的桂花香装起来，等桂花谢了，秋天过去，再打开瓶盖，细细品尝。

把初恋的温馨用一个精致的琉璃盒子盛装，等到青春过尽垂垂老矣的时候，掀开盒盖，扑面一股热流，足以使我们老怀堪慰。

这其中还有许多意想不到的情趣，譬如将月光装在酒壶里，用文火一起温不喝……此中有真意，乃是酒仙的境界。

有一次与朋友住在狮头山，每天黄昏时候在刻着"即心是佛"的大石头下开怀痛饮，常喝到月色满布才回到和尚庙睡觉，过着神仙一样的生活。最后一天我们都喝得有点醉了，携着酒壶下山，走到山下时顿觉胸中都是山香云气，酒气不知道跑到何方，才知道喝酒原有这样的境界。

有时候抽象的事物也可以让我们感知，有时候实体的事物也能转眼化为无形，岁月当是明证，我们活的时候真正感觉到自己是存在的，岁月的脚步一走过，转眼便如云烟无形。但是，这些消逝于无形的往事，却可以拿来下酒，酒后便会浮现出来。

喝酒是有哲学的，准备许多下酒菜，喝得杯盘狼藉是下乘的喝法；几粒花生米和盘豆腐干，和三五好友天南地北是中乘的喝法；一个人独斟自酌，举杯邀明月，对影成三人，是上乘的喝法。

关于上乘的喝法，春天的时候可以面对满园怒放的杜鹃细饮五加皮；夏

天的时候，在满树狂花中痛饮啤酒；秋日薄暮，用菊花煮竹叶青，人与海棠俱醉；冬寒时节则面对篱笆间的忍冬花，用腊梅温一壶大曲。这种种，就到了无物不可下酒的境界。

当然，诗词也可以下酒。

俞文豹在《历代诗余引吹剑录》谈到一个故事，提到苏东坡有一次在玉堂日，有一幕士善歌，东坡因问曰："我词何如柳七（即柳永）？"幕士对曰："柳郎中词，只合十七八女郎，执红牙板，歌'杨柳岸，晓风残月'。学士词，须关西大汉、铜琵琶、铁棹板，唱'大江东去'。"东坡为之绝倒。

这个故事也能引用到饮酒上来，喝淡酒的时候，宜读李清照；喝甜酒时，宜读柳永；喝烈酒则大歌东坡词。其他如辛弃疾，应饮高粱小口；读放翁，应大口喝大曲；读李后主，要用马祖老酒煮姜汁到出怨苦味时最好；至于陶渊明、李太白则浓淡皆宜，狂饮细品皆可。

喝纯酒自然有真味，但酒中别掺物事也自有情趣。范成大在《骖鸾录》里提到："番禺人作心字香，用素茉莉未开者，着净器，薄劈沉香，层层相间封，日一易，不待花蔫，花过香成。"我想，应做茉莉心香的法门也是掺酒的法门，有时不必直掺，斯能有纯酒的真味，也有纯酒所无的余香。我有一位朋友善做葡萄酒，酿酒时以秋天桂花围塞，酒成之际，桂香袅袅，直似天品。

我们读唐宋诗词，乃知饮酒不是容易的事，遥想李白当年斗酒诗百篇，气势如奔雷，作诗则如长鲸吸百川，可以知道这年头饮酒的人实在没有气魄。现代人饮酒讲格调，不讲诗酒。袁枚在《随园诗话》里提过杨诚斋的话："从来天分低拙之人，好谈格调，而不解风趣，何也？格调是空架子，有腔口易描，风趣专写性灵，非天才不辨。"在秦楼酒馆饮酒作乐，这是格调，能把去年的月光温到今年才下酒，这是风趣，也是性灵，其中是有几分天分的。

《维摩经》里有一段天女散花的记载，正是菩萨为总经弟子讲经的时候，天女出现了，在菩萨与弟子之间遍洒鲜花，散布在菩萨身上的花全落在地上，散布在弟子身上的花却像粘黏那样粘在他们身上，弟子们不好意思，用神力想使它掉落也不掉落。仙女说："观诸菩萨花不着者，已断一切分别想故。譬如，人畏时，非人得其便。如是弟子畏生死故，色、声、香、味，触得其便。已离畏者，一切五欲皆无能为也。结习未尽，花着身耳。结习尽者，花不着也。"

这也是非关格调，而是性灵。佛家虽然讲究酒、色、财、气四大皆空，我却觉得，喝酒到处几可达佛家境界，试问，若能忍把浮名，换作浅斟低唱，即使天女来散花也不能着身，荣辱皆忘，前尘往事化成一缕轻烟，尽成因果，不正是佛家所谓苦修深修的境界吗？

谈酒（周作人）

这个年头儿，喝酒倒是很有意思的。我虽是京兆人，却生长在东南的海边，是出产酒的有名地方。我的舅父和姑父家里时常做几缸自用的酒，但我终于不知道酒是怎么做法，只觉得所用的大约是糯米，因为儿歌里说，"老酒糯米做，吃得变 nionio"——末一字是本地叫猪的俗语，做酒的方法与器具似乎都很简单，只有煮的时候的手法极不容易，非有经验的工人不办，平常做酒的人家大抵聘请一个人来，俗称"酒头工"，以自己不能喝酒者为最上，叫他专管鉴定煮酒的时节。有一个远房亲戚，我们叫他"七斤公公"，——他是我舅父的族叔，但是在他家里做短工，所以舅母只叫他作"七斤老"，有时也听见她叫"老七斤"，是这样的酒头工，每年去帮人家做酒，他喜吸旱烟，说玩话，打马将，但是不大喝酒（海边的人喝一两碗是不算能喝，照市价计算也不值十文钱的酒，）所以生意很好，时常跑一二百里路被招到诸暨峰县去。据他说这实在并不难，只须走到缸边屈着身听，听见里边起泡的声音切切察察的，好像是螃蟹吐沫（儿童称为蟹煮饭）的样子，便拿来煮就得了；早一点酒还未成，迟一点就变酸了。但是怎么是恰好的时期，别人仍不能知道，只有听熟的耳朵才能够断定，正如古董家的眼睛辨别古物一样。

大人家饮酒多用酒盅，以表示其斯文，实在是不对的。正当的喝法是用一种酒碗，浅而大，底有高足，可以说是古已有之的香宾杯。平常起码总是两碗，合一"串筒"，价值似是六文一碗。串筒略如倒写的凸字，上下部如一与三之比，以洋铁为之，无盖无嘴，可倒而不可筛，据好酒家说酒以倒为正宗，筛出来的不大好吃。唯酒保好于量酒之前先"荡"（置水于器内，播荡而洗涤之谓）串筒，荡后往往将清水之一部分留在筒内，客嫌酒淡，常起争执，故喝酒老手必先戒堂倌以勿荡串筒，并监视其量好放在温酒架上。能饮者多索竹叶青，通称曰"本色"，"元红"系状元红之略，则着色者，唯外行人喜饮之。在外省有所谓花雕者，唯本地酒店中却没有这样东西。相传昔时人家生女,则酿酒贮花雕(一种有花纹的酒坛)中,至女儿出嫁时用以饷客,但此风今已不存,嫁女时偶用花雕,也只临时买元红充数,饮者不以为珍品。有些喝酒的人预备家酿,却有极好的,每年做醇酒若干坛,按次第埋园中,二十年后掘取,即每岁皆得饮二十年陈的老酒了。此种陈酒例不发售,故无处可买,我只有一回在旧日业师家里喝过这样好酒,至今还不曾忘记。

我既是酒乡的一个土著,又这样的喜欢谈酒,好像一定是个与"三西"结不解缘的酒徒了。其实却大不然。我的父亲是很能喝酒的,我不知道他可以喝多少,只记得他每晚用花生米水果等下酒,且喝且谈天,至少要花费两点钟,恐怕所喝的酒一定很不少了。但我却是不肖,不,或者可以说有志未遂,因为我很喜欢喝酒而不会喝,所以每逢酒宴我总是第一个醉与脸红的。自从辛酉患病后,医生叫我喝酒以代药饵,定量是勃阑地每回二十格阑姆,蒲陶酒与老酒等倍之,六年以后酒量一点没有进步,到现在只要喝下一百格阑姆的花雕,便立刻变成关夫子了。(以前大家笑谈称作"赤化",此刻自然应当谨慎,虽然是说笑话。)有些有不醉之量的,愈饮愈是脸白的朋友,我觉得非常可以欣羡,只可惜他们愈能喝酒便愈不肯喝酒,好像是美人之不肯显示她的颜色,这实在是太不应该了。

黄酒比较的便宜一点,所以觉得时常可以买喝,其实别的酒也未尝不好。白干于我未免过凶一点,我喝了常怕口腔内要起泡,山西的汾酒与北京的莲花白虽然可喝少许,也总觉得不很和善。日本的清酒我颇喜欢,只是仿佛新酒模样,味道不很静定。蒲桃酒与橙皮酒都很可口,但我以为最好的还是勃阑地。我觉得西洋人不很能够了解茶的趣味,至于酒则很有工夫,决不下于中国。天天喝洋酒当然是一个大的漏卮,正如吸烟卷一般,但不必一定进国货党,咬定牙根要抽净丝,随便喝一点什么酒其实都是无所不可的,至少是我个人这样的想。

喝酒的趣味在什么地方? 这个我恐怕有点说不明白。有人说,酒的乐趣是在醉后的陶然的境界。但我不很了解这个境界是怎样的,因为我自饮酒以来似乎不大陶然过,不知怎的我的醉大抵都只是生理的,而不是精神的陶醉。所以照我说来,酒的趣味只是在饮的时候,我想悦乐大抵在做的这一刹那,倘若说是陶然那也当是杯在口的一刻罢。醉了,困倦了,或者应当休息一会儿,也是很安舒的,却未必能说酒的真趣是在此间。昏迷,梦霓,吃语,或是忘却现世忧患之一法门;其实这也是有限的,倒还不如把宇宙性命都投在一口美酒里的耽溺之力还要强大。我喝着酒,一面也怀着"杞天之虑",生恐强硬的礼教反动之后将引起颓废的风气,结果是借醇酒妇人以避礼教的迫害,沙宁(Sallin)时代的出现不是不可能的。但是,或者在中国什么运动都未必彻底成功,青年的反拨力也未必怎么强盛,那么杞天终于只是杞天,仍旧能够让我们喝一口非耽溺的酒也未可知。倘若如此,那时喝酒又一定另外觉得很有意思了罢?

壶中日月(陆文夫)

我小时候便能饮酒,所谓小时候大约是十二、三岁,这事恐怕也是环境造成的。

我的故乡是江苏省的泰兴县,解放之前故乡算得上是个酒乡。泰兴盛产猪和酒,名闻长江下游。杜康酿酒其意在酒,故乡的农民酿酒,意不在酒而在猪。此意虽欠高雅,却也十分重大。酒糟是上好发酵饲料,可以养猪,养猪可以聚肥,肥多粮多,可望丰收。粮——猪——肥——粮,形成一个良性的生态循环,循环之中又分离出令人陶醉的酒。

在故乡,在种旱谷的地方,每个村庄上都有一二酒坊。这种酒坊不是常年生产,而是一年一次。冬天是淌酒的季节,平日冷落破败的酒坊便热闹起来,火光熊熊,烟雾缭绕,热气腾腾,成了大人们的聚会之处,成了孩子们的乐园。大人们可以大模大样地品酒,孩子们没有资格,便捧着小手到淌酒口偷饮几许。那酒称之为原泡,微温,醇和,孩子醉倒在酒缸边上的事儿常有。我当然也是其中的一个,只是没有醉倒过。孩子们还偷酒喝,大人们嗜酒那就更不待说。凡有婚丧喜庆,便要开怀畅饮,文雅一点用酒杯,一般的农家都用饭碗。酒坛子放在桌子的边上,内中插着一个竹制的长柄酒端。

十二三岁的时候,我的一位姨表姐结婚,三朝回门,娘家置酒会新亲,这是个闹酒的机会,娘家和婆家都要在亲戚中派几个酒鬼出席,千方百计地要把对方的人灌醉,那阵势就像民间的武术比赛似的。我有幸躬逢盛宴,目睹这一场比赛进行得如火如荼,眼看娘家人纷纷败下阵来时,便按捺不住,跳将出来,与对方的酒鬼连干了三大杯,居然面不改色,熬到终席。下席以后虽然酣睡了三小时,但这并不为败,更不为丑。乡间的人只反对武醉,不反

第三部分　扩展篇

297

对文醉。所谓武醉便是喝了酒以后骂人、打架、摔物件、打老婆;所谓文醉便是睡觉,不管你是睡在草堆旁,河坎边,抑或是睡在灰堆上,闹个大花脸。我能和酒鬼较量,而且是文醉,因而便成为美谈:某某人家的儿子是会喝酒的。

我的父亲不禁止我喝酒,但也不赞成我喝酒,他教导我说,一个人要想在社会上做点事情,需有四戒,戒烟(鸦片烟),戒赌,戒嫖,戒酒。四者涵其一,定无出息。我小时候总想有点出息,所以再也不喝酒了。参加工作以后逢场作戏,偶尔也喝它几斤黄酒,但平时是决不喝酒的。

不期到了二十九岁,又躬逢反右派斗争,批判、检查,惶惶不可终日。我不知道与世长辞是个什么味道,却深深体会世界离我而去是个什么滋味。一九五七年的国庆节不能回家,大街上充满了节日的气氛,斗室里却死一般的沉寂。一时间百感交集:算啦,反正也没有什么出息了,不如买点酒来喝喝吧。从此便一发不可收拾……

小时候喝酒是闹着玩儿的,这时候喝酒却应了古语,是为了浇愁。借酒浇愁愁更愁,这话也不尽然,要不然,那又何必去饮它呢?

借酒浇愁愁将息,痛饮小醉,泪两行,长叹息,昏昏然,茫茫然,往事如烟,飘忽不定,若隐若现。世间事,人负我,我负人,何必何必! 三杯两盏六十四度,却也能敌那晚来风急。

设若与二三知己对饮,酒入愁肠,顿生豪情,口出狂言,倒霉的事都忘了,检讨过的事也不认账了:"我错呀,那时候……"剩下的都是正确的,受骗的,不得已的。略有几分酒意之后,倒霉的事情索性不提了,最倒霉的人也有最得意的时候,包括长得帅,跑得快,会写文章,能饮五斤黄酒之类。喝得糊里糊涂的时候便竞相比赛狂言了,似乎每个人都能干出一番伟大的事业,如果不是……不过,这时候得注意有不糊涂的人在座,在邻座,在隔壁,在门外的天井里,否则,到下一次揭发批判时,这杯苦酒你吃不了也得兜着走。

一个人也没有那么多的愁要解,"问君能有几多愁,恰似一江春水向东流。"愁多得恰似一江春水,那也就见愁不愁,任其自流了。饮酒到了第二阶段,我是为了解乏的。

一九五八年大跃进,我下放在一机床厂里做车工,连着几个月打夜工,动辄三天两夜不睡觉,那时候也顾不上什么愁了,最大的要求是睡觉。特别是冬天,到了曙色萌动之际浑身虚脱,像浸泡在凉水里,那车床在自行,个把

298

小时之内用不着动手,人站着,眼皮上像坠着石头,脚下的土地在往下沉、沉……突然一下,惊醒过来,然后再沉、沉……我的天啊,这时候我才知道,什么叫瞌觉如山倒。这时候如果有人高喊八级地震来了!我的第一反应便是:你别嚷嚷,让我睡一会。

别叫苦,酒来了!乘午夜吃夜餐的时候,我买一瓶粮食白酒藏在口袋里,躲在食堂的角落里喝。夜餐是一碗面条,没有菜,吃一口面条,喝一口酒;有时候,为了加快速度,不引人注意,便把酒倒在面条里,呼呼啦啦,把吃喝混为一体。这时候,我倒不大可怜鲁迅笔下的孔乙己了,反生了些许羡慕之意。那位老前辈虽然被人家打断了腿,却也能在柜台前慢慢地饮酒,还有一碟多乎哉不多也的茴香豆!

喝了酒以后再进车间,便添了几分精神,而且浑身暖和,虽然有点晕晕乎乎,但此种晕乎是酒意而非睡意;眼睛有点朦胧,但是眼皮上没有系石头。耳朵特别尖灵,听得出车床的响声,听得出走刀行到哪里。二两五白酒能熬过漫漫长夜,迎来晨光曦微。苏州人称二两五一瓶的白酒叫小炮仗,多谢小炮仗,轰然一响,才使我没有倒在车床的边上。

酒能驱眠,也能催眠,这叫化进化出,看你用在何时何地,每个能饮的人都能灵活运用,无师自通。

1964 年我又入了另册,到南京附近的江陵县李家生产队去劳动,那次劳动是货真价实,见天便挑河泥,七八十斤的担子压在肩上,爬河坎,走田埂,歪歪斜斜,摇摇欲坠,每一趟都觉得再也跑不到头了,一定会倒下了,结果却又死背活缠地到了泥塘边。有时候还想背几句诗词来代替那单调的号子,增加点精神刺激。可惜的是任何诗句都没有描绘过此种情景,只有一个词牌比较相近:《如梦令》,因为此时已经神体分离,像患了梦游症似的。晚饭以后应该早点上床了吧,不行,挑担子只能劳其筋骨,却不动脑筋,停下来以后虽然浑身酸痛,头脑却十分清醒,爬上床去会辗转反侧,百感丛生,这时候需要用酒来化进。乘天色昏暗,到小镇上去敲开店门,妙哉,居然还有兔肉可买。那时间正在'四清',实行'三同',不许吃肉。随它去吧,暂且向鲁智深学习,花和尚也是革命的。急买半斤白酒,兔肉四两,酒瓶握在手里,兔肉放在口袋里,匆匆忙忙地往回走,必须在不到二里的行程中把酒喝完,把肉唉尽。好在天色已经大黑,路无行人,远近的村庄上传来狗吠三声两声。仰

头、引颈、竖瓶,将进酒见满天星斗,时有流星;低头啖肉、看路,闻草虫唧唧,或有蛙声。虽无明月可邀,却有天地作陪,万幸,万幸!

我算得十分精确,到了村口的小河边,正好酒空肉尽,然后把空瓶灌满水,沉入河底,不留蛛丝马迹。这下子可以入化了,梦里不知身是客,一夜沉睡到天明。

湖畔夜饮(丰子恺)

前天晚上,四位来西湖游春的朋友,在我的湖畔小屋里饮酒。酒阑人散,皓月当空。湖水如镜,花影满堤。我送客出门,舍不得这湖上的春月,也向湖畔散步去了。柳荫下一条石凳,空着等我去坐。我就坐了,想起小时在学校里唱的春月歌:"春夜有明月,都作欢喜相。每当灯火中,团团清辉上。人月交相庆,花月并生光。有酒不得饮,举杯献高堂。"觉得这歌词温柔敦厚,可爱得很!又念现在的小学生,唱的歌粗浅俚鄙,没有福份唱这样的好歌,可惜得很!回味那歌的最后两句,觉得我高堂俱亡,虽有美酒,无处可献,又感伤得很!三个"得很"逼得我立起身来,缓步回家。不然,恐怕把老泪掉在湖堤上,要被月魂花灵所笑了。

回进家门,家中人说,我送客出门之后,有一上海客人来访,其人名叫CT①,住在葛岭饭店。家中人告诉他,我在湖畔看月,他就向湖畔去找我了。这是半小时以前的事,此刻时钟已指十时半。我想,CT 找我不到,一定已经回旅馆去歇息了。当夜我就不去找他,管自睡觉了。第二天早晨,我到葛岭饭店去找他,他已经出门,茶役正在打扫他的房间。我留了一张名片,请他正午或晚上来我家共饮。正午,他没有来。晚上,他又没有来。料想他这上海人难得到杭州来,一见西湖,就整日寻花问柳,不回旅馆,没有看见我留在旅馆里的名片。我就独酌,照例倾尽一斤。

黄昏八点钟,我正在酩酊之余,CT 来了。阔别十年,身经浩劫,他反而胖了,反而年轻了。他说我也还是老样子,不过头发白些。"十年离乱后,长大一相逢,问姓惊初见,称名忆旧容。"这诗句虽好,我们可以不唱。略略几句寒暄之后,我问他吃夜饭没有。他说,他是在湖滨吃了夜饭,——也饮一斤酒,——不回旅馆,一直来看我的。我留在他旅馆里的名片,他根本没有看到。我肚里的一斤酒,在这位青年时代共我在上海豪饮的老朋友面前,立刻消解得干干净净,清清醒醒。我说:"我们再吃酒!"他说:"好,不要什么菜蔬。"窗外有些微雨,月色朦胧。西湖不像昨夜的开颜发艳,却有另一种轻颦浅笑,温润静穆的姿态。昨夜宜于到湖边步月,今夜宜于在灯前和老友共饮。"夜雨剪春韭",多么动人的诗句!可惜我没有家园,不曾种韭。即使我有园种韭,这晚上也不想去剪来和 CT 下酒。因为实际的韭菜,远不及诗中的韭菜的好吃。照诗句实行,是多么愚笨的事呀!

女仆端了一壶酒和四只盆子出来,酱鸭,酱肉,皮蛋和花生米,放在收音机旁的方桌上。我和 CT 就对坐饮酒。收音机上面的墙上,正好贴着一首我写的,数学家苏步青的诗:"草草杯盘共一欢,莫因柴米话辛酸。春风已绿门前草,且耐余寒放眼看。"有了这诗,酒味特别的好。我觉得世间最好的酒肴,莫如诗句。而数学家的诗句,滋味尤为纯正。因为我又觉得,别的事都可有专家,而诗不可有专家。因为做诗就是做人。人做得好的,诗也做得好。倘说做诗有专家,非专家不能做诗,就好比说做人有专家,非专家不能做人,岂不可笑?因此,有些"专家"的诗,我不爱读。因为他们往往爱用古典,蹈袭传统;咬文嚼字,卖弄玄虚;扭扭捏捏,装腔做势;甚至神经过敏,出神见鬼。而非专家的诗,倒是直直落落,明明白白,天真自然,纯正朴茂,可爱得很。樽前有了苏步青的诗,桌上酱鸭,酱肉,皮蛋和花生米,味同嚼蜡;唾弃不足惜了!

我和 CT 共饮,另外还有一种美味的酒肴!就是话旧。阔别十年,身经浩劫。他沦陷在孤岛上,我奔走于万山中。可惊可喜,可歌可泣的话,越谈越多。谈到酒酣耳热的时候,话声都变了呼号叫啸,把睡在隔壁房间里的人都惊醒。谈到二十余年前他在宝山路商务印书馆当编辑,我在江湾立达学园教课时的事,他要看看我的子女阿宝,软软和瞻瞻——《子恺漫画》里的三个主角,幼时他都见过的。瞻瞻现在叫做丰华瞻,正在北平北大研究院,我叫不到;阿宝和软软现在叫丰陈宝和丰宁馨,已经大学毕业而在中学教课了,此刻正在厢房里和她们的弟妹们练习平剧!我就喊她们来"参见"。CT用手在桌子旁边的地上比比,说:"我在江湾看见你们时,只有这么高。"她们笑了,我们也笑了。这种笑的滋味,半甜半苦,半喜半悲。所谓"人生的滋味",在这里可以浓烈地尝到。CT 叫阿宝"大小姐",叫软软"三小姐"。我说:"《花生米不满足》、《瞻瞻新官人,软软新娘子,宝姐姐做媒人》、《阿宝两只脚,凳子四只脚》等画,都是你从我的墙壁上揭去,制了锌板在《文学周报》上发表的。你这老前辈对她们小孩子又有什么客气?

依旧叫'阿宝'、'软软'好了。"大家都笑。人生的滋味,在这里又浓烈地尝到了。我们就默默地干了两杯。我见 CT 的豪饮,不减二十余年前。我回忆起了二十余年前的一件旧事,有一天,我在日升楼前,遇见 CT。他拉住我的手说:"子恺,我们吃西菜去。"我说"好的"。他就同我向西走,走到新世界对面的晋隆西菜馆楼上,点了两客公司菜,外加一瓶白兰地。吃完之后,仆欧送帐单来。CT 对我说:"你身上有钱吗?"我说"有!"摸出一张五元钞票来,把帐付了。于是一同下楼,各自回家——他回到闸北,我回到江湾。过了一天,CT 到江湾来看我,摸出一张拾元钞票来,说:"前天要你付帐,今天我还你。"我惊奇而又发笑,说:"帐回过算了,何必还我? 更何必加倍还我呢?"我定要把拾元钞票塞进他的西装袋里去,他定要拒绝。坐在旁边的立达同事刘薰宇,就过来抢了这张钞票去,说:"不要客气,拿到新江湾小店里去吃酒吧!"大家赞成。于是号召了七八个人,夏丏尊先生,匡互生,方光焘都在内,到新江湾的小酒店里去吃酒。吃完这张拾元钞票时,大家都已烂醉了。此情此景,憬然在目。如今夏先生和匡互生均已作古,刘薰宇远在贵阳,方光焘不知又在何处。只有 CT 仍旧在这里和我共饮。这岂非人世难得之事! 我们又浮两大白。

夜阑饮散,春雨绵绵。我留 CT 宿在我家,他一定要回旅馆。我给他一把伞,看他的高大的身子在湖畔柳荫下的细雨中渐渐地消失了。我想:"他明天不要拿两把伞来还我!"

注释:① CT:即郑振铎。

第十八章　天下美酒

能称之为名酒的,自然有它独特的魅力。酒从某种意义上说是文化的
载体,不仅记录了一个时代的特征,还寄托了人们很多的情感。如送行之时
必有酒,显得庄重、惜别,更有千古名句:劝君更尽一杯酒,西出阳关无故人!
自此酒泪分别,酒入愁肠,牵挂甚多。中国古时候已经形成了名酒的概念,
而且多半和"名人"有莫大的关系,如汉武帝喜欢的兰生酒、曹操喝的缥醪,
唐玄宗的三辰酒、虢国夫人作的天圣酒,孙思邈作的屠苏酒。当然,最重要
的是酒本身是否有价值,这也是评定名酒的依据。

酒中最考究的大概是魏贾锵作的昆仑觞了,因为他的用水十分考究,是
用小船在黄河中流取水,而且自认为是取的黄河源头之水,用以酿酒,所以
把它叫作昆仑觞。虽然从四川彭县、新都出土的酿酒画像砖的实物印证来
看,早在东汉,成都就已经懂得和开始用烧烤的蒸馏技术制酒了,但这种技
术的成熟,却应该是唐宋之间的事,因为当时虽然用烧烤蒸馏技术提高了酒
精的度数,但勾兑技术却远未成熟,高度酒的口感也没有酿制的醪酒口感
好,所以还不能被人们广为接受。但这种烧烤蒸馏技术的初型却在四川蓬
蓬勃勃地发展起来了,这也是使四川成为真正具有现代名酒意义的"名酒之
乡"的基础。所以在唐代,四川便出现了绵竹剑南春烧酒以及泸州荔枝绿、
郫县郫筒酒等名酒。而且这些名酒中,直到现在,剑南春仍享誉海内外,而
泸州也是名酒之乡,泸州老窖酒仍然是著名的历史悠久的品牌。郫县的郫
筒酒很有趣,它是把酒酿好以后,用大竹筒装起来,"包以蕉叶,缠以藕丝",
放置于郊外,历经几十天后,直到浓香后再取出饮用的。郫筒酒之为名酒,
从旧时文人学士的吟诵中也可见一斑,如杜甫就有"酒忆郫筒不用酤"的诗
句,苏东坡也曾吟"他年携手醉郫筒",陆游有"且拼滥醉沽郫筒"等句。

第一节　中国十大名酒

1. 茅台酒

茅台酒是与苏格兰威士忌、法国科涅克白兰地齐名的三大蒸馏名酒之一；被誉为国酒、外交酒，在我国的政治、经济生活中发挥了积极作用。

公元前135年，茅台镇就酿出了使汉武帝"甘美之"的枸酱酒而盛名于世。1915年，茅台酒荣获巴拿马万国博览会金奖，享誉全球；先后十四次荣获国际金奖，蝉联历届国家名酒评比金奖，畅销世界各地。

1949年的开国大典，周恩来确定茅台酒为开国大典国宴用酒，从此每年国庆招待会，均指定用茅台酒。在日内瓦和谈、中美建交、中日建交等历史性事件中，茅台酒都成为融化历史坚冰的特殊媒介。党和国家领导人无数次将茅台酒当作国礼，赠送给外国领导人。

1915年美国为庆祝巴拿马运河通航，在旧金山举行了"巴拿马万国博览会"。"成义"、"荣和"（华茅和王茅）两家的酒作为名优特产送展，当时农商部未加区分，一概以"茅台造酒公司"的名义送出，统称"茅台酒"，展会上茅台酒以其特有的优点征服了各国的评酒专家，被誉为世界名酒，与法国科涅克白兰地、英国的苏格兰威士忌并称为世界三大蒸馏名酒，从此蜚声中外。获奖后王茅和华茅为国际金奖的所属争执不下，县商无法裁决，官司打到省府；1918年由贵州省公署下文调处：两家均有权使用"巴拿马万国博览会获奖"字样，奖牌由仁怀县商会保存。华、王两家为庆祝这次大奖各自封坛入窖存酒，在1996年纪念巴拿马万国博览会召开八十周年之际国酒人推出了八十年陈酿茅台酒，其至高无上的品位堪称国酒之尊。

2. 五粮液

天下三千年，五粮成玉液。

五粮液酒以高粱、大米、糯米、小麦和玉米五种粮食为原料，以"包包曲"为动力，经陈年老窖发酵、长年陈酿、精心勾兑而成。其五谷杂粮的特殊工艺,恰到好处地融合了五种粮食的精华,规避了其他白酒用单一红粮或两三种粮食为原料,酿酒风味单一、口感欠佳的缺陷,形成了"香气悠久、味醇厚、入口甘美、入喉净爽、各味谐调、恰到好处、尤以酒味全面而著称"的酒体风格,成为真正在环保的大自然中发酵的食品;其独有的自然生态环境、600多年的明代古窖、五种粮食配方、酿造工艺、中庸品质、"十里酒城"等六大优势,成为当今酒类产品中出类拔萃的珍品。

五粮液酒是浓香型大曲酒的典型代表,历次蝉联"国家名酒"金奖,1991年被评为中国"十大驰名商标";继1915年获巴拿马奖八十年之后,1995年又获巴拿马国际贸易博览会酒类唯一金奖。至此,五粮液酒共获国际金奖三十二枚。

1915年,五粮液酒代表中国产品首获"巴拿马万国博览会"金奖,继而在世界各地的博览会上共获39次金奖,1995年在"第十三届巴拿马国际食品博览会"上又再获金奖,铸造了五粮液"八十年金牌不倒"的辉煌业绩,并被第五十届世界统计大会评为"中国酒业大王"。

2002年6月,在巴拿马"第20届国际商展"上,再次荣获白酒类唯一金奖,续写了五粮液百年荣誉。同时,五粮液酒还四次蝉联"国家名酒"称号;四度荣获国家优质产品金质奖章;其商标"五粮液"1991年被评为首届中国"十大驰名商标";2003年再度获得"全国质量管理奖",成为我国酒类行业唯一两度获得国家级质量管理奖的企业;数年来"五粮液"品牌连续在中国白酒制造业和食品行业"最有价值品牌"中排位第一,2006年其品牌价值达358.26亿元,连续12年稳居食品饮料行业榜首,位居中国最有价值品牌前四位,具有领导市场的影响力。2006年度,五粮液系列酒的出口量占全国白酒总出口量的百分之九十以上。

3. 西凤酒

西凤酒产于陕西省宝鸡市凤翔县柳林镇,始于殷商,盛于唐宋,已有三千多年的历史。

西凤酒是中国最古老的历史名酒之一。凤翔古称雍州,地处古周原,是中华民族先祖的定居地区之一。这里又是上古农业大师后稷教民稼穑的地方,历来颇具兴农酿酒之地利,也是中国古代文化的中心地区之一。

　　唐仪凤年间的一个阳春三月,吏部侍郎裴行俭护送波斯王子回国途中,行至凤翔县城以西的亭子头村附近,发现柳林镇窖藏陈酒香气将五里地外亭子头的蜜蜂蝴蝶醉倒奇景,即兴吟诗赞叹曰:"送客亭子头,蜂醉蝶不舞,三阳开国泰,美哉柳林酒"。此后,柳林酒以"甘泉佳酿、清冽醇馥"的盛名被列为朝廷贡品。

　　到了近代,柳林酒改为西凤酒。在手工业作坊的生产条件下,西凤酒产量很有限,寻常百姓只得慕名兴叹。解放后,陕西省西凤酒厂的建成,使西凤酒获得新生,特别是近年来随着企业规模的扩大和现代科学技术在酿造工艺中的广泛使用,西凤酒产量突飞猛进,质量精益求精,品种不断增加,四次被评为国家名酒,两次获得世界最高级别的金奖,已经成为人们待客赠友的上乘佳品。如今这一古老的名酒之花在改革开放的新时期更加大放异彩。

　　关于西凤酒的历史,相传始于周秦,盛于唐宋,距今已有二千六百多年的历史。据《凤翔府志》记载,在秦穆公时代,雍县(今凤翔县)已有美酒佳酿。当地出土的文物中,有春秋时的酒器觚、延爵,战国时期的酒器铜壶等。唐代贞观年间(公元 627－649 年),西凤酒就享有"开坛香十里,隔壁醉三家"之美誉。

　　清朝光绪二年(公元 1876 年),在南洋赛酒会上,西凤酒荣获二等奖。1956 年,国家投资在柳林镇建起了"陕西省西凤酒厂",从此,西凤酒迅速发展,生产规模不断扩大,产量日趋增长,品质风格更加醇馥突出。在 1952 年、1963 年和 1984 年的第一、二、四届全国评酒会上,西凤酒三次被评为国家名酒,两次荣获国家金质奖章。1984 年,在轻工业部酒类质量大赛中,西凤酒又获得金杯奖。

　　西凤酒具有"凤型"酒的独特风格。它清而不淡,浓而不艳,酸、甜、苦、辣、香,诸味谐调,又不出头。它把清香型和浓香型二者之优点融为一体,香与味,头与尾和调一致,属于复合香型的大曲白酒。西凤酒的特点是:酒液无色,清澈透明,清芳甘润、细致,入口甜润、醇厚、丰满,有水果香,尾净味长,为喜饮烈性酒者所钟爱。

4. 双沟大曲

　　双沟大曲系列名酒,素以色清透明、酒香浓郁、绵甜爽净、香味协调、尾净余长等特点而著称。原产地位于江苏省泗洪县双沟镇。1984 年的第四次全国评酒会后，该酒以"色清透明，香气浓郁，风味协调，尾净余长"的浓香型典型风格连续两次被评为国家名酒。

双沟大曲采用优质红高粱为原料，并以优质小麦、元麦、元豆特制成的高温火曲作为糖化发酵剂，采用传统工艺，经老窖适温缓慢发酵，分甑蒸馏；分段摘酒，分等入库、分级贮存，并精心勾兑而成。具有风味纯正、甘冽爽口、回味悠长等特点。主产品双沟大曲在 1984、1989 年第四、五届全国评酒会上，均初评为国家名酒，荣获金质奖。在全国同行业中首批通过国家方圆标志认证（中国方圆标志认证委员会，产品质量认证，1994 年，C07031400894）和质量体系认证（1994 年，C07 - 140300395）。双沟大曲系列产品畅销全国，并远销海外。双沟大曲系列产品 1996 年国内市场占有率65%，省内市场占有率20%；国内市场占有率在全国同行业中位居第十。

5. 洋河大曲

洋河大曲是江苏省泗阳县的洋河酒厂所产，曾被列为中国的八大名酒之一，至今已有三百多年的历史。"甜、绵、软、净、香"是洋河大曲的特色。现洋河大曲的主要品种有洋河大曲（55 度）、低度洋河大曲（38 度）、洋河敦煌大曲和洋河敦煌普曲四个品种。

洋河牌洋河大曲是江苏省泗阳县江苏洋河酒厂的产品。1984 年获轻工业部酒类质量大赛金杯奖，1979 年、1984 年、1989 年在全国第三、四、五届评酒会上荣获国家名酒称号及金质奖，1990 年获香港中华文化名酒博览会特奖和金奖，1992 年获美国纽约首届国际博览会金奖。

洋河镇地处白洋河和黄河之间，水陆交通畅达，自古以来就是商业繁荣的集镇，酒坊堪多，故明人有"白洋河中多沽客"的诗句。清代初期，原有山西白姓商人在洋河镇建糟坊，从山西请来酒师酿酒，其酒香甜醇厚，声名更盛，获得"福泉酒海清香美，味占江淮第一家"的赞誉。清代同治十二年编纂《徐州府志》载有"洋河大曲酒味美"。又据《中国实业志·江苏省》说："江北之白酒，向以产于泗阳之洋河镇者著名，国人所谓'洋河大曲'者，即此种白酒也。考详河大曲行销于大江南北者，已垂二百余年之历史，厥后渐次推展，凡在泗阳城内所产之白酒，亦以洋河大曲名之，今则'洋河'二字，已成为

白酒之代名词矣。"1915 年三义酒坊所酿之酒在美国旧金山巴拿马赛会上获银牌奖,1929 年裕昌源酒坊的大曲酒在工商部中华国货展览会上获二等奖。1932 年有八家酒坊,年产白酒 6040 担,以洋河镇聚源涌、逢泰、南王人和其他乡镇的树泉、润泉酒坊著称。1934 年江苏全省物品参展。可见流传数百年的"酒味冲天,飞鸟闻香化凤;糟粕落地,游鱼得味成龙"这副对联,对洋河大曲是最精彩的赞誉。1949 年在旧糟坊基础上建成现酒厂,继承传统工艺,继续生产此酒。

此酒清澈透明,芳香浓郁,入口柔绵,鲜爽甘甜,酒质醇厚,余香悠长。其突出特点是:"甜、绵软、净、香。"其酒有 38 度、48 度和 55 度三种。

洋河大曲以粘高粱为原料,用当地有名的"美人泉"水酿造,用高温大曲为糖化发酵剂,老窖长期发酵酿成。洋河酒厂进行科学酿造,合理降低酒度,连续酿成 28、18 度低度白酒,形成系列化。该厂 28 度洋河大曲于 1988 年在全国第五届评酒会上荣获国家优质酒称号及银质奖。书法家启功诗曰:早闻佳酿出洋河,一饮琼浆发浩歌;添得少陵诗料富,仙人第九席中多。

6. 古井贡酒

古井牌古井贡酒是安徽省亳州市古井酒厂的产品。1984 年获轻工业部酒类质量大赛金杯奖,1987 年被评为安徽省优质产品,1988 年在法国第 13 届巴黎国际食品博览会上获金奖,1963 年、1979 年、1984 年、1988 年在全国第二、三、四、五届评酒会上荣获国家名酒称号及金质奖,1992 年获美国首届酒类饮料国际博览会金奖及香港国际食品博览会金奖。

古井贡酒以本地优质高粱作原料,以大麦、小麦、豌豆制曲,沿用陈年老发酵池,继承了混蒸、连续发酵工艺,并运用现代酿酒方法,加以改进,博采众长,形成自己的独特工艺,酿出了风格独特的古井贡酒;酒液清澈如水晶,香纯如幽兰,酒味醇和,浓郁甘润,粘稠挂杯,余香悠长,经久不绝。酒度分为 38 度、55 度、60 度三种。

亳州曾称亳县,古称谯陵、谯城,是曹操、华佗的故乡,汉代酿有酒品闻名著称。据《魏武集》载:曹操向汉献帝上表献过"九酝酒法",说:"臣县故令南阳郭芝,有九酝春酒……今仅上献。""贡酒"因而得名。据《亳州志》载:现在酿酒取水用的古井,是南北朝梁代大通四年(532)的遗迹,井水清澈透明,甘甜爽口,以其酿酒尤佳,故名"古井贡酒"。宋代时亳州酿酒业很发达,熙宁年间的酒课达"十万贯以上"。明代初期,怀姓商人在减店集建"公兴糟坊"以酿"减酒"闻名于世。清代,亳州酿有众多酒品,《亳州志》载:"酒品,高粱酒俗曰大曲酒,其高者曰干酒;明流酒又名希熬,相传陈希夷先生始造故名;小药酒,用药曲蒸成,惟夏月饮之可以祛暑;福珍酒,其色红,其味甜;老酒,其香味仿佛绍兴酒;三白酒,色白味甜,糯米酿成;竹叶青、状元红、佛手露,皆高粱酒之染色者",可见亳州酿酒业发达。1925 年,城内有 54 家糟坊,以"三盛、在源永糟坊"著称。1948 年剩有 18 家糟坊。1952 年"公兴糟坊"停业,1958 年改为公社小酒厂,酿制代用品酒。第二年改建为古井酒厂,1960 年投产此酒。

书法家启功题词:"佳酿千年传魏井,浓香万里发汤都。"有诗为证:"琼浆始汉家,献帝龙颜夸。煮酒论英雄,曹刘说天下。"

7. 剑南春

产于四川省绵竹县。其前身当推唐代名酒剑南烧春。唐宪宗后期李肇在《唐国史补》中,就将剑南之烧春列入当时天下的十三种名酒之中。现今酒厂建于 1951 年 4 月。剑南春酒问世后,质量不断提高,1979 年第三次全国评酒会上,首次被评为国家名酒。

剑南春牌剑南春酒是四川省绵竹县剑南春酒厂的产品。1963 年被命名为四川省名酒,1985 年、1988 年获商业部优质产品称号及金爵奖。1979 年、1984 年、1988 年在全国第三、四、五届评酒会上荣获国家名酒称号及金质奖,1988 年获香港第六届国际食品展览会金花奖,1992 年获德国莱比锡秋季博览会金奖。

绵笔直古属绵州,归剑南道辖,酿酒历史悠久。据李肇《唐国史补》载,唐代开元至长庆年间,酿有"剑南之烧春"名酒。诗人李白曾于剑南"解貂赎酒"的典故,留下"士解金貂,价重洛阳"佳话。其酒又称"烧香春"。宋代酿有"蜜酒",据《绵州志》载:"杨世昌,绵竹武都山道士,字子东,善作蜜酒,绝醇酽。东坡及得其方,作'蜜酒歌'以遗之。"清代康熙年间,陕西三元县人朱煜见绵竹水好,开办朱天益酢坊,酿制大曲酒,后相继有杨、白、赵三家大曲作坊开业。从此大曲酒成为绵竹名产。据《绵竹县志》云:"大曲酒,邑特产,味醇香,色洁白,状若清露。"清乾隆年间太史李调元在《函海》中说:"绵竹清露大曲酒是也,夏消暑,冬御寒,能止吐泻、除湿及山岚瘴气。"他还赋诗称:"天下名酒皆尝尽,却爱绵竹大曲醇。"光绪年间曾列为贡酒。名泉出佳酒,《绵竹县志》云:"惟西南城外一线泉脉可酿此酒",并指出"用城西外区井水蒸烤成酒,香而冽,若别处则否",这泉水是著名的"诸葛井"。是三国末年,魏兵入蜀'诸葛瞻、诸葛尚父子守城拒敌、掘井汲水之用,后遂将井名为"诸葛井"。清代末年,绵竹的大曲酒坊有17家。1919年间"有大曲房25家,岁可出酒十数万,获钱五六万缗,销路极广"。后发展为30余家,有酒窖116个,最高年产达350多吨。1922年绵竹大曲获四川省劝业会一等奖,1928年获四川省国货展览会奖章及奖状,声名鼎盛,行销各地,时人赞有"十里闻香绵竹酒,天下何人不识君?"的雅誉。1941年,酒坊有200多家,产酒200万公斤。享有盛誉的大曲烧房有乾元泰、大道生、瑞昌新、义全和、恒丰泰、天成祥、朱天益、杨恒顺等38家,拥有酒窖200个。小曲烧房有100余家,其中以第一春、曲江春、永生春、德永春等作坊著称。1951年在朱天益等烧房基础上建成绵竹酒厂,继续生产大曲酒。1958年投产高档白酒,由蜀中诗人庞石帚起名"剑南春"。1985年更为现厂名。此酒以高粱、大米、糯米、玉米、小麦为原料,小麦制大曲为糖化发酵剂。其工艺有:红糟盖顶,回沙发酵,去头斩尾,清蒸熟糠,低温发酵,双轮底发酵等,配料合理,操作精细而酿成。

剑南春酒质无色,清澈透明,芳香浓郁,酒味醇厚,醇和回甜,酒体丰满,香味协调,恰到好处,清冽净爽,余香悠长。酒度分28度、38度、52度、60度,属浓香型大曲酒。著名书法家启功赋诗赞:美酒中山逐旧尘,何如今酿剑南春。海棠十万红生颊,却是西川醉前人。作家刘心武赋诗:人间有酒香满杯,难得剑南春滋味。艰辛独留自己尝,幸福赠予天下醉。

8. 泸州老窖特曲酒

泸州曲酒的主要原料是当地的优质糯高粱,用小麦制曲,大曲有特殊的质量标准,酿造用水为龙泉井水和沱江水,酿造工艺是传统的混蒸连续发酵法。蒸馏得酒后,再用"麻坛"贮存一、二年,最后通过细致的评尝和勾兑,达到固定的标准,方能出厂,保证了老窖特曲的品质和独特风格。

泸州老窖特曲于1952年被国家确定为浓香型白酒的典型代表。泸州老窖窖池于 1996 年被国务院确定为我国白酒行业唯一的全国重点保护文物,誉为"国宝窖池"。泸州老窖国宝酒是经国宝窖池精心酿制而成,是当今最好的浓香型白酒。此酒无色透明,窖香浓郁,清洌甘爽,饮后尤香,回味悠长。具有浓香、醇和、味甜、回味长的四大特色,酒度有 38 度、52 度、60 度三种。华罗庚题诗:"何以解忧,唯有杜康;而今无忧,特曲是尝;产自泸州,甘洌芬芳。"

泸州古称江阳,酿酒历史久远,自古便有"江阳古道多佳酿"的美称。泸州地区出土陶制饮酒角杯,系秦汉时期器物,可见秦汉已有酿酒。蜀汉建兴三年(225)诸葛亮出兵江阳忠山时,使人采百草制曲,以城南营沟头龙泉水酿酒,其制曲酿酒之技流传至今。宋代酒业较为兴盛,熙宁年间酒课为"一万贯以下",据《宋史》载泸州等地酿有小酒和大酒,"自春至秋,酤成即鬻,谓之小酒。腊酿蒸鬻,俟夏而出,谓之大酒。"大酒系烧酒。诗人墨客留有赞酒诗文,黄庭坚曰:"江安食不足,江阳酒有余"。唐庚曰:"百斤黄鲈脍玉,万户赤酒流霞。余甘渡头客艇,荔枝林下人家"。杨慎曰:"江阳酒熟花似锦,别后何人共醉狂",又曰:"泸州龙泉水,流出一池月。把杯抒情怀,横舟自成趣"、张船山曰:"城下人家水上城,酒楼红处一江明。衔杯却爱泸州好,十指寒香给客橙"。元代泰定元年(1324)已酿大曲酒。明代万历十三年(1585)泸州大曲酒工艺初步成型。《泸县志》载:"酒,以高梁酿制者,曰白烧。以高梁、小麦合酿者,曰大曲。"清代顺治十四年(1657)前后,"舒聚源糟坊"开业。乾隆二十二年(1757)增建 4 个酒窖,其大曲酒脍炙人口。同治八年(1869)"舒聚源糟坊"改号为"温永盛糟房",有大曲酒窖 10 个,其中 6 个建于 1650年左右,4 个建于 1750 年左右。清末白烧酒糟户达 600 余家,"民国以来减至三百余家矣。大曲糟户十余家,窖老者,尤清洌,以温永盛、天成生为有名。

9. 汾酒

1915 年荣获巴拿马万国博览会甲等金质大奖章,连续五届被评为国家名酒。是我国清香型白酒的典型代表,以其清香、纯正的独特风格著称于世。其酒典型风格是入口绵、落口甜、饮后余香,适量饮用能驱风寒、消积滞、促进血液循环。酒度 38 度、48 度、53 度。注册商标:杏花村、古井亭、长

城、汾字牌。

汾酒,酒液无色透明,清香雅郁,入口醇厚绵柔而甘洌,余味清爽,回味悠长,酒度高(65 度、53 度)而无强烈刺激之感。其汾特佳酒(低度汾酒)酒度为 38 度。汾酒纯净、雅郁之清香为我国清香型白酒之典型代表,故人们又将这一香型俗称"汾香型"。专家称誉"其色、香、味"被实为酒中"三绝",历来为消费者所称道。除销往全国各地及香港、澳门地区外,远销新加坡、日本、澳大利亚、英国、法国、波兰、美国等五大洲四十余个国家。

1960 年谢觉哉题诗曰:逢人便说杏花村,汾酒名牌天下闻。草长莺飞春已暮,我来乃是雨纷纷。

汾阳古称汾州,南北朝时产有"汾清"酒。据《北齐书》载:北齐武成帝高湛在晋阳给其侄河南康舒王孝瑜的手书中说:"吾饮汾清二杯,劝汝于邺酌两杯。"唐代诗人李白曾在汾阳携客品酒,醉校过古碑。唐宋以来的文献和诗词中也多有"汾州之甘露堂"酒、"干榨酒"、"干和酒"等记载。清代以汾酒闻名于世,李汝珍在《镜花缘》中列举五十余种国内名酒,将"山西汾酒"排在首位。《汾阳县志》载:"汾酿以出自尽善杏花村者最佳。"故后人借唐代杜牧《清明》中"清明时节雨纷纷,路上行人欲断魂。借问酒家何处有? 牧童遥指杏花村"的诗句,作为赞颂汾酒,以杏花村著称于世。该村用于酿酒的古井至今犹存,井旁墙壁上刻有明末清初著名学者傅山题写的字匾"得造花香",并有"申明亭酒泉记"石碑一座,刻有赞美井水"其味如醴,河东桑落不足比其甘馨,禄俗梨春不足方其清冽。

10. 董酒

董酒无色,清澈透明,香气幽雅舒适,既有大曲酒的浓郁芳香,又有小曲酒的柔绵、醇和、回甜,还有淡雅舒适的药香和爽口的微酸,入口醇和浓郁,饮后甘爽味长。由于酒质芳香奇特,被人们誉为其它香型白酒中独树一枝的"药香型"或"董香型"典型代表。酒度 58 度,低度酒 38 度名飞天牌董醇。

董牌董酒是贵州省遵义董酒厂的产品。1963 年被命名为贵州省名酒,1986 年获贵州省名酒金樽奖,1984 年获轻工业部酒类质量大赛金杯奖,1988 年获轻工业部优秀出口产品金奖,1963 年、1979 年、1984 年、1988 年在全国第二、三、四、五届评酒会上荣获国家名酒称号及金质奖;1991 年在日本东京第三届国际酒、饮料酒博览会上获金牌奖;1992 年在美国洛杉矶国际酒类展评交流会上获华盛顿金杯奖。

　　董酒产于贵州省遵义市董酒厂,1929 年至 1930 年由程氏酿酒作坊酿出董公寺窖酒,1942 年定名为"董酒"。1957 年建立遵义董酒厂,1963 年第一次被评为国家名酒,1979 年后都被评为国家名酒,董酒的香型既不同于浓香型,也不同于酱香型,而属于其它香型。该酒的生产方法独特,将大曲酒和小曲酒的生产工艺融合在一起。

　　遵义酿酒历史悠久,可追溯到魏晋时期,以酿有"咂酒"闻名。《遵义府志》载:"苗人以芦管吸酒饮之,谓竿儿酒"。《峒溪纤志》载:"咂酒一名钓藤酒,以米、杂草子为之以火酿成,不刍不酢,以藤吸取。"到元末明初时出现"烧酒"。民间有酿制饮用时令酒的风俗,《贵州通志》载:"遵义府,五月五日饮雄黄酒、菖蒲酒。九月九日煮蜀秫为咂酒,谓重阳酒,对年饮之,味绝香"。清代末期,董公寺的酿酒业已有相当规模,仅董公寺至高坪 20 里的地带,就有酒坊 10 余家,尤以程氏作坊所酿小曲酒最为出色。1927 年程氏后人程明坤汇聚前人酿技,创造出独树一帜的酿酒方法,使酒别有一番风味,颇受人们喜爱,被称为"程家窖酒"、"董公寺窖酒",1942 年称为"董酒"。其董公寺据《遵义府志》载:"在治北十五里。陈志:按旧名龙山寺,后名西乐寺。康熙元年兵备董显忠重葺,有邑举人王以冲记。乾隆六年,有燕僧来,重修,易名董公寺。"董酒工艺秘不外传,仅有两个可容三至四万斤酒醅的窖池和一个烤酒灶,是小规模生产。其酒销往川、黔、滇、桂等省,颇有名气。1935 年,中国工农红军长征时两次路过遵义,许多指战员曾领略过董公寺窖酒的神韵,留下许多动人的传说。解放前夕,因种种原故程氏小作坊关闭,董酒在市场上也绝迹了。1956 年在遵义酒精厂恢复生产,在原程氏作坊建成一个车间,翌年投产。1979 年,其董酒车间析置为现酒厂。

第二节　世界十大名酒

1. BACARDI 百加德

自西班牙移民古巴的该品牌创始者首度将当时原本极粗犷强烈的 Rum，成功赋予了细致、柔和的崭新风貌，因之相对使 Bacardi 成为 Rum 的代表品牌。除了最基本的 light 系列外，151 度，酒精度高达 75.5%，用来调制鸡尾酒，口感格外饱满。

2. SMIMOFF 斯米诺伏特加

1818 年，在莫斯科建立了皇冠伏特加酒厂（PierreSmirnoffFils），1917 年十月革命后，仍为一个家族企业。1930 年，其配方被带到美国，在美国建立了皇冠伏特加酒厂。

目前为最为普遍接受的伏特加之一，在全球 170 多个国家销售，堪称全球第一伏特加占烈酒消费的第二位，每天有 46 万瓶皇冠伏特加售出。是最纯的烈酒之一。

3. ABSOLUT 绝对伏特加

享誉国际的顶级烈酒品牌绝对伏特加（ABSOLUT VODKA）在最近福布斯（Forbes）商业杂志所评选的美国奢侈品牌独占鳌头。这次它所赐予 ABSOLUT VODKA 的头衔也是花落名家，名至实归。

4. JOHNNIEWALKER"黑牌"威士忌

1820 年，苏格兰人 John Walker 开始了第一杯调配威士忌的尝试。他将调制混合茶叶的经验运用到威士忌的调配中，并发现这种经过调配的威士忌有着更深邃而精致的口味。John Walker 过世后，年仅 20 岁的亚历山大子承父业，并调制出一种全新的调配威士忌，命名为"老高地威士忌"，即尊尼获加【黑牌】的前身。1867 年，亚历山大注册了商标所有权，并设计出让人眼睛一亮的倾斜式商标和方形酒瓶,在市场上创造出无可匹敌的威士忌。Walker 家族就这样一代接一代,孜孜以求地专研威士忌的调配工艺,调制出举世无双的威士忌,奠定了其品牌在全球的至尊地位。

5. RICARD 里卡尔

Ricard 品牌是世界畅销烈性酒品牌,也是保乐力加公司最畅销的品牌,享誉世界的法国茴香酒。实际上是用茴香油和蒸馏酒配制而成的酒。茴香油中含有大量的苦艾素。45 度酒精可以溶解茴香油,茴香油一般从八角茴香和青茴香中提炼取得,八角茴香油多用于开胃酒制作,青茴香油多用于利口酒制作。

6. JACK DANIELS 美国威士忌

(Jack Daniels),是美国酒,而且具有某些和波本酒相同的特点,但它是一种特殊的产品,产于田纳西丘陵地,故称为"田纳西威士忌酒"。

杰克丹尼尔威士忌的生产是从精选玉米、黑麦和大麦芽开始的。这些谷物用酒厂附近的山间泉水加工,成为一种麦芽浆。泉水温度常年保持在华氏 56 度,不含铁质,但富含石灰质。

7. CHIVAS 芝华士威士忌

享誉世界的芝华士威士忌是最具声望的苏格兰高级威士忌。创始人詹姆斯·芝华士和约翰·芝华士兄弟开当时调配艺术风气之先,创造出芝华士这一代表了醇和、独特、出众的威士忌品牌。

8. MOET CHANDON 酩悦香槟

拥有 250 年酿酒传统的 MoetChandon,曾因法皇拿破仑的喜爱而赢得"Imperial(皇室香槟)"的美誉。到目前为止,铭悦香槟已成为法国最具国际知名度的香槟。

9. REMY MARTIN 人头马

人头马是世界四大白兰地品牌中唯一一个由干邑省本地人所创建的品

牌。它创立于 1724 年，以创始人 Remy Martin 的名字命名。人头马也是四大白兰地品牌中唯一一家自己种植葡萄的公司。干邑的每一种香气与味道都源自庄园的每颗葡萄，而葡萄的禀赋则来自培育它的每一寸土地，这些特殊的芬芳将随着酒龄的增长日渐浓郁香醇。

10. MARTELL 马爹利

许久以来，深远代表着马爹利干邑独特的品质，作为一个引人入胜和不断进取的品牌，马爹利留给人们的是更多的探索与发现。通过几个世纪的不断钻研与探索，马爹利形成了其独一无二的酿酒专长。它对酿酒艺术的不懈追求，造就了其芳香飘逸、回味深远的卓越口味。马爹利源于男人对生活和事业的勇敢面对和不懈开创，对于他们来说，自信而独立地挑战生活和事业上的一个个目标，已经成为了一种毋庸置疑的行为风格。

第十九章　民间饮酒习俗

中国的少数民族,除部分信奉伊斯兰教的穆斯林外,一般都有"无酒不成礼"的传统待客心理。他们以隆重的礼仪真挚坦诚地接待宾客,尤其在饮酒时,更为重视和谐热烈的气氛。由于地域环境和历史、文化背景的不同,各少数民族的饮酒习俗也不尽相同。

1. 藏族饮酒习俗

藏族有着悠久的历史和灿烂的文化,早在 1000 多年前就已开始酿酒,在漫长的历史进程中,形成了独特的藏族酒文化。

青稞酒是藏族的特色酒,在招待宾客时必不可少。当主人将酒杯斟满端至客人面前时,客人要用双手接过酒杯,喝"三口一杯"酒,即客人接过酒杯后,先喝一点,主人斟满,再喝一点,主人又斟满,至第三口时干杯。此后,客人有酒量的继续喝,无酒量的可以不喝,主人也不再强劝。倘若客人不完成上述的饮酒,那就是严重的失礼行为,是对主人的不尊重。客人喝得越多,主人就越高兴。即使客人饮酒至醉,主人也绝不会讥笑他,反而认为这是坦诚的表现。

藏族人民敬酒因人而异,敬男客用大杯或大碗,敬女客则用小杯或小碗。

不同地区的藏族也有不同的敬酒习俗。例如四川的嘉绒藏族,平时对进屋的客人先敬一壶酒,随即将食物用盘奉上,一人一份。阿坝的黑水地区藏族,凡见熟人从门前经过必请进屋内敬一碗酒。如客人坚决不进屋,主人要把酒拿到路边请客人喝。

藏族人民热情好客、和善睦友的风尚,在这些酒俗中得以充分展现。

2. 壮族饮酒习俗

壮族是中国少数民族中人口最多的一个民族,主要聚居在广西、云南省

文山，少数分布在广东、湖南、贵州等地。

壮族人民热情好客。过去在壮族村寨中，任何一家的来客都会被看成是全寨的贵宾，往往轮流请客吃饭，一顿饭吃四五家是常有的事，所以有经验的客人绝不会在第一家就吃得酒足饭饱。按壮族习俗，客人对主人的邀请是不能推辞的，谢绝邀请是一种失礼的行为，是对主人的不尊敬。

宴请宾客时，壮族人常用小勺（当地人叫匙羹）作为饮酒的器具，而非大碗或酒杯。首先，主人把酒倒在一个大碗里，然后用小勺从碗里打酒，送到客人嘴边。这勺酒客人是一定要喝的，喝完后，按照相同的方法，客人用另一个小勺打酒送到主人嘴边。待互相喂饮后，大家才会随意进餐。这种独特的饮酒方式，不仅活跃了酒席的气氛，还能促进双方之间的情感交流。

有一点需要注意，到壮族人家做客喝酒千万不要喝醉，一定要把握分寸。在壮族人看来，酒后失态是一种不文明的表现。

3. 蒙古族饮酒习俗

酒被蒙古族人民看做是敬老和待客的最好物品，所以饮酒时颇有讲究。无论在饮"赛林艾尔克"（奶酒）或是在饮"哈尔克"（烧酒）时，他们都要对长辈和客人敬酒。当长辈和客人上马、下马、进门、迎接、送别时，也要敬酒，有时还要唱上一段精彩的敬酒歌。例如，送客人上马时，要敬上一杯"马镫酒"，祝愿客人喝了酒后腿上有劲，一路顺风。

遇到尊贵客人时，敬酒要实行"德吉拉"礼节：主人拿来一瓶酒，酒瓶口上糊有酥油，先由上座客人用右手指蘸瓶口上的酥油往额头上一抹，客人依次抹完，主人才拿杯子斟酒敬客。客人这时一边饮酒，一边说些吉祥话或唱歌。

蒙古族人民以"醉客为敬"尊崇为自己的待客礼节，也就是在来宾当中，如果没有醉酒之人，酒席就不会结束。因此，有经验的人到内蒙古与蒙古族兄弟同桌共饮时决不敢表现自己的酒量，即便是牛饮之量，蒙古族兄弟也有办法对付。有不醉之法吗？有，从一开始就滴酒不沾，蒙古族兄弟决不难为你。

4. 满族饮酒习俗

满族多在东北地区生活，尚义好饮，酒量颇大，尤其喜欢烈性白酒。

宴请宾朋时,满族的礼仪十分周到。一般说来,家中的宾客是由长辈陪同,晚辈不同席;年轻媳妇站立一旁,斟酒点烟,端菜盛饭,主人敬酒时,如客人比主人年长,主人长跪进酒,客人饮毕,主人方起身;如客人比主人年轻,主人站着敬酒,客人微屈膝而饮。妇女敬酒,礼节相仿,客人可以象征性表示即可;酒如果沾唇,必须一饮而尽,否则妇女长跪不起,直到客人饮完。

满族人喜欢用小盅喝酒,常常一口一杯,杯杯留底儿,俗称"留福底",喻生活富足美满。

5. 朝鲜族饮酒习俗

朝鲜族将尊老爱幼作为一种高尚的美德,这一点对饮酒习俗有着很深的影响。

酒席上,一般按照身份、地位和辈分高低依次斟酒,位高者先举杯,其他人依次跟随。

对于长辈的敬酒,晚辈要双手接过酒杯,转身饮下(面对长辈视为不敬),并向长辈表示谢意。

"右尊左卑"是朝鲜族的传统观念,饮酒时一定要用右手执杯,如用左手执杯或取酒会被认为是不礼貌的。而且敬酒时,身份低者要将杯举得低,用杯沿碰对方的杯身,不能平碰,更不能将杯举得比对方高,否则视为失礼。

人们从不自己斟酒,而是"你来我往"。例如,邻座酒杯一千,你就要为其斟酒。当别人为你斟酒时,要双手举起酒杯。如不再加酒时,酒杯里留有少许的酒。

6. 苗族饮酒习俗

"无酒不成礼"已成为苗族人普遍遵守的礼仪,尤其对于宾客,更是十分讲究。

酒席上,苗族人民一般为客人斟双杯酒,意在祝福客人好事成双,福禄双至,也寓有"两条腿走路"的健康平安之意。若客人推辞;女主人就会捧杯唱起敬酒歌,直至客人领受祝愿。这双杯酒按风俗都必须饮尽,但如果你实在不胜酒力,可以分几次喝下,决不强迫你一口干杯。

此外,还有一种敬客的礼仪,即喝交杯酒。此酒不分男女老少,一般要

第三部分 扩展篇

喝四杯或者十二杯，以示大家四季康泰、月月平安。遇到苗族同胞与你喝交杯酒时千万不得推辞，若推辞，会被视为对人不敬。

苗族人喜欢喝酒，以酒解除疲劳，以酒示敬，以酒传情，以饮酒为乐。

7. 布依族饮酒习俗

在布依族人民的日常生活中，酒是一种必需品。每年秋收之后，家家都要酿制大量的米酒储存起来，以备常年饮用。

每逢宾客临门，主人都要递上一杯"茶"，并客气地说："走累了，请喝杯凉水解渴。"若是第一次来到布依族做客，肯定会因为口渴而接过"茶水"一饮而尽，但当你喝下时才明白，这不是茶而是米酒。可无论你喝多喝少，这口"茶水"都不能吐出来，否则就是对主人不尊重。比较而言，有经验的人就会双手接过"茶水"，慢慢品尝，细细享受。

这杯茶水你喝得越多，主人越高兴，因为这既是你真诚的体现，又象征着布依族常吃常有，有吉祥如意的意味。

8. 瑶族饮酒习俗

瑶族男子大多数喜欢嗜酒，尤其是广西大化、巴马、都安等地的瑶族酒瘾甚大，喝酒时常以碗代杯，一醉方休。

广西大化的瑶族，在客人到来前，便把一个灌满酒的葫芦挂在堂屋门背后，待客人将进大门时，即刻斟酒一碗，一手搭在客人肩上，一手递到客人面前，说："请饮进门酒。"若逢节日或喜庆，客人喝完酒后，主人还要朝天鸣放鸟枪，向全寨人通报有喜客光临。客人随主人一起进屋入座后，若不胜酒力，对再次饮酒可浅尝辄止，表示对主人的谢意。

广西巴马瑶族，在迎接村寨的集体客人或十分重要的某位客人时，要设"三关酒"迎接，即主人派人在屋外客人的必经之路上设三道酒关，每经一关须饮两杯，三关之后，方进屋饮宴。此举意味家人对客人的到来表示隆重和真诚的欢迎。

一般说来，瑶族人喜欢喝自家酿制的低度米酒，既香甜又不伤身。

9. 土族饮酒习俗

土族人民淳朴好客，民间有一传统的说法，即"客来了，福来了"，所以在招待客人时是十分隆重的。他们用系有白羊毛的酒壶为客人斟酒,以表示吉祥如意。

因地区不同,敬酒也多少有些差异。例如青海土族在招待贵客时,讲究"三杯酒",即迎客进门时饮"洗尘三杯酒",客人入席时饮"吉祥如意三杯酒",送别客人时饮"上马三杯酒"。如果客人一饮而尽,主人认为是豪爽真诚的体现,很是高兴;如果客人实在不胜酒力,只需用左手无名指蘸酒向空中弹3次,表示敬神、领情和致歉,主人绝不勉强逼酒。可见土族人民体贴入微、善解人意。

10. 土家族饮酒习俗

土家族人民善豪饮,特别是在节日或待客时,酒必不可少。土家族有一句流传很广的谚语"怪酒不怪菜"。饮酒不讲究菜肴,不分地点,不论人生人熟,只要有美酒相伴即可。

土家人饮酒的方式很特别——咂酒,即众人围着酒坛坐成一圈,然后将细细的竹管从酒坛的封口中插进去,每人一个吸管,共饮一坛酒。

这种独特的饮酒方式表现了土家族崇尚礼仪、热忱待客、淳朴厚道的民族性格。